应用型本科院校“十三五”规划教材/数学

主　编　于　丽
副主编　丁　敏　赵雯晖
陈佳妮　张文婧

高等数学

上册　（第2版）

Advanced Mathematics

哈爾濱工業大學出版社

内容提要

全书分上下两册出版。

本册(上册)内容包括:第1章函数的极限与连续;第2章一元函数微分学;第3章一元函数积分学;第4章微分方程。

本书适合于应用型本科院校工程类、经济类、管理类专业学生自学及教学使用,也可供工程技术、科技人员参考。

图书在版编目(CIP)数据

高等数学.上/于丽主编.—2版.—哈尔滨:哈尔滨工业大学出版社,2015.7(2017.7重印)

ISBN 978-7-5603-5463-7

Ⅰ.①高… Ⅱ.①于… Ⅲ.①高等数学-高等学校-教材 Ⅳ.①O13

中国版本图书馆CIP数据核字(2015)第142960号

策划编辑 杜 燕 赵文斌
责任编辑 李广鑫
出版发行 哈尔滨工业大学出版社
社 址 哈尔滨市南岗区复华四道街10号 邮编150006
传 真 0451-86414749
网 址 http://hitpress.hit.edu.cn
印 刷 哈尔滨久利印刷有限公司
开 本 787mm×1092mm 1/16 印张15 字数340千字
版 次 2013年6月第1版 2015年7月第2版 2017年7月第3次印刷
书 号 ISBN 978-7-5603-5463-7
定 价 30.00元

序

哈尔滨工业大学出版社策划的《应用型本科院校“十三五”规划教材》即将付梓,诚可贺也。

该系列教材卷帙浩繁,凡百余种,涉及众多学科门类,定位准确,内容新颖,体系完整,实用性强,突出实践能力培养。不仅便于教师教学和学生学习,而且满足就业市场对应用型人才的迫切需求。

应用型本科院校的人才培养目标是面对现代社会生产、建设、管理、服务等一线岗位,培养能直接从事实际工作、解决具体问题、维持工作有效运行的高等应用型人才。应用型本科与研究型本科和高职高专院校在人才培养上有着明显的区别,其培养的人才特征是:①就业导向与社会需求高度吻合;②扎实的理论基础和过硬的实践能力紧密结合;③具备良好的人文素质和科学技术素质;④富于面对职业应用的创新精神。因此,应用型本科院校只有着力培养“进入角色快、业务水平高、动手能力强、综合素质好”的人才,才能在激烈的就业市场竞争中站稳脚跟。

目前国内应用型本科院校所采用的教材往往只是对理论性较强的本科院校教材的简单删减,针对性、应用性不够突出,因材施教的目的难以达到。因此亟须既有一定的理论深度又注重实践能力培养的系列教材,以满足应用型本科院校教学目标、培养方向和办学特色的需要。

哈尔滨工业大学出版社出版的《应用型本科院校“十三五”规划教材》,在选题设计思路上认真贯彻教育部关于培养适应地方、区域经济和社会发展需要的“本科应用型高级专门人才”精神,根据黑龙江省委书记吉炳轩同志提出的关于加强应用型本科院校建设的意见,在应用型本科试点院校成功经验总结的基础上,特邀请黑龙江省9所知名的应用型本科院校的专家、学者联合编写。

本系列教材突出与办学定位、教学目标的一致性和适应性,既严格遵照学科体系的知识构成和教材编写的一般规律,又针对应用型本科人才培养目标及与之相适应的教学特点，精心设计写作体例，科学安排知识内容，围绕应用讲授理论，做到“基础知识够用、实践技能实用、专业理论管用”。同时注意适当融入新理论、新技术、新工艺、新成果，并且制作了与本书配套的PPT多媒体教学课件，形成立体化教材，供教师参考使用。

《应用型本科院校“十三五”规划教材》的编辑出版，是适应“科教兴国”战略对复合型、应用型人才的需求，是推动相对滞后的应用型本科院校教材建设的一种有益尝试，在应用型创新人才培养方面是一件具有开创意义的工作，为应用型人才的培养提供了及时、可靠、坚实的保证。

希望本系列教材在使用过程中，通过编者、作者和读者的共同努力，厚积薄发、推陈出新、细上加细、精益求精，不断丰富、不断完善、不断创新，力争成为同类教材中的精品。

第2版前言

随着我国经济建设与科学技术的迅速发展,应用型教育已进入了一个飞速发展时期,为了更好地适应培养高等技术应用型人才的需要,促进和加强应用型本科院校高等数学的教学改革和教材建设,由我院数学教研室教师编写了这本教材第2版。

如何搞好这个层次的教材建设,是教学改革的一个当务之急。我们编写的这套教材就是其中的一个探索。在编写中,我们结合应用型本科院校的培养目标,遵循"以应用为目的,以必须够用为度"的原则,在保证科学性的基础上,吸取了许多国内优秀教材的精华,注意处理基础与应用、理论与实践的关系,适当地削弱理论证明,注重计算能力、分析问题能力、解决实际问题能力的培养。对大量知识点进行实例分析,既便于学生学习,又便于教师参考。

本教材的主要内容有:函数的极限与连续、一元函数微分学、一元函数积分学、微分方程。每节后都充实了一些新颖的习题,每章后均有综合练习题。

本教材第2版仍由于丽主编,而由丁敏、赵雯晖、陈佳妮、张文婧任副主编。陈佳妮编写第1章1.1~1.4;张文婧编写第1章1.5~1.7和总习题;于丽编写第2章;赵雯晖编写第3章;丁敏编写第4章。于丽担任全书的统稿工作。

本书是在哈尔滨远东理工学院全体数学教师的大力支持下编写完成的,在此谨向他们致以衷心的感谢。同时还要感谢哈尔滨远东理工学院领导的关心和帮助。

由于水平有限,书中难免有不妥及疏漏之处,殷切希望广大读者批评指正,以便不断地改善。

编者

2016年6月

目　　录

第1章 函数的极限与连续

高等数学是以变量为主要研究对象的一门数学课程. 极限是贯穿高等数学始终的一个重要概念,是这门课程的基本推理工具. 连续是函数的一个重要性态,连续函数在高等数学中占有重要的位置. 本章主要介绍函数极限与连续的基本知识,为以后的学习奠定基础.

1.1 函　　数

一、函数的定义

定义 1.1　设 D 为非空实数集,如果存在一个对应法则 f,使得对任一实数 $x\in D$,都有唯一确定的实数 y 与之对应,则称 f 是定义在 D 上的函数,y 是 f 在 x 处的函数值,记作 $f(x)$,即

$$y=f(x),x\in D,$$

其中称 x 为自变量,y 为因变量,数集 D 为函数 f 的定义域,记作 D_f,即 $D_f=D$. 又称全体函数值的集合为函数的值域,记作 $f(D)$ 或 R_f,即

$$f(D)=R_f=\{y\mid y=f(x),x\in D_f\}.$$

确定函数的两个要素是定义域 D 和对应法则 f. 如果两个函数的定义域、对应法则都相同,那么这两个函数就是相同的.

函数的定义域可根据函数的实际意义确定,例如 $s=vt$ 这个函数,时间 t 不能取负值;凡未标明实际意义的函数,其定义域是使该函数有意义的自变量的值的全体,这种定义域通常称为自然定义域,例如 $y=\ln x$ 的定义域是区间 $(0,+\infty)$,$y=\sqrt{4-x^2}$ 的定义域是区间 $[-2,2]$. 通常用不等式、区间或集合的形式表示定义域.

设 $a\in\mathbf{R},\delta>0$,称以 a 为中心,δ 为半径的开区间 $(a-\delta,a+\delta)$ 为点 a 的 δ 邻域(图 1.1),记作 $U(a,\delta)$. $U(a,\delta)$ 去掉中心 a 后,称为点 a 的 δ 去心邻域(图 1.2),记作 $\mathring{U}(a,\delta)$,即

$$\mathring{U}(a,\delta)=(a-\delta,a)\cup(a,a+\delta).$$

用集合的形式表示为

$$U(a,\delta)=\{x \mid |x-a|<\delta\}$$

$$\mathring{U}(a,\delta)=\{x \mid 0<|x-a|<\delta\}$$

当不需要注明邻域半径 δ 时，常将点 a 的邻域和点 a 的去心邻域分别简记作 $U(a)$ 和 $\mathring{U}(a)$.

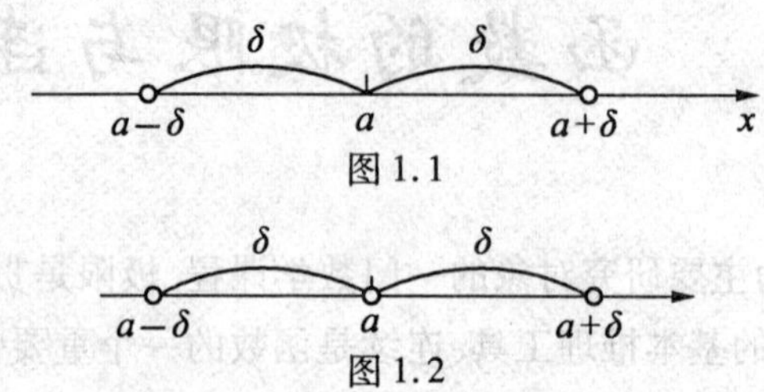

图 1.1

图 1.2

【例 1.1】 求函数 $y=\dfrac{1}{\sqrt{\lg(3x-8)}}$的定义域.

解　给定函数的定义域要求满足

$$3x-8>1,$$

即

$$x>3,$$

因此函数 $y=\dfrac{1}{\sqrt{\lg(3x-8)}}$的定义域为

$$D=(3,+\infty).$$

【例 1.2】 求函数 $y=\arcsin\dfrac{x-2}{5}+\dfrac{1}{\sqrt{36-x^2}}$的定义域.

解　给定函数的定义域要求满足

$$\left|\frac{x-2}{5}\right|\leqslant 1 \text{ 且 } 36-x^2>0,$$

即

$$-3\leqslant x\leqslant 7 \text{ 且 } -6<x<6,$$

因此函数 $y=\arcsin\dfrac{x-2}{5}+\dfrac{1}{\sqrt{36-x^2}}$的定义域为

$$D=[-3,6).$$

通常函数的表示方法有三种：表格法、解析法（公式法）、图形法. 用解析法和图形法相结合的方法来研究有关函数的问题，可以使抽象问题更直观更具体. 另外，一些几何问题也可借助函数来做理论研究.

若一个函数在定义域的不同子集上的对应法则不同，则需要用几个式子来表示该函数，通常称这种形式的函数为分段函数. 分段函数是在自然科学、工程技术等领域中常涉及的函数形式.

【例 1.3】 绝对值函数（图 1.3）：

$$y=|x|=\begin{cases}x, & x\geqslant 0,\\ -x, & x<0.\end{cases}$$

定义域 $D=(-\infty,+\infty)$，值域 $R_f=[0,+\infty)$.

【例 1.4】　取整函数 $y=[x]$（图 1.4）.

$[x]$ 表示不超过 x 的最大整数. 例如，$[0.5]=0$；$[-0.5]=-1$；$[5]=5$.

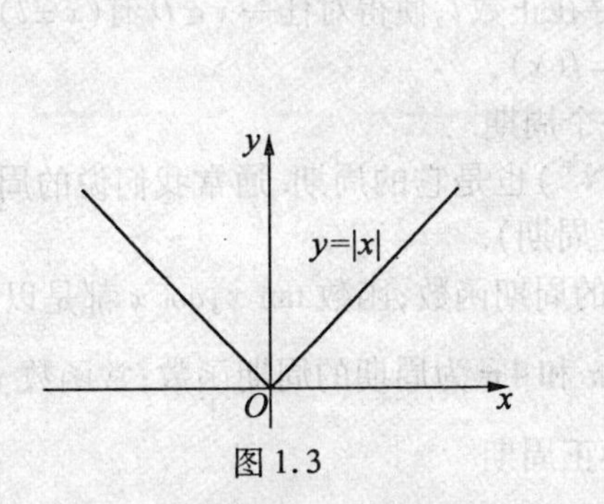

图 1.3

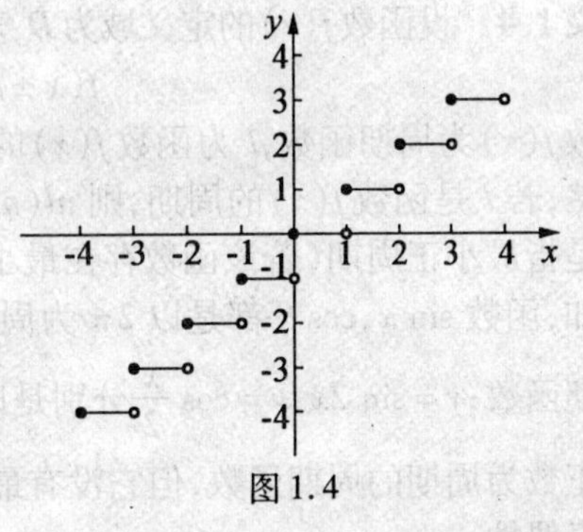

图 1.4

【例 1.5】　符号函数（图 1.5）：

$$y=\operatorname{sgn} x=\begin{cases}1, & x>0,\\ 0, & x=0,\\ -1, & x<0.\end{cases}$$

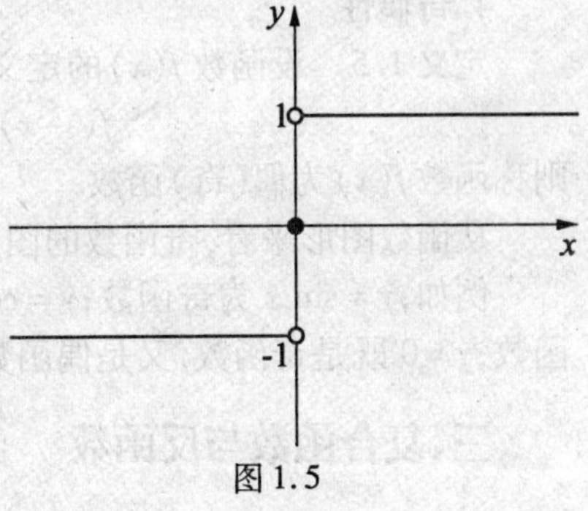

图 1.5

对任一 $x\in\mathbf{R}$，总有 $|x|=x\operatorname{sgn} x$，所以 $\operatorname{sgn} x$ 起了 x 的符号的作用，因此称 $y=\operatorname{sgn} x$ 为符号函数.

注　分段函数是由几段函数构成的一个函数，而不是几个函数！

二、函数的基本性质

1. 有界性

定义 1.2　设函数 $f(x)$ 的定义域为 D，数集 $X\subset D$，若存在正数 M，使得对任一 $x\in X$，都有

$$|f(x)|\leqslant M,$$

则称函数 $f(x)$ 在 X 上有界，称 $-M$ 为 $f(x)$ 在 X 上的一个下界，M 为 $f(x)$ 在 X 上的一个上界. 如果这样的 M 不存在，就称函数 $f(x)$ 在 X 上无界.

若函数 $f(x)$ 在数集 X 上有上界（下界），则必有无限多个上界（下界）.

例如，对任一 $x\in(-\infty,+\infty)$，都有 $|\sin x|\leqslant 1$，所以 $y=\sin x$ 在 $(-\infty,+\infty)$ 内有界；$y=e^x$ 在 $(-\infty,+\infty)$ 内有下界（0 就是它的一个下界），但不存在正数 M，使得对任一 $x\in(-\infty,+\infty)$，都有 $|e^x|\leqslant M$，所以它在 $(-\infty,+\infty)$ 内无界；$y=\ln x$ 在 $(0,+\infty)$ 内既没有上界，又没有下界，显然它在 $(0,+\infty)$ 内无界.

2. 单调性

定义 1.3　设函数 $f(x)$ 的定义域为 D，数集 $X\subset D$. 如果对于数集 X 上任意两点 x_1 及 x_2，当 $x_1<x_2$ 时，恒有

(1) $f(x_1)<f(x_2)$，则称函数 $f(x)$ 在数集 X 上是单调增加的.

(2) $f(x_1)>f(x_2)$，则称函数 $f(x)$ 在数集 X 上是单调减少的.

特别地，在其定义域内单调增加（单调减少）的函数，称为单调增加（单调减少）函数，单调增加函数和单调减少函数统称为单调函数.

例如，函数 $\sin x$ 在 $\left[-\frac{\pi}{2},\frac{\pi}{2}\right]$ 上单调增加，在 $\left[\frac{\pi}{2},\frac{3\pi}{2}\right]$ 上单调减少，但它不是单调函数.

3. 周期性

定义 1.4　设函数 $f(x)$ 的定义域为 D，若存在正数 l，使得对任一 $x\in D$ 有 $(x\pm l)\in D$，且

$$f(x\pm l)=f(x),$$

则称函数 $f(x)$ 为周期函数，l 为函数 $f(x)$ 的一个周期.

显然，若 l 是函数 $f(x)$ 的周期，则 $nl(n\in\mathbf{N}^+)$ 也是它的周期. 通常我们说的周期函数的周期是指最小正周期（若该函数存在最小正周期）.

例如，函数 $\sin x,\cos x$ 都是以 2π 为周期的周期函数；函数 $\tan x,\cot x$ 都是以 π 为周期的周期函数；$y=\sin 2x$，$y=\cos\frac{x}{2}$ 分别是以 π 和 4π 为周期的周期函数；常函数 $y=C$ 是以任何正数为周期的周期函数，但它没有最小正周期.

4. 奇偶性

定义 1.5　设函数 $f(x)$ 的定义域 D 关于原点对称，若对于任一 $x\in D$，都有

$$f(-x)=f(x)\ (f(-x)=-f(x)),$$

则称函数 $f(x)$ 为偶（奇）函数.

从函数图形来看，奇函数的图象关于原点对称，偶函数的图象关于 y 轴对称.

例如，$y=\sin x$ 为奇函数；$y=\cos x$ 为偶函数；$y=\sin x+\cos x$ 既不是奇函数，也不是偶函数；$y=0$ 既是奇函数，又是偶函数.

三、复合函数与反函数

1. 复合函数

由两个或两个以上的函数通过所谓"中间变量"传递的方法能生成新的函数，称这种新的函数为复合函数.

定义 1.6　设函数 $y=f(u)$ 的定义域为 D_f，函数 $u=g(x)$ 的定义域为 D_g，值域为 R_g，若 $R_g\cap D_f\neq\varnothing$，则称定义在

$$\{x\mid x\in D_g,g(x)\in D_f\}$$

上的函数 $y=f[g(x)]$ 为函数 $y=f(u)$ 与 $u=g(x)$ 复合而成的函数，其中 u 称为中间变量，$y=f(u)$ 称为外函数，$u=g(x)$ 称为内函数.

关于复合函数，需要注意内函数 $u=g(x)$ 的值域与外函数 $y=f(u)$ 的定义域的关系，当且仅当 $R_g\cap D_f\neq\varnothing$ 时，函数 $y=f(u)$ 与 $u=g(x)$ 才能复合成函数

$$y=f[g(x)].$$

例如，函数 $y=f(u)=\sqrt{u}$ 与 $u=g(x)=\sin x-2$ 不能复合成函数 $y=\sqrt{\sin x-2}$，因为内函数 $u=g(x)$ 的值域 R_g 为 $[-3,-1]$，外函数 $y=f(u)$ 的定义域 D_f 为 $[0,+\infty)$，即 $R_g\cap D_f=\varnothing$.

【例 1.6】　求函数 $y=f(u)=\sqrt{u}$ 与 $u=g(x)=1-x^2$ 构成的复合函数 $y=f[g(x)]$ 及其定义域.

解　外函数 $y=f(u)$ 的定义域 D_f 为 $[0,+\infty)$，内函数 $u=g(x)$ 的值域 R_g 为 $(-\infty,1]$，因为

$$R_g\cap D_f=[0,1]\neq\varnothing,$$

故 $y=\sqrt{u}$ 和 $u=1-x^2$ 可以构成复合函数 $y=f[g(x)]=\sqrt{1-x^2}$，定义域为

$$\{x|x\in D_g, g(x)\in D_f\}=[-1,1].$$

【例1.7】　求函数 $y=f(u)=\ln u$ 与 $u=g(x)=\sin x$ 构成的复合函数 $y=f[g(x)]$ 及其定义域.

解　外函数 $y=f(u)$ 的定义域 D_f 为 $(0,+\infty)$，内函数 $u=g(x)$ 的值域 R_g 为 $[-1,1]$，因为

$$R_g\cap D_f=(0,1]\neq\varnothing,$$

故 $y=\ln u$ 和 $u=\sin x$ 可以构成复合函数 $y=f[g(x)]=\ln\sin x$，定义域为

$$\{x|x\in D_g, g(x)\in D_f\}=(2k\pi,\pi+2k\pi).$$

有时，一个复合函数可能由多个函数复合而成. 例如，复合函数 $y=\ln\sin x^3$ 是由函数 $y=\ln u, u=\sin v, v=x^3$ 构成的，其中 u 和 v 都是中间变量.

在学会如何构成复合函数的同时，还应熟练掌握“分解”复合函数.

【例1.8】　指出 $y=\mathrm{e}^{\sqrt{2x}}$ 是由哪些函数复合而成的.

解　$y=\mathrm{e}^{\sqrt{2x}}$ 是由 $y=\mathrm{e}^u, u=\sqrt{v}, v=2x$ 复合而成的.

【例1.9】　指出 $y=\lg(\arctan\sqrt{1+x^2})$ 是由哪些函数复合而成的.

解　$y=\lg(\arctan\sqrt{1+x^2})$ 是由 $y=\lg u, u=\arctan v, v=\sqrt{w}, w=1+x^2$ 复合而成的.

2. 反函数

定义1.7　设函数 $y=f(x), x\in D$，如果对每个 $y\in f(D)$，都有唯一确定的 $x\in D$ 使得 $f(x)=y$，则按此对应法则得到一个定义在 $f(D)$ 上的函数，称这个函数为 $y=f(x)$ 的反函数，记作

$$x=f^{-1}(y), y\in f(D).$$

关于反函数，有以下几点说明：

(1)只有一一对应的函数才具有反函数.

(2)由于在函数的书写上习惯用字母 x 作为自变量的记号，字母 y 作为因变量的记号，所以反函数 $x=f^{-1}(y), y\in f(D)$ 可改写成 $y=f^{-1}(x), x\in f(D)$.

(3)曲线 $y=f(x)$ 和曲线 $x=f^{-1}(y)$ 是同一条曲线；而曲线 $y=f(x)$ 和曲线 $y=f^{-1}(x)$ 关于 $y=x$ 对称.

(4)若函数 $y=f(x)$ 在数集 A 上单调增加（或减少），则函数 $y=f(x)$ 必存在反函数 $x=f^{-1}(y)$，且反函数 $x=f^{-1}(y)$ 在 $f(A)$ 上也是单调增加（或减少）的.

【例1.10】　求 $y=x^2, x\in(0,+\infty)$ 的反函数.

解　在 $(0,+\infty)$ 内，$y=x^2$ 是一一对应的函数关系，故 $y=x^2$ 在 $(0,+\infty)$ 内存在反函数，由 $y=x^2$ 得

$$x=f^{-1}(y)=\sqrt{y},$$

将上式中的 x, y 互换，得反函数

$$y=\sqrt{x}.$$

四、初等函数

1. 基本初等函数与图象

下面六类函数统称为基本初等函数.

(1)常函数:$y=C, x\in\mathbf{R}$,其中 C 是常数.

常函数是有界函数、周期函数(没有最小正周期)、偶函数、既是单调不增函数又是单调不减函数,特别地,当 $C=0$ 时,它还是奇函数(图1.6).

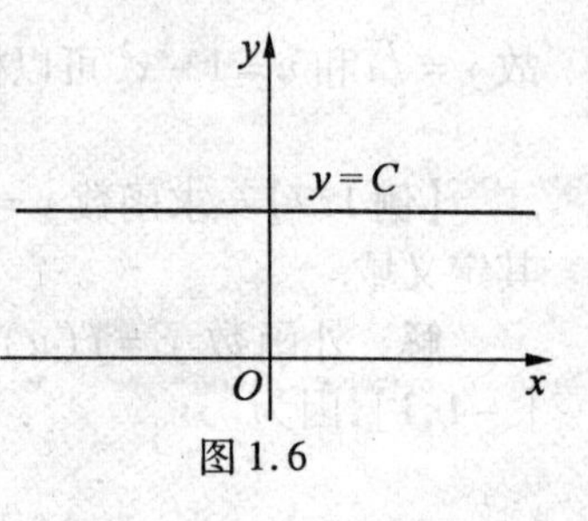

图1.6

(2)幂函数:$y=x^{\mu}$($\mu\in\mathbf{R}$ 是常数).

幂函数的定义域和值域依 μ 的取值不同而不同,但是无论 μ 取何值,幂函数在 $x\in(0,+\infty)$ 内总有定义,图形都经过点(1,1).图1.7给出了几个常见的幂函数的图形.

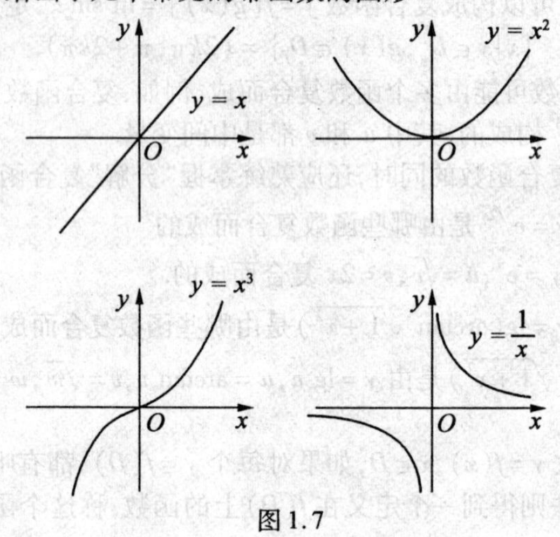

图1.7

(3)指数函数:$y=a^x$($a>0, a\neq1$).

指数函数的定义域为$(-\infty,+\infty)$,值域为$(0,+\infty)$.不论 a 为何值($a>0, a\neq1$),函数图形都经过点(0,1).

当 $a>1$ 时,函数单调增加;当 $0<a<1$ 时,函数单调减少.函数 a^x 和 $\left(\frac{1}{a}\right)^x$ 的图形关于 y 轴对称(图1.8).

(4)对数函数:$y=\log_a x$ ($a>0, a\neq1$).

对数函数的定义域为$(0,+\infty)$,值域为$(-\infty,+\infty)$.不论 a 为何值($a>0, a\neq1$),函数图形都经过点(1,0).

当 $a>1$ 时,函数单调增加;当 $0<a<1$ 时,函数单调减少(图1.9).

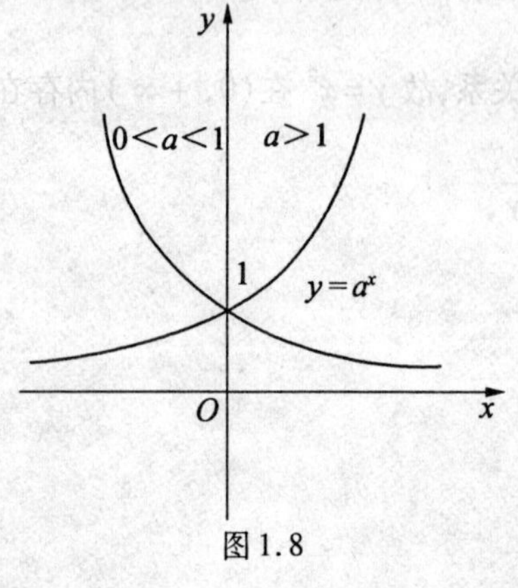

图1.8

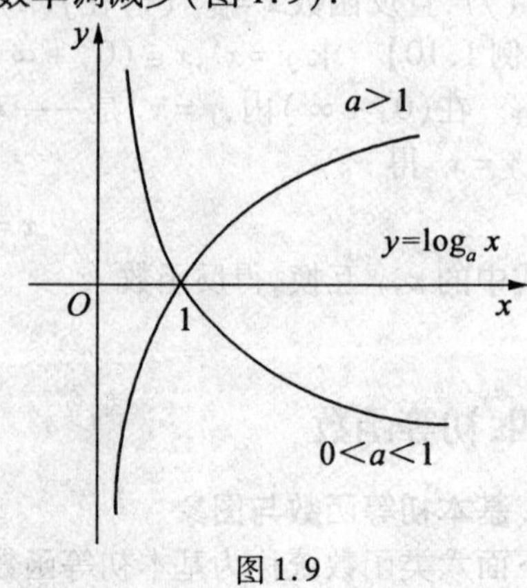

图1.9

对数函数和指数函数互为反函数.

常用的对数函数有以 10 为底的,称为常用对数,即 $\log_{10}x$,简记为 $\lg x$;还有以 e 为底(e 为常数,e = 2.718 28…)的,称为自然对数,并且将自然对数 $\log_e x$ 简记为 $\ln x$.

(5)三角函数.

$y=\sin x$(正弦函数),$y=\cos x$(余弦函数),$y=\tan x$(正切函数),$y=\cot x$(余切函数)(表 1.1,图 1.10).

表 1.1

	$y=\sin x$	$y=\cos x$	$y=\tan x$	$y=\cot x$
定义域	$\mathbf{R}$	$\mathbf{R}$	$\mathbf{R}-\{k\pi+\frac{\pi}{2}\}$	$\mathbf{R}-\{k\pi\}$
值域	$[-1,1]$	$[-1,1]$	$\mathbf{R}$	$\mathbf{R}$
增区间	$\left[-\frac{\pi}{2}+2k\pi,\frac{\pi}{2}+2k\pi\right]$	$[-\pi+2k\pi,2k\pi]$	$\left(-\frac{\pi}{2}+k\pi,\frac{\pi}{2}+k\pi\right)$	
减区间	$\left[\frac{\pi}{2}+2k\pi,\frac{3\pi}{2}+2k\pi\right]$	$[2k\pi,\pi+2k\pi]$		$(k\pi,\pi+k\pi)$
奇偶性	奇	偶	奇	奇
周期	2π	2π	π	π

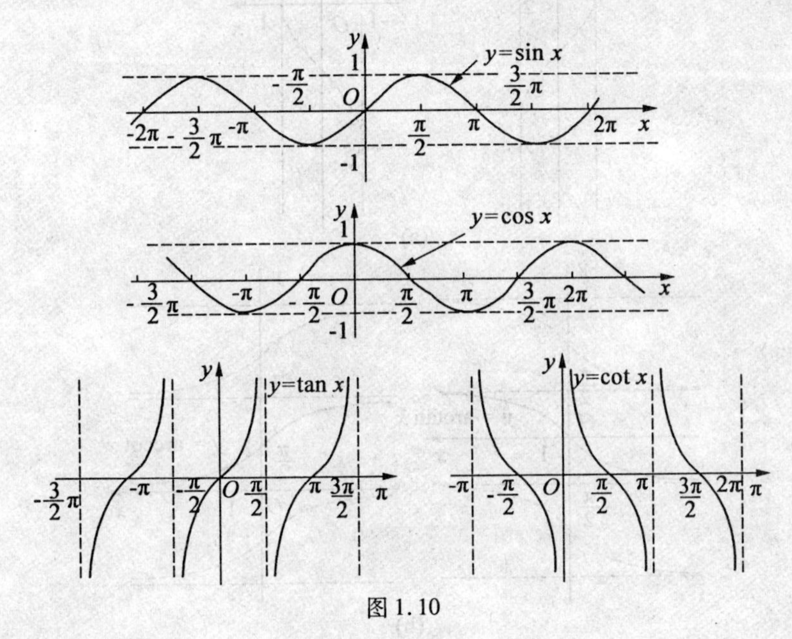

图 1.10

(6)反三角函数.

$y=\arcsin x$(反正弦函数),$y=\arccos x$(反余弦函数),$y=\arctan x$(反正切函数),$y=\operatorname{arccot} x$(反余切函数)(表 1.2,图 1.11).

表 1.2

	$y=\arcsin x$	$y=\arccos x$	$y=\arctan x$	$y=\text{arccot}\, x$
定义域	$[-1,1]$	$[-1,1]$	**R**	**R**
主值域	$\left[-\frac{\pi}{2},\frac{\pi}{2}\right]$	$[0,\pi]$	$\left(-\frac{\pi}{2},\frac{\pi}{2}\right)$	$(0,\pi)$
增区间	$[-1,1]$		**R**	
减区间		$[-1,1]$		**R**
奇偶性	奇		奇	

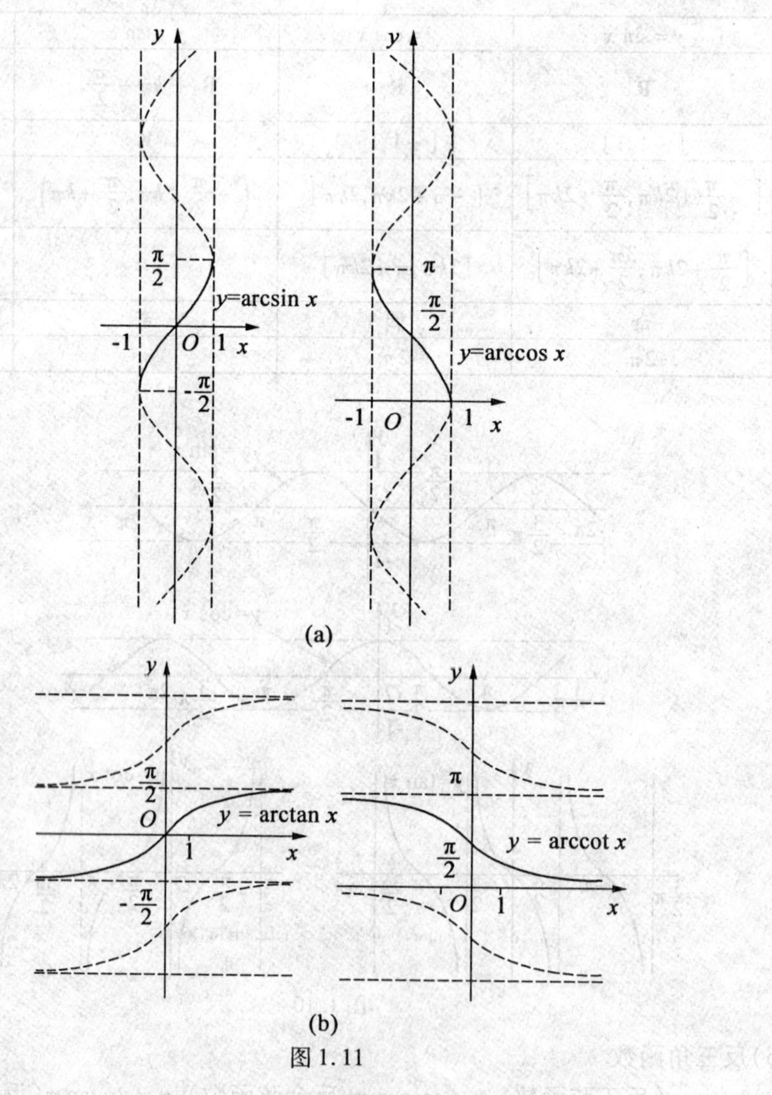

(a)

(b)

图 1.11

2. 初等函数

凡是由基本初等函数经过有限次的四则运算以及有限次的复合所生成的函数称为初等函数.

例如，$y=\ln\frac{(1+x)e^x}{\arccos x}$，$y=\frac{\sqrt{\arctan(1+x^2)}}{\ln\left(x+\sqrt{1+x^2}\right)}$等都是初等函数.

习题 1.1

1. 下列给出的关系是不是函数关系?

(1) $y=\lg(-x^2)$；　　(2) $y=\sqrt{-x^2+4}$；

(3) $y=\arcsin(x^2+3)$；　　(4) $y^2=4x+8$.

2. 下列给出的各对函数是不是相同的函数?

(1) $y=\lg x^4$ 与 $y=4\lg x$；　　(2) $y=\frac{x^2-4}{x-2}$与 $y=x+2$；

(3) $y=\sqrt{x(x-1)}$ 与 $y=\sqrt{x}\sqrt{x-1}$；　　(4) $y=\frac{\pi}{2}x$ 与 $y=x(\arcsin x+\arccos x)$.

3. 证明：若 $\varphi(x)=\ln\frac{1-x}{1+x}$，则 $\varphi(a)+\varphi(b)=\varphi\left(\frac{a+b}{1+ab}\right)$.

4. (1) 设函数 $f(x)=\frac{1}{\sqrt{a^2+x^2}}$，求 $f(a\tan x)$；

(2) 设函数 $f(x)=\frac{1-x}{1+x}$，求 $f\left(\frac{1}{x}\right)$ 及 $f[f(x)]$.

5. 求下列函数的定义域：

(1) $y=\arcsin(2x+5)$；　　(2) $y=\ln(2x+1)+\sqrt{4-3x}$；

(3) $y=\ln\left(\sin\frac{\pi}{x}\right)$；　　(4) $y=\frac{\lg(4-x)}{\sqrt{|x|-1}}$.

6. 求下列函数的反函数：

(1) $y=2+\ln(x+2)$；　　(2) $y=e^x+1$；

(3) $y=\frac{ax+b}{cx+d}$，其中 a,b,c,d 是常数，且 $ad-bc\neq0$；

(4) $y=1+2\sin 3x\left(-\frac{\pi}{6}\leqslant x\leqslant\frac{\pi}{6}\right)$.

7. $f(x)$与 $g(x)$有相同的定义域$(-l,l)$，证明：

(1) 若 $f(x)$与 $g(x)$都是偶函数，则 $f(x)+g(x)$是偶函数；

(2) 若 $f(x)$与 $g(x)$都是奇函数，则 $f(x)\cdot g(x)$是偶函数；

(3) 若 $f(x)$与 $g(x)$一个是偶函数，另一个是奇函数，则 $f(x)\cdot g(x)$是奇函数.

8. 设 $f(x)$为定义在$[-a,a]$上的奇(偶)函数，证明：若 $f(x)$在$[0,a]$上单调增加，则 $f(x)$在$[-a,0]$上单调增加(单调减少).

9. 判断下列函数是否为周期函数，若为周期函数并存在最小正周期，指出其最小正周期：

(1) $\sin x$；　　(2) $\sin^2 x$；

(3) $\sin x^2$；　　(4) $\sqrt{\sin x}$；

(5) $\sin\frac{x}{2}+2\sin\frac{x}{5}$.

10. 讨论狄利克雷函数

$$y=D(x)=\begin{cases}1, & x\text{ 是有理数},\\0, & x\text{ 是无理数}.\end{cases}$$

的有界性、单调性、周期性.

1.2 极限的概念与性质

极限概念是高等数学中的重要概念,是研究变量变化趋势的基础,在今后的理论学习、研究以及解决实际问题等方面都有着举足轻重的作用.

一、数列极限

1. 数列的定义

简单地说,数列就是按照一定顺序排列的一列数. 在这个数列中,第一项是 a_1,第二项是 a_2,……,第 n 项是 a_n……. 数列的一般形式可以写成

$$a_1,a_2,a_3,\cdots,a_n,\cdots,$$

简记为 $\{a_n\}$,a_n 称为数列的一般项或通项.

注 数列 $\{a_n\}$ 也可以看作是定义在正整数集上的函数,即

$$a_n=f(n),n\in\mathbf{N}^+.$$

下面是一些简单的数列的例子:

(1) $\left\{\frac{1}{2^n}\right\}:\frac{1}{2},\frac{1}{4},\frac{1}{8},\cdots,\frac{1}{2^n},\cdots$;

(2) $\left\{-\frac{1}{2^n}\right\}:-\frac{1}{2},-\frac{1}{4},-\frac{1}{8},\cdots,-\frac{1}{2^n},\cdots$;

(3) $\left\{\frac{(-1)^n}{n}\right\}:-1,\frac{1}{2},-\frac{1}{3},\cdots,\frac{(-1)^n}{n},\cdots$;

(4) $\{2n\}:2,4,6,\cdots,2n,\cdots$;

(5) $\{(-1)^{n+1}\}:1,-1,1,\cdots,(-1)^{n+1},\cdots$.

2. 数列极限的定义

学习数列的极限之前,我们先看一个有关变化趋势的实际问题.

设有一圆,首先在圆内做一个内接正六边形,其周长记为 A_1. 再做这个圆的内接正十二边形,其周长记为 A_2,接下来再做内接正二十四边形,其周长记为 A_3,按此规律,每次边数加倍(一般地,把内接正 $6\times2^{n-1}$ 边形的周长记为 $A_n(n\in\mathbf{N}^+)$). 这样,我们就得到一系列内接正多边形的周长,即

$$A_1,A_2,A_3,\cdots,A_n,\cdots,$$

从几何直观上可以看出,n 越大,内接正多边形的周长 A_n 就越接近于圆的周长,也就是说,若 n 可以无限增大,周长 A_n 就无限地接近于圆的周长,这个"无限接近"的变化趋势

就是“极限”.

由此,我们先给出数列极限的趋势定义:对于数列$\{a_n\}$,当n无限增大时,若a_n无限地接近某个常数a,则称a是数列$\{a_n\}$的极限或称数列$\{a_n\}$为收敛数列且收敛于a,记作$\lim\limits_{n\to\infty} a_n = a$或$a_n \to a(n\to\infty)$.

例如,数列$\left\{\frac{1}{2^n}\right\}$:$\frac{1}{2},\frac{1}{4},\frac{1}{8},\cdots,\frac{1}{2^n},\cdots$,当$n$无限增大时,无限地接近于0(图 1.12),

故$\lim\limits_{n\to\infty}\frac{1}{2^n}=0$;

数列$\left\{-\frac{1}{2^n}\right\}$:$-\frac{1}{2},-\frac{1}{4},-\frac{1}{8},\cdots,-\frac{1}{2^n},\cdots$,当$n$无限增大时,无限地接近于0(图 1.13),故$\lim\limits_{n\to\infty}-\frac{1}{2^n}=0$;

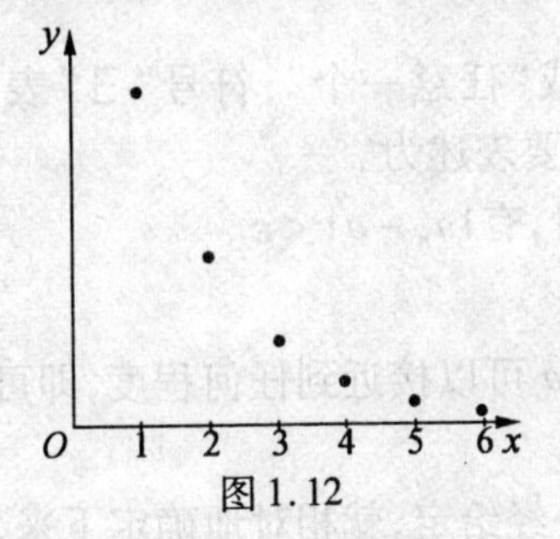

图 1.12

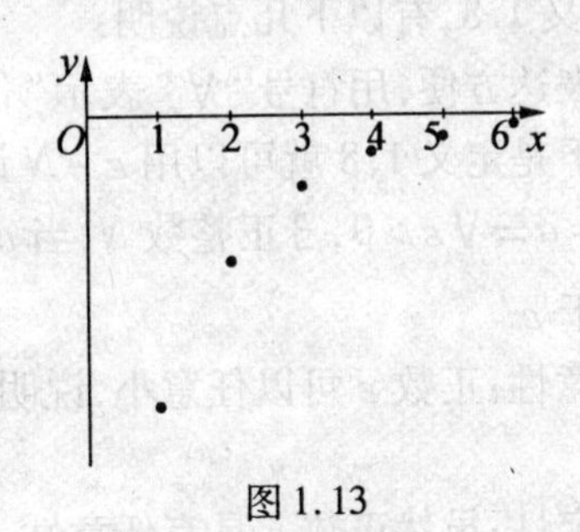

图 1.13

数列$\left\{\frac{(-1)^n}{n}\right\}$:$-1,\frac{1}{2},-\frac{1}{3},\cdots,\frac{(-1)^n}{n}\cdots$,当$n$无限增大时,该数列虽然在0的两侧左右摆动,但仍无限地接近于0(图 1.14),故$\lim\limits_{n\to\infty}\frac{(-1)^n}{n}=0$.

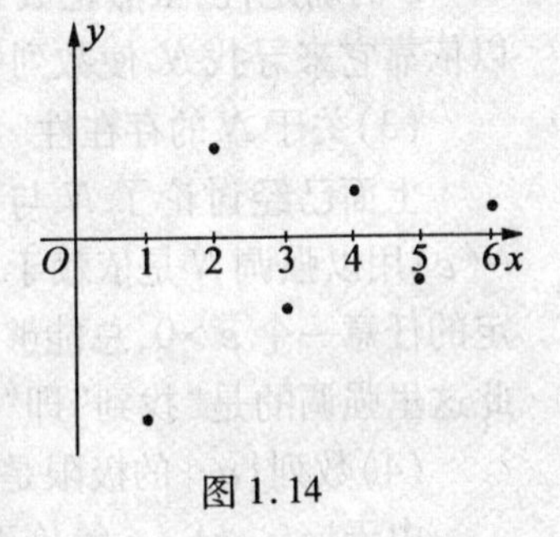

图 1.14

事实上,“当n无限增大时,a_n无限地接近常数a”可理解为“只要n充分大了,a_n与a的距离(即$|a_n-a|$)就能任意小”,那么如何定量地刻画$|a_n-a|$能任意小呢?以数列$\left\{\frac{(-1)^n}{n}\right\}$为例,当$n$无限增大时,该数列无限地接近于0意味着:若事先给定距离$\frac{1}{10}$,欲使$\left|\frac{(-1)^n}{n}-0\right|=\frac{1}{n}<\frac{1}{10}$,只须$n>10$即可,即数列第10项以后(从第11项开始)的所有项:$-\frac{1}{11},\frac{1}{12},-\frac{1}{13},\cdots$都能满足不等式$\left|\frac{(-1)^n}{n}-0\right|<\frac{1}{10}$.同样地,若事先给定更小的距离$\frac{1}{100}$,则第100项以后(从第101项开始)的所有项都能满足不等式$\left|\frac{(-1)^n}{n}-0\right|<\frac{1}{100}$.由此可见,无论事先给定的距离$\varepsilon$多么小($\varepsilon$为任意小的正数),总能找到一个正整数$N$,使得当$n>N$时,不等式$|a_n-a|<\varepsilon$恒成立,即只要$n$充分大了,$|a_n-a|$就能小于任意小的正数$\varepsilon$,也就是$|a_n-a|$可以任意小.

通过以上分析,下面给出收敛数列及其极限的精确定义.

定义 1.8　设有数列$\{a_n\}$,a为常数,若对任意给定的正数ε,总存在正整数N,使得当$n>N$时,恒有

$$|a_n-a|<\varepsilon.$$

我们就称a是数列$\{a_n\}$的极限,或者称数列$\{a_n\}$收敛且收敛于a,记作

$$\lim_{n\to\infty}a_n=a \text{ 或 } a_n\to a(n\to\infty).$$

否则称数列$\{a_n\}$没有极限,或称数列$\{a_n\}$发散.

例如,数列$\{2n\}$:2,4,6,…,$2n$,…,当n无限增大时,该数列也无限增大;数列$\{(-1)^{n+1}\}$:1,-1,1,…,$(-1)^{n+1}$,…,当n无限增大时,该数列无休止地重复取得1和-1这两个数.也就是说,该数列并没有无限地接近某一个常数.所以当$n\to\infty$时,数列$\{2n\}$与$\{(-1)^{n+1}\}$都不存在极限,即数列$\{2n\}$与$\{(-1)^{n+1}\}$都发散.

关于定义1.8,有以下几点说明:

(1)为表达方便,用符号"$\forall$"表示"任意"或"任意一个";符号"$\exists$"表示"存在"或"能找到",于是定义1.8就可以用$\varepsilon-N$语言简要表述为

$\lim\limits_{n\to\infty}a_n=a\Leftrightarrow\forall\varepsilon>0$,$\exists$正整数$N$,当$n>N$时,有$|a_n-a|<\varepsilon$.

(2)关于ε.

ε的任意性:正数ε可以任意小,说明a_n与a可以接近到任何程度,即可以无限地接近.

ε的确定性:虽然正数ε具有任意性,但它一经给定,就相对地确定下来,这时我们可以依靠它来寻找N,使数列中a_N以后所有的项都与a的距离小于事先"确定"的ε.

(3)关于N的存在性.

上面已经讨论了N与ε的关系,一般地,N随ε的变小而变大,因此常把N写成$N(\varepsilon)$用以强调N是依赖于ε的.另外根据定义,若数列$\{a_n\}$收敛于a,意味着对于事先给定的任意一个$\varepsilon>0$,总能够找到N,使数列中a_N以后所有的项都满足条件$|a_n-a|<\varepsilon$,因此这里强调的是"找到"即"存在"而并非"唯一".

(4)数列$\{a_n\}$的极限是a的几何解释.

由于$|a_n-a|<\varepsilon$等价于$a-\varepsilon<a_n<a+\varepsilon$,所以$a_n$与$a$的距离小于$\varepsilon$就可以理解为$a_n$落入开区间$(a-\varepsilon,a+\varepsilon)$中,因此数列$\{a_n\}$的极限是$a$就意味着:对于任意一个$\varepsilon>0$,总能够找到$N$,使数列中$a_N$以后所有的项即$a_{N+1},a_{N+2},\cdots$都落入开区间$(a-\varepsilon,a+\varepsilon)$中,而至多只有$N$个在此开区间外.又因为$\varepsilon>0$可以任意小,所以数列$\{a_n\}$中各项所对应的点$a_n$都无限聚集在点$a$的附近(图1.15).

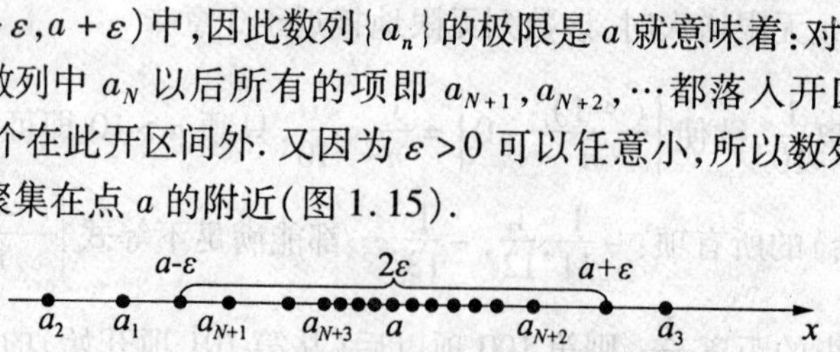

图 1.15

(5)运用定义1.8只能证明数列的极限,不能求数列的极限.

【例 1.11】　证明:$\lim\limits_{n\to\infty}\dfrac{2n+(-1)^{n+1}}{n}=2$.

证　$\forall\varepsilon>0$,要使不等式

$$|a_n - a| = \left|\frac{2n+(-1)^{n+1}}{n} - 2\right| = \frac{1}{n} < \varepsilon$$

成立,解得 $n > \frac{1}{\varepsilon}$. 这个 $\frac{1}{\varepsilon}$ 是一个确定的实数,而对于任何一个实数都有无穷多个大于它的正整数存在,所以,取一个大于 $\frac{1}{\varepsilon}$ 的正整数作为 N. 于是,$\forall \varepsilon > 0$,$\exists$ 正整数 N,当 $n > N$ 时,有 $\left|\frac{2n+(-1)^{n+1}}{n} - 2\right| < \varepsilon$ 成立,即

$$\lim_{n\to\infty} \frac{2n+(-1)^{n+1}}{n} = 2.$$

3. 收敛数列的性质

定理 1.1(唯一性)　若数列 $\{a_n\}$ 收敛,则它的极限唯一.

定理 1.2(有界性)　若数列 $\{a_n\}$ 收敛,则数列 $\{a_n\}$ 有界,即存在正数 M,使得对一切正整数 n,都有 $|a_n| \leqslant M$.

证明　设 $\lim\limits_{n\to\infty} a_n = a$,取定 $\varepsilon = 1$,根据数列极限的定义,则 $\exists N \in \mathbf{N}^+$,$\forall n > N$,有 $|a_n - a| < 1$,从而 $\forall n > N$,有

$$|a_n| = |a_n - a + a| \leqslant |a_n - a| + |a| < 1 + |a|.$$

取 $M = \max\{|a_1|, |a_2|, \cdots, |a_N|, |a| + 1\}$,于是数列 $\{a_n\}$ 的所有项都有 $|a_n| \leqslant M$,即数列 $\{a_n\}$ 有界.

注　由定理 1.2 知收敛数列必有界,但数列有界却不一定收敛,例如数列 $\{(-1)^{n+1}\}$ 有界,但发散.

定理 1.3(保号性)　若 $\lim\limits_{n\to\infty} a_n = a$,且 $a > 0$(或 $a < 0$),则存在正整数 N,当 $n > N$ 时,都有 $a_n > 0$(或 $a_n < 0$).

定理 1.1 及定理 1.3 的证明从略.

二、函数极限

我们知道数列 $\{a_n\}$ 可以看作是定义在正整数集上的特殊函数,即 $a_n = f(n)$,$n \in \mathbf{N}^+$. 这时,"数列 $\{a_n\}$ 收敛于 a"就可以看成是"当自变量 n 无限增大时,对应的函数值 $f(n)$ 无限地接近于 a". 现在,我们把这个定义在正整数集上的特殊函数一般化到定义在实数集上的函数 $y = f(x)$,讨论在自变量 x 的某个变化过程中,对应的函数值 $f(x)$ 的变化趋势.

1. 函数极限的定义

我们根据函数自变量 x 的变化过程的不同,分别介绍函数极限的定义.

(1) 自变量 x 趋于无穷大时函数的极限.

对于函数 $f(x) = 2 + \frac{1}{x}(x \neq 0)$,从图 1.16 可以看出,当 $|x|$ 无限增大时,对应的函数值 $f(x)$ 无限地接近于 2.

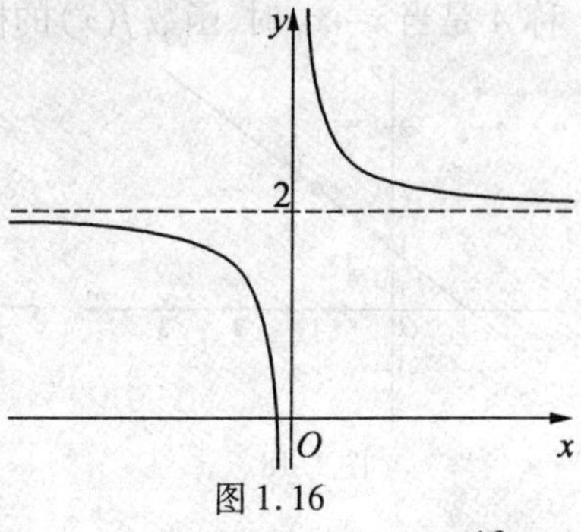

图 1.16

一般地,当 $|x|$ 无限增大时,若对应的函数值 $f(x)$ 无限地接近某个常数 A,则称 A 是当 $x \to \infty$ 时,函数 $f(x)$ 的极限. 这种"当 $|x|$ 无限增大时,对应的函数值

$f(x)$无限地接近常数A"的变化趋势和数列极限一样,所以它又可以理解为"只要$|x|$充分大,$|f(x)-A|$就可以任意地小(即$|f(x)-A|$就可以小于任意小的正数)". 精确地说,就是:

定义 1.9 设$y=f(x)$为定义在$\{x||x|>a,a$为正数$\}$上的函数,A为常数,若对任意给定的正数ε,总存在正数X,使得当$|x|>X$时,总有$|f(x)-A|<\varepsilon$,则称A是当$x\to\infty$时$f(x)$的极限,记作

$$\lim_{x\to\infty}f(x)=A \text{ 或 } f(x)\to A(x\to\infty).$$

该定义的几何解释是:作两条直线$y=A+\varepsilon$和$y=A-\varepsilon$,不管它们之间的距离有多么小,总存在正数X,使得当$|x|>X$时,曲线$f(x)$总落在这两条直线之间(图 1.17).

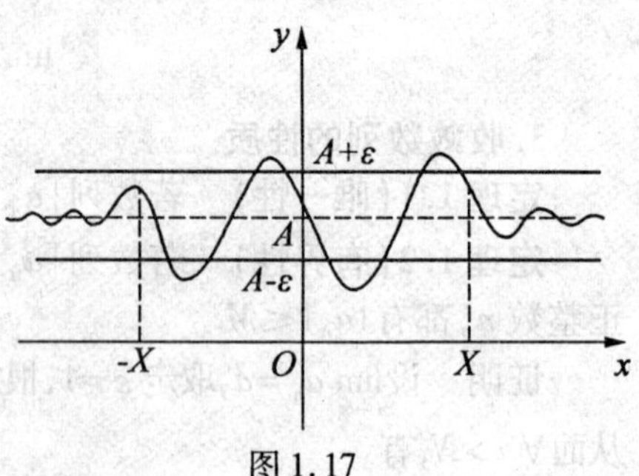

图 1.17

仿照定义 1.9,可得函数$f(x)$当$x\to+\infty$或$x\to-\infty$时的极限的定义.

注 设$y=f(x)$为定义在$\{x||x|>a,a$为正数$\}$上的函数,则

$$\lim_{x\to\infty}f(x)=A\Leftrightarrow\lim_{x\to-\infty}f(x)=\lim_{x\to+\infty}f(x)=A.$$

【例 1.12】 讨论当$x\to\infty$时,函数$f(x)=\arctan x$的极限.

解 因为

$$\lim_{x\to+\infty}f(x)=\frac{\pi}{2},\lim_{x\to-\infty}f(x)=-\frac{\pi}{2}.$$

而
$$\lim_{x\to-\infty}f(x)\neq\lim_{x\to+\infty}f(x),$$

所以$\lim\limits_{x\to\infty}f(x)$不存在.

(2)自变量x趋于一点时的极限.

对于函数$f(x)$,还需考虑$x\to x_0$时对应的函数值的变化趋势.

例如,对于函数$f(x)=\dfrac{x^2-1}{x-1}$(图 1.18),$g(x)=x+1$(图 1.19),$\varphi(x)=\begin{cases}x+1,x\neq1\\3,\quad x=1\end{cases}$(图 1.20),从函数图形可以看出,当$x$无限地接近于 1 时,对应的函数值都无限地接近于 2.

一般地,当自变量x无限地接近于x_0时,若对应的函数值无限地接近某个常数A,则称A是当$x\to x_0$时,函数$f(x)$的极限.

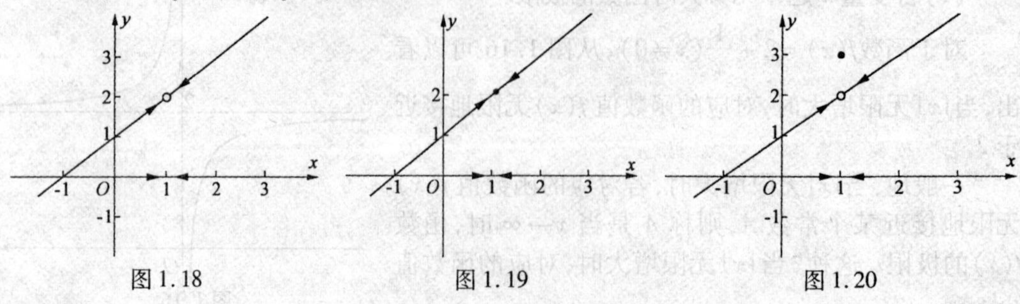

图 1.18　　图 1.19　　图 1.20

“x 无限地接近于 x_0 时,函数值无限地接近常数 A”又可以理解为“只要 x 与 x_0 的距离($|x-x_0|$)足够小了,函数值 $f(x)$ 与 A 的距离($|f(x)-A|$)就能任意小”. 这时,我们可用 $0<|x-x_0|<\delta$ 表示 x 接近 x_0 的程度(δ 为某个正数). 同时可用 $|f(x)-A|<\varepsilon$(ε 为任意小的正数)来刻画 $f(x)$ 与 A 的距离可以任意小.

下面给出当 $x\to x_0$ 时,函数 $f(x)$ 的极限的精确定义.

定义 1.10　设函数 $y=f(x)$ 在 $\mathring{U}(x_0)$ 内有定义,A 为常数,若对任意给定的正数 ε,总存在正数 δ,使得当 $0<|x-x_0|<\delta$ 时,总有 $|f(x)-A|<\varepsilon$,则称 A 是当 $x\to x_0$ 时 $f(x)$ 的极限,记作

$$\lim_{x\to x_0} f(x)=A \text{ 或 } f(x)\to A(x\to x_0).$$

关于上述定义,有以下几点说明:

①定义 1.10 中限定 $|x-x_0|>0$(即 $x\neq x_0$)是由于当 $x\to x_0$ 时,$f(x)$ 的极限与 $f(x)$ 在点 x 处是否有定义及有定义时 $f(x)$ 的值是什么都无关.

②定义 1.10 用 $\varepsilon-\delta$ 语言可简要表述为:

$\lim\limits_{x\to x_0} f(x)=A \Leftrightarrow \forall\varepsilon>0, \exists\delta>0$, 当 $0<|x-x_0|<\delta$ 时,有 $|f(x)-A|<\varepsilon$.

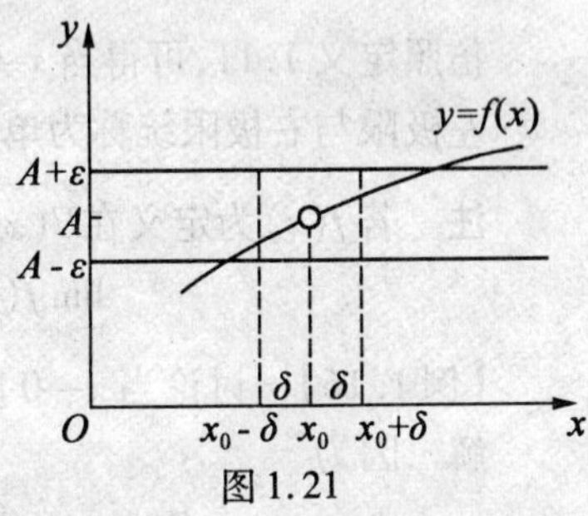

图 1.21

③定义 1.10 的几何解释是:作两条直线 $y=A+\varepsilon$ 和 $y=A-\varepsilon$,不管它们之间的距离有多么小,总存在正数 δ,只要 x 落入 $(x_0-\delta,x_0)\cup(x_0,x_0+\delta)$ 时,曲线 $f(x)$ 总落在这两条直线之间(图 1.21).

【例 1.13】　证明 $\lim\limits_{x\to x_0} C=C$.

证　$\forall\varepsilon>0$,要使不等式

$$|C-C|=0<\varepsilon$$

成立,可任取 $\delta>0$. 于是,$\forall\varepsilon>0,\exists\delta$(可任取)$>0$,当 $0<|x-x_0|<\delta$ 时,有 $|C-C|<\varepsilon$,即

$$\lim_{x\to x_0} C=C.$$

【例 1.14】　证明 $\lim\limits_{x\to x_0} x=x_0$.

证　$\forall\varepsilon>0$,要使不等式

$$|x-x_0|<\varepsilon$$

成立,取 $\delta=\varepsilon$. 于是,$\forall\varepsilon>0,\exists\delta=\varepsilon>0$,当 $0<|x-x_0|<\delta$ 时,有 $|x-x_0|<\varepsilon$,即

$$\lim_{x\to x_0} x=x_0.$$

【例 1.15】　证明 $\lim\limits_{x\to x_0}\cos x=\cos x_0$.

证　首先由于 $|\sin x|\leqslant|x|$ 以及 $|\sin x|\leqslant 1$,则 $\forall\varepsilon>0$,要使不等式

$$|\cos x-\cos x_0|=2\left|\sin\frac{x+x_0}{2}\right|\left|\sin\frac{x-x_0}{2}\right|\leqslant 2\left|\frac{x-x_0}{2}\right|=|x-x_0|<\varepsilon$$

成立. 取 $\delta=\varepsilon$. 于是,$\forall\varepsilon>0,\exists\delta=\varepsilon>0$,当 $0<|x-x_0|<\delta$ 时,有 $|\cos x-\cos x_0|<\varepsilon$,即

$$\lim_{x \to x_0} \cos x = \cos x_0.$$

类似地，$\lim\limits_{x \to x_0} \sin x = \sin x_0$.

定义 1.10 中，$x \to x_0$ 是指 x 既从左侧接近于 x_0，也从右侧接近于 x_0，但有时根据实际的需要或函数的特点，我们只需要或只能够讨论自变量 x 仅从左侧或仅从右侧趋于 x_0 时，对应的函数值的变化趋势.

下面给出左极限、右极限的定义.

定义 1.11 设函数 $f(x)$ 在点 x_0 的左侧有定义，A 为常数，若对任意给定的正数 ε，总存在正数 δ，使得当 $x_0 - \delta < x < x_0$ 时，总有 $|f(x) - A| < \varepsilon$，则称 A 是当 $x \to x_0$ 时函数 $f(x)$ 的左极限，记作

$$\lim_{x \to x_0^-} f(x) = A \text{ 或 } f(x_0 - 0) = A.$$

仿照定义 1.11，可得当 $x \to x_0$ 时函数 $f(x)$ 的右极限的定义.

左极限与右极限统称为单侧极限.

注 若 $f(x)$ 为定义在 $\mathring{U}(x_0)$ 内的函数，则

$$\lim_{x \to x_0} f(x) = A \Leftrightarrow \lim_{x \to x_0^-} f(x) = \lim_{x \to x_0^+} f(x) = A.$$

【例 1.16】 讨论当 $x \to 0$ 时，符号函数 $\operatorname{sgn} x$ 的极限.

解 因为

$$\lim_{x \to 0^-} \operatorname{sgn} x = \lim_{x \to 0^-} (-1) = -1, \lim_{x \to 0^+} \operatorname{sgn} x = \lim_{x \to 0^+} 1 = 1.$$

而

$$\lim_{x \to 0^-} \operatorname{sgn} x \neq \lim_{x \to 0^+} \operatorname{sgn} x,$$

所以 $\lim\limits_{x \to 0} \operatorname{sgn} x$ 不存在.

【例 1.17】 设函数 $f(x) = \begin{cases} \sin x, & x \leqslant 0, \\ x + 1, & 0 < x < 1, \\ 2, & x > 1, \end{cases}$ 讨论 $\lim\limits_{x \to 0} f(x)$，$\lim\limits_{x \to 1} f(x)$ 是否存在.

解 因为

$$\lim_{x \to 0^-} f(x) = \lim_{x \to 0^-} \sin x = 0, \lim_{x \to 0^+} f(x) = \lim_{x \to 0^+} (x + 1) = 1.$$

而

$$\lim_{x \to 0^-} f(x) \neq \lim_{x \to 0^+} f(x),$$

所以 $\lim\limits_{x \to 0} f(x)$ 不存在. 又因为

$$\lim_{x \to 1^-} f(x) = \lim_{x \to 1^-} (x + 1) = 2, \lim_{x \to 1^+} f(x) = \lim_{x \to 1^+} 2 = 2.$$

即

$$\lim_{x \to 1^-} f(x) = \lim_{x \to 1^+} f(x),$$

所以 $\lim\limits_{x \to 1} f(x)$ 存在，且 $\lim\limits_{x \to 1} f(x) = 2$.

2. 函数极限的性质

现在我们以"$\lim\limits_{x \to x_0} f(x)$"为代表给出函数极限的性质.

定理 1.4（唯一性） 若极限 $\lim\limits_{x \to x_0} f(x)$ 存在，则此极限唯一.

定理 1.5（局部有界性） 若极限 $\lim\limits_{x \to x_0} f(x)$ 存在，则存在 $M > 0$ 和 $\delta > 0$，使得当 $0 <$

$|x-x_0|<\delta$时,有$|f(x)|\leqslant M$.

定理1.4及定理1.5的证明从略.

定理1.6(局部保号性)　若$\lim\limits_{x\to x_0}f(x)=A$,且$A<0$(或$A>0$),则存在$\delta>0$,使得当$0<|x-x_0|<\delta$时,有$f(x)<0$(或$f(x)>0$).

证　只证$A<0$的情形:

因为$\lim\limits_{x\to x_0}f(x)=A<0$,根据定义,取定$\varepsilon=-\dfrac{A}{3}>0$,则$\exists\delta>0,\forall x:0<|x-x_0|<\delta$,有$|f(x)-A|<-\dfrac{A}{3}$,从而

$$\frac{4A}{3}<f(x)<\frac{2A}{3}<0,$$

于是,$\exists\delta>0$,使得当$0<|x-x_0|<\delta$时,有$f(x)<0$.

推论　如果在x_0的某去心邻域$f(x)\geqslant 0$(或$f(x)\leqslant 0$),且$\lim\limits_{x\to x_0}f(x)=A$,那么$A\geqslant 0$(或$A\leqslant 0$).

推论的证明从略.

习题1.2

1. 当n无限增大时,观察下列数列的变化趋势,若收敛,写出极限:

(1) $\left\{3+\dfrac{1}{n^4}\right\}$;　　(2) $\left\{\dfrac{n-1}{n+2}\right\}$;

(3) $\{(-1)^n\}$;　　(4) $\left\{[(-1)^n+2]\dfrac{3n+1}{n}\right\}$;

(5) $\left\{n+\dfrac{1}{n}\right\}$;　　(6) $\left\{\dfrac{3^n+1}{5^n}\right\}$.

2. 对图1.22所示的函数$f(x)$,求下列极限,如果不存在,说明理由.

(1) $\lim\limits_{x\to -3}f(x)$;

(2) $\lim\limits_{x\to -1}f(x)$;

(3) $\lim\limits_{x\to 0}f(x)$;

(4) $\lim\limits_{x\to \infty}f(x)$.

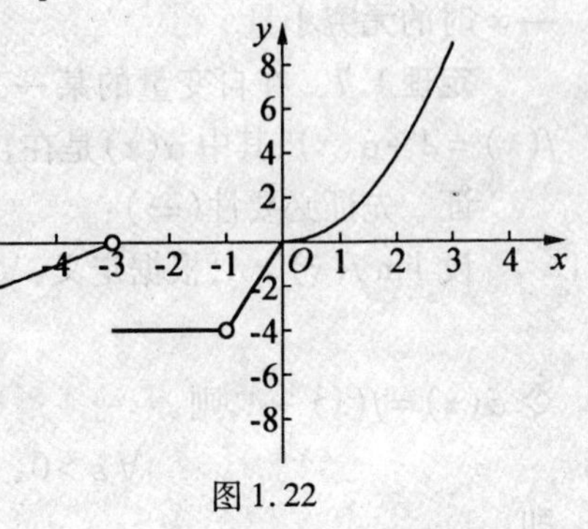

图1.22

3. 判断下列函数的极限是否存在,若存在,写出极限:

(1) $\lim\limits_{x\to 0}\dfrac{|x|}{x}$;

(2) $\lim\limits_{x\to\infty}\left(-\dfrac{1}{5^x}\right)$;

(3) $\lim\limits_{x\to 0^+}\log_{\frac{1}{2}}x$;

(4) $\lim\limits_{x\to\frac{\pi}{2}^-}\tan x$.

4. 设函数$f(x)=\begin{cases}3x+4, x<1,\\ 5, \quad x=1,\\ 2, \quad x>1.\end{cases}$ 求$\lim\limits_{x\to1}f(x)$.

5. 设函数$f(x)=\begin{cases}-\dfrac{3}{2}x+a, x\leqslant-2,\\ \dfrac{x^2-4}{x+2}, \quad x>-2.\end{cases}$ 求a为何值时，$\lim\limits_{x\to-2}f(x)$存在.

1.3 无穷小量与无穷大量

一、无穷小量

定义 1.12 若$\lim\limits_{x\to x_0}f(x)=0$，则称函数$f(x)$为当$x\to x_0$时的无穷小量.

注 定义 1.12 也可用$\varepsilon-\delta$语言给出：$\lim\limits_{x\to x_0}f(x)=0\Leftrightarrow\forall\varepsilon>0,\exists\delta>0$，当$0<|x-x_0|<\delta$时，有$|f(x)|<\varepsilon$.

类似地，将$x\to x_0$换成$x\to x_0^+$，$x\to x_0^-$，$x\to+\infty$，$x\to-\infty$以及$x\to\infty$，可定义不同形式的无穷小量.

特别地，以 0 为极限的数列$\{a_n\}$称为当$n\to\infty$时的无穷小量.

【例 1.18】 借助函数图形可知，因为$\lim\limits_{x\to0}\tan x=0$，$\lim\limits_{x\to0}\sin x=0$，$\lim\limits_{x\to0}8x=0$，所以$\tan x$，$\sin x$，$8x$都为当$x\to0$时的无穷小量；因为$\lim\limits_{x\to1}\ln x=0$，所以$\ln x$为当$x\to1$时的无穷小量；因为$\lim\limits_{x\to-\infty}e^x=0$，所以$e^x$为当$x\to-\infty$时的无穷小量；因为$\lim\limits_{n\to\infty}\dfrac{1}{n}=0$，所以数列$\left\{\dfrac{1}{n}\right\}$为当$n\to\infty$时的无穷小量.

定理 1.7 在自变量的某一变化过程中，函数$f(x)$具有极限A的充分必要条件是$f(x)=A+\alpha(x)$，其中$\alpha(x)$是在自变量的同一变化过程中的无穷小量.

证 先证必要性($\Rightarrow$)：

设$\lim\limits_{x\to+\infty}f(x)=A$，根据定义：$\forall\varepsilon>0,\exists X>0$，使得当$x>X$时，有

$$|f(x)-A|<\varepsilon,$$

令$\alpha(x)=f(x)-A$，则

$$\forall\varepsilon>0,\exists X>0,\forall x>X,\text{有}|\alpha(x)|<\varepsilon,$$

即

$$\lim_{x\to+\infty}\alpha(x)=0.$$

再证充分性($\Leftarrow$)：

设$\alpha(x)$是当$x\to+\infty$时的无穷小量，即$\lim\limits_{x\to+\infty}\alpha(x)=0$，根据定义：$\forall\varepsilon>0,\exists X>0$，使得当$x>X$时，有$|\alpha(x)-0|=|\alpha(x)|<\varepsilon$.

又因为$f(x)=A+\alpha(x)$，于是$|f(x)-A|=|\alpha(x)|$，则$\forall\varepsilon>0,\exists X>0$，使得当$x>X$

时，有$|f(x)-A|<\varepsilon$，即

$$\lim_{x\to+\infty}f(x)=A.$$

在自变量的同一变化过程中的无穷小量有下述定理：

定理1.8　有限个无穷小量之和、差、积仍为无穷小量.

证　仅对两个无穷小量之和的情形为例证明. 设$x\to x_0$时，α,β均是无穷小量，即$\lim\limits_{x\to x_0}\alpha=0$，$\lim\limits_{x\to x_0}\beta=0$，并设$\gamma=\alpha+\beta$，因$\lim\limits_{x\to x_0}\alpha=0$，则$\forall\varepsilon>0$，$\exists\delta_1>0$，当$0<|x-x_0|<\delta_1$时，有$|\alpha|<\varepsilon$.

又因$\lim\limits_{x\to x_0}\beta=0$，则$\forall\varepsilon>0$，$\exists\delta_2>0$，当$0<|x-x_0|<\delta_2$时，有$|\beta|<\varepsilon$.

于是，$\forall\varepsilon>0$，$\exists\delta=\min\{\delta_1,\delta_2\}>0$，当$0<|x-x_0|<\delta$时，有

$$|\gamma|=|\alpha+\beta|\leqslant|\alpha|+|\beta|<\varepsilon+\varepsilon=2\varepsilon.$$

即当$x\to x_0$时，γ为无穷小量.

定理1.9　无穷小量与有界函数之积仍为无穷小量.

证　设函数$f(x)$满足当$0<|x-x_0|<\delta_1$时，恒有$|f(x)|\leqslant M$，并设$x\to x_0$时，α是无穷小量，则$\forall\varepsilon>0$，$\exists\delta_2>0$，当$0<|x-x_0|<\delta_2$时，有$|\alpha|<\dfrac{\varepsilon}{M}$.

于是$\forall\varepsilon>0$，$\exists\delta=\min\{\delta_1,\delta_2\}>0$，当$0<|x-x_0|<\delta$时，有

$$|\alpha f(x)|=|\alpha||f(x)|<M\cdot\frac{\varepsilon}{M}=\varepsilon.$$

即当$x\to x_0$时，$\alpha f(x)$为无穷小量.

推论　常数与无穷小量之积仍为无穷小量.

推论的证明从略.

【例1.19】　求$\lim\limits_{x\to0}x\sin\dfrac{1}{x}$.

解　x是当$x\to0$时的无穷小量，$\sin\dfrac{1}{x}$为有界函数，则由定理1.9可知$x\sin\dfrac{1}{x}$为当$x\to0$时的无穷小量，即

$$\lim_{x\to0}x\sin\frac{1}{x}=0.$$

二、无穷大量

定义1.13　设函数$f(x)$在$\mathring{U}(x_0)$有定义，如果对于任意给定的正数M，总存在正数δ，使得当$x\in\mathring{U}(x_0,\delta)$时，对应的函数值$f(x)$总满足不等式

$$|f(x)|>M, \qquad ①$$

则称函数$f(x)$为当$x\to x_0$时的无穷大量，记作

$$\lim_{x\to x_0}f(x)=\infty. \qquad ②$$

注　虽然用②式表示函数$f(x)$是当$x\to x_0$时的无穷大量，甚至有时由于习惯的原因，我们也说$f(x)$的极限是∞（无穷大），但此时$f(x)$的极限不存在.

若将①式换成$f(x)>M$(或$f(x)<-M$),则称函数$f(x)$为当$x\to x_0$时的正无穷大量(或负无穷大量),记作$\lim\limits_{x\to x_0}f(x)=+\infty$(或$\lim\limits_{x\to x_0}f(x)=-\infty$).

类似地,将$x\to x_0$换成$x\to x_0^+$,$x\to x_0^-$,$x\to+\infty$,$x\to-\infty$以及$x\to\infty$,可定义不同形式的无穷大量.

特别地,以∞为极限的数列$\{a_n\}$称为当$n\to\infty$时的无穷大量.

注　无穷大量一定是无界函数(包括数列),但无界函数却不一定是无穷大量.

例如,函数$f(x)=x\sin x$在$(-\infty,+\infty)$上无界,但却不是无穷大量.

定理 1.10　在自变量的同一变化过程中,无穷大量的倒数为无穷小量;反之,非"0"的无穷小量的倒数为无穷大量.

定理 1.10 的证明从略.

例如,当$x\to+\infty$时,3^x为无穷大量,3^{-x}为无穷小量;当$x\to3$时,$x-3$为无穷小量,$\dfrac{1}{x-3}$为无穷大量.

习题 1.3

1. 当$x\to0^+$时,指出下列各题中哪些是无穷大量?哪些是无穷小量?

(1)$2x^2$;　(2)$\dfrac{1}{x^2}$;

(3)$x\cos\dfrac{1}{x}$;　(4)$\tan\left(x+\dfrac{\pi}{2}\right)$;

(5)$\dfrac{1}{e^x-1}$.

2. 借助函数图形,讨论$f(x)=\dfrac{1}{x-2}$在自变量的什么变化过程中是无穷小量?又在自变量的什么变化过程中是无穷大量?

3. 计算下列极限:

(1)$\lim\limits_{x\to\infty}\dfrac{\arctan x}{x}$;　(2)$\lim\limits_{x\to1}(x-1)\cdot\sin\dfrac{1}{x-1}$;

(3)$\lim\limits_{x\to0}x^2\arctan\dfrac{1}{x}$;　(4)$\lim\limits_{n\to\infty}(1-2^{\frac{1}{n}})\cos n$.

1.4　极限运算法则

前面已经介绍了极限的定义及其性质.在本节中,我们将讨论一种求极限的方法.

一、函数极限的运算法则

1. 函数极限的四则运算法则

极限符号"lim"表示在下面的讨论中对自变量的任一变化过程都成立.

定理 1.11　在自变量的同一变化过程中,设 $\lim f(x)$ 与 $\lim g(x)$ 都存在,且 $\lim f(x)=A,\lim g(x)=B$,则

(1) $\lim[f(x)\pm g(x)]=\lim f(x)\pm\lim g(x)=A\pm B$;

(2) $\lim[f(x)\cdot g(x)]=\lim f(x)\cdot\lim g(x)=A\cdot B$;

(3) 若又有 $g(x)\neq 0$ 且 $\lim g(x)=B\neq 0$,则 $\lim\dfrac{f(x)}{g(x)}=\dfrac{\lim f(x)}{\lim g(x)}=\dfrac{A}{B}$.

证　只证(1)和(2).

因 $\lim f(x)=A,\lim g(x)=B$,根据定理 1.7 知

$$f(x)=A+\alpha(x),g(x)=B+\beta(x),$$

其中 $\lim\alpha(x)=0,\lim\beta(x)=0$,于是

$$f(x)\pm g(x)=[A\pm\alpha(x)]+[B\pm\beta(x)]=(A\pm B)+[\alpha(x)\pm\beta(x)],$$

$$f(x)\cdot g(x)=[A+\alpha(x)][B+\beta(x)]=AB+[A\beta(x)+B\alpha(x)+\alpha(x)\beta(x)].$$

由定理 1.8 和定理 1.9 的推论知,$\alpha(x)\pm\beta(x)$ 及 $A\beta(x)+B\alpha(x)+\alpha(x)\beta(x)$ 仍为无穷小量,则由定理 1.7 得

$$\lim[f(x)\pm g(x)]=\lim f(x)\pm\lim g(x)=A\pm B,$$

及

$$\lim[f(x)\cdot g(x)]=\lim f(x)\cdot\lim g(x)=A\cdot B.$$

注　定理 1.11 中的(1)、(2)可推广到有限个函数的和或积的情形.

关于定理 1.11 中的(2),有如下推论:

推论 1　若 $\lim f(x)$ 存在,C 为常数,则

$$\lim[Cf(x)]=C\lim f(x).$$

推论 2　若 $\lim f(x)$ 存在,n 为正整数,则

$$\lim[f(x)]^n=[\lim f(x)]^n.$$

推论 1、2 的证明从略.

因为数列可以看作是定义在正整数集上的函数,所以数列极限也有类似的四则运算法则,在此不一一列举.

2. 复合函数的极限运算法则

定理 1.12　设函数 $y=f[g(x)]$ 是由函数 $y=f(u)$ 与 $u=g(x)$ 复合而成,$f[g(x)]$ 在 x_0 的某去心邻域内有定义,若 $\lim\limits_{x\to x_0}g(x)=u_0,\lim\limits_{u\to u_0}f(u)=A$,且存在 $\delta_0>0$,当 $x\in\mathring{U}(x_0,\delta_0)$ 时,有 $g(x)\neq u_0$,则

$$\lim_{x\to x_0}f[g(x)]=\lim_{u\to u_0}f(u)=A.$$

定理 1.12 的证明从略.

例如,求 $\lim\limits_{x\to 1}\cos(\ln x)$ 时,令 $u=\ln x$,当 $x\to 1$ 时,有 $u\to 0$,于是由定理 1.12 可得,$\lim\limits_{x\to 1}\cos(\ln x)=\lim\limits_{u\to 0}\cos u=1$.

在定理 1.12 中,若把 $\lim\limits_{x\to x_0}g(x)=u_0$ 换成 $\lim\limits_{x\to x_0}g(x)=\infty$ 或 $\lim\limits_{x\to\infty}g(x)=\infty$,而把 $\lim\limits_{u\to u_0}f(u)=A$ 换成 $\lim\limits_{u\to\infty}f(u)=A$,可得类似定理.

注　定理 1.12 为用变量替换法求极限提供了理论根据.

二、利用极限运算法则计算极限

【例 1.20】　求$\lim\limits_{x\to -2}(4x^2-3x+2)$.

解
$$\begin{aligned}\lim_{x\to -2}(4x^2-3x+2)&=4\lim_{x\to -2}x^2-3\lim_{x\to -2}x+\lim_{x\to -2}2\\&=4(\lim_{x\to -2}x)^2-3\lim_{x\to -2}x+\lim_{x\to -2}2\\&=4\times(-2)^2-3\times(-2)+2=24.\end{aligned}$$

【例 1.21】　求$\lim\limits_{x\to 2}\dfrac{x^3+1}{x^2-5x+3}$.

解
$$\begin{aligned}\lim_{x\to 2}\frac{x^3+1}{x^2-5x+3}&=\frac{\lim\limits_{x\to 2}(x^3+1)}{\lim\limits_{x\to 2}(x^2-5x+3)}=\frac{\lim\limits_{x\to 2}x^3+\lim\limits_{x\to 2}1}{\lim\limits_{x\to 2}x^2-5\lim\limits_{x\to 2}x+\lim\limits_{x\to 2}3}\\&=\frac{(\lim\limits_{x\to 2}x)^3+1}{(\lim\limits_{x\to 2}x)^2-5\cdot 2+3}=\frac{2^3+1}{2^2-10+3}=\frac{9}{-3}=-3.\end{aligned}$$

【例 1.22】　求$\lim\limits_{x\to 2}\dfrac{x^2-4}{5x}$.

解
$$\lim_{x\to 2}\frac{x^2-4}{5x}=\frac{\lim\limits_{x\to 2}(x^2-4)}{\lim\limits_{x\to 2}(5x)}=\frac{\lim\limits_{x\to 2}x^2-\lim\limits_{x\to 2}4}{5\lim\limits_{x\to 2}x}=\frac{(\lim\limits_{x\to 2}x)^2-4}{5\cdot 2}=\frac{2^2-4}{10}=0.$$

由上面的例子可以看出：若$f(x)$为多项式函数或者是当$x\to x_0$时分母极限不为0的分式函数，根据极限运算法则可以得出
$$\lim_{x\to x_0}f(x)=f(x_0).$$

若$f(x)$为当$x\to x_0$时分母极限为0的分式函数，仍用$\lim\limits_{x\to x_0}f(x)=f(x_0)$计算极限时，分母等于零，此时就没有意义了.

【例 1.23】　求$\lim\limits_{x\to 3}\dfrac{x^2+1}{x-3}$.

解　因为
$$\begin{aligned}\lim_{x\to 3}\frac{x-3}{x^2+1}&=\frac{\lim\limits_{x\to 3}(x-3)}{\lim\limits_{x\to 3}(x^2+1)}=\frac{\lim\limits_{x\to 3}x-\lim\limits_{x\to 3}3}{\lim\limits_{x\to 3}x^2+\lim\limits_{x\to 3}1}\\&=\frac{3-3}{(\lim\limits_{x\to 3}x)^2+1}=\frac{0}{10}=0,\end{aligned}$$

这说明，当$x\to 3$时，$\dfrac{x-3}{x^2+1}$为无穷小量，此时由定理 1.10 可知，当$x\to 3$时，$\dfrac{x^2+1}{x-3}$为无穷大量，即
$$\lim_{x\to 3}\frac{x^2+1}{x-3}=\infty.$$

注　$\lim\limits_{x\to 3}\dfrac{x^2+1}{x-3}=\infty$说明当$x\to 3$时，$\dfrac{x^2+1}{x-3}$的极限不存在.

【例 1.24】　求$\lim\limits_{x\to\infty}\dfrac{4x^3+2x^2-1}{3x^3+1}$.

解　$$\lim_{x\to\infty}\frac{4x^3+2x^2-1}{3x^3+1}=\lim_{x\to\infty}\frac{4+\dfrac{2}{x}-\dfrac{1}{x^3}}{3+\dfrac{1}{x^3}}=\frac{4+0-0}{3+0}=\frac{4}{3}.$$

【例 1.25】　求$\lim\limits_{x\to\infty}\dfrac{2x^2-2x+5}{3x^3+2}$.

解　$$\lim_{x\to\infty}\frac{2x^2-2x+5}{3x^3+2}=\lim_{x\to\infty}\frac{\dfrac{2}{x}-\dfrac{2}{x^2}+\dfrac{5}{x^3}}{3+\dfrac{2}{x^3}}=\frac{0-0+0}{3+0}=0.$$

【例 1.26】　求$\lim\limits_{x\to\infty}\dfrac{x^2}{2x+1}$.

解　因为 $\lim\limits_{x\to\infty}\dfrac{2x+1}{x^2}=\lim\limits_{x\to\infty}\dfrac{\dfrac{2}{x}+\dfrac{1}{x^2}}{1}=\dfrac{0+0}{1}=0$,所以

$$\lim_{x\to\infty}\frac{x^2}{2x+1}=\infty.$$

总结例 1.24、例 1.25、例 1.26 的结果,可归纳出下列一般情形:

$$\lim_{x\to\infty}\frac{a_0x^m+a_1x^{m-1}+\cdots+a_m}{b_0x^n+b_1x^{n-1}+\cdots+b_n}=\begin{cases}0, & n>m,\\ \dfrac{a_0}{b_0}, & n=m,\\ \infty, & n<m,\end{cases}$$

其中 $a_0\neq0,b_0\neq0;m,n$ 为非负整数.

【例 1.27】　求$\lim\limits_{x\to5}\dfrac{x-5}{x^2-25}$.

解　当 $x\to5$ 时,分子和分母的极限都是零,于是不能直接应用商的极限的运算法则,但分子和分母有公因子 $x-5$,而当 $x\to5$ 时,$x\neq5$,故可约去这个不为零的公因子,所以

$$\lim_{x\to5}\frac{x-5}{x^2-25}=\lim_{x\to5}\frac{x-5}{(x-5)(x+5)}=\lim_{x\to5}\frac{1}{x+5}=\frac{1}{10}.$$

【例 1.28】　求$\lim\limits_{x\to3}\dfrac{\sqrt{x+1}-2}{x-3}$.

解　$$\lim_{x\to3}\frac{\sqrt{x+1}-2}{x-3}=\lim_{x\to3}\frac{(\sqrt{x+1}-2)(\sqrt{x+1}+2)}{(x-3)(\sqrt{x+1}+2)}$$

$$=\lim_{x\to3}\frac{x-3}{(x-3)(\sqrt{x+1}+2)}=\lim_{x\to3}\frac{1}{\sqrt{x+1}+2}=\frac{1}{4}.$$

【例 1.29】　求$\lim\limits_{x\to-2}\left(\dfrac{1}{x+2}-\dfrac{12}{x^3+8}\right)$.

解　$$\lim_{x\to-2}\left(\frac{1}{x+2}-\frac{12}{x^3+8}\right)=\lim_{x\to-2}\frac{x^2-2x+4-12}{x^3+8}$$

$$= \lim_{x \to -2} \frac{(x+2)(x-4)}{(x+2)(x^2-2x+4)}$$

$$= \lim_{x \to -2} \frac{x-4}{x^2-2x+4} = \frac{-6}{12} = -\frac{1}{2}.$$

【例 1.30】 求 $\lim\limits_{n \to \infty} \dfrac{1+3+5+\cdots+(2n-1)}{2+4+6+\cdots+2n}$.

解 $$\lim_{n \to \infty} \frac{1+3+5+\cdots+(2n-1)}{2+4+6+\cdots+2n} = \lim_{n \to \infty} \frac{n+\frac{n(n-1)}{2}\cdot 2}{2n+\frac{n(n-1)}{2}\cdot 2} = \lim_{n \to \infty} \frac{n^2}{n^2+n} = 1.$$

习题 1.4

1. 计算下列极限:

(1) $\lim\limits_{x \to 3}(3x^2-6x+1)$;

(2) $\lim\limits_{x \to \frac{\pi}{2}} 2(\sin x - \cos x - x^2)$;

(3) $\lim\limits_{x \to 0} \dfrac{x^2-1}{2x^2-x-1}$;

(4) $\lim\limits_{x \to 2} \dfrac{x^2+5}{x-3}$;

(5) $\lim\limits_{x \to 2} \dfrac{x^2-7x+10}{x-2}$;

(6) $\lim\limits_{x \to 5} \dfrac{x^2-3x-10}{x^2-x-20}$;

(7) $\lim\limits_{x \to 1} \dfrac{x^3-x^2}{x^2+1}$;

(8) $\lim\limits_{x \to 0} \dfrac{e^x+\sin x-1}{\cos x+8}$;

(9) $\lim\limits_{x \to -\infty} \dfrac{3^x-2}{\arctan x+\frac{\pi}{2}}$;

(10) $\lim\limits_{x \to 1} \dfrac{x^2+x+1}{x-1}$;

(11) $\lim\limits_{x \to \infty} \dfrac{2x^4-1}{3x^4-2x+1}$;

(12) $\lim\limits_{x \to \infty} \dfrac{(3x+6)^{70}(8x-5)^{20}}{(5x-1)^{90}}$;

(13) $\lim\limits_{x \to \infty} \dfrac{x^2-5}{x^4+x^2-1}$;

(14) $\lim\limits_{x \to +\infty} \dfrac{\sqrt[4]{1+x^3}}{1+x}$;

(15) $\lim\limits_{n \to \infty} \dfrac{2n^3-n^2+5}{3n^2-2n-1}$;

(16) $\lim\limits_{x \to \infty} \dfrac{2x+1}{\sqrt[5]{x^3+x^2-2}}$;

(17) $\lim\limits_{x \to 0} \dfrac{\sqrt{a^2+x}-a}{x}(a>0)$

(18) $\lim\limits_{x \to 4} \dfrac{\sqrt{1+2x}-3}{\sqrt{x}-2}$;

(19) $\lim\limits_{x \to \infty}(\sqrt{x^2+x+1}-\sqrt{x^2-x+1})$;

(20) $\lim\limits_{x \to +\infty}(\sqrt{(x+2)(x+3)}-x)$;

(21) $\lim\limits_{x \to 1}\left(\dfrac{3}{1-x^3}-\dfrac{1}{1-x}\right)$;

(22) $\lim\limits_{x \to -1}\left(\dfrac{1}{x+1}-\dfrac{3}{x^3+1}\right)$;

(23) $\lim\limits_{x \to 1}\left(\dfrac{1}{x+1}+\dfrac{1}{x^2-1}\right)$;

(24) $\lim\limits_{n \to \infty}\left(\dfrac{1}{n^2}+\dfrac{2}{n^2}+\cdots+\dfrac{n}{n^2}\right)$;

(25) $\lim\limits_{n \to \infty}(\sqrt{2}\cdot\sqrt[4]{2}\cdot\sqrt[8]{2}\cdot\cdots\cdot\sqrt[2^n]{2})$;

(26) $\lim\limits_{n\to\infty}\left[\dfrac{3}{1^2\times 2^2}+\dfrac{5}{2^2\times 3^2}+\cdots+\dfrac{2n+1}{n^2\times(n+1)^2}\right]$.

2. 若$\lim\limits_{x\to 4}\dfrac{x^2+3x+k}{x-4}=11$,求 k 的值.

3. 若$\lim\limits_{x\to 0}\dfrac{(1+x)(1+2x)(1+3x)+a}{x}=6$,求 a 的值.

1.5　极限存在准则及两个重要极限

本节我们将介绍判定极限存在的两个准则,以及由这两个准则得到的两个重要极限.本节的知识又给我们提供了计算极限的新方法.

一、极限存在准则

准则Ⅰ(夹逼定理)　若当 $x\in \mathring{U}(x_0)$ 时,有

$$g(x)\leqslant f(x)\leqslant h(x),$$

且$\lim\limits_{x\to x_0}g(x)=\lim\limits_{x\to x_0}h(x)=A$,则$\lim\limits_{x\to x_0}f(x)=A$.

证　因$\lim\limits_{x\to x_0}g(x)=A$,$\lim\limits_{x\to x_0}h(x)=A$,则根据定义:$\forall\varepsilon>0$,$\exists\delta_1>0$,使得当 $0<|x-x_0|<\delta_1$ 时,有$|g(x)-A|<\varepsilon$;又$\exists\delta_2>0$,使得当 $0<|x-x_0|<\delta_2$ 时,有$|h(x)-A|<\varepsilon$.现取 $\delta=\min\{\delta_1,\delta_2\}$,则当 $0<|x-x_0|<\delta$ 时,同时有

$$|g(x)-A|<\varepsilon,|h(x)-A|<\varepsilon,$$

即同时有

$$A-\varepsilon<g(x)<A+\varepsilon,A-\varepsilon<h(x)<A+\varepsilon,$$

又因为当 $0<|x-x_0|<\delta$ 时,有 $g(x)\leqslant f(x)\leqslant h(x)$,从而当 $0<|x-x_0|<\delta$ 时有

$$A-\varepsilon<g(x)\leqslant f(x)\leqslant h(x)<A+\varepsilon,$$

即

$$|f(x)-A|<\varepsilon,$$

于是$\forall\varepsilon>0$,$\exists\delta=\min\{\delta_1,\delta_2\}$,使得当 $0<|x-x_0|<\delta$ 时,有$|f(x)-A|<\varepsilon$,故$\lim\limits_{x\to x_0}f(x)=A$ 得证.

将 $x\in\mathring{U}(x_0)$ 换成$|x|>M$,同时将 $x\to x_0$ 换成 $x\to\infty$,准则Ⅰ也同样成立.另外,准则Ⅰ也适用于数列极限.

【例 1.31】　证明:$\lim\limits_{n\to\infty}\left(\dfrac{1}{n}+\dfrac{1}{\sqrt{n^2+1}}+\cdots+\dfrac{1}{\sqrt{n^2+n}}\right)=1$.

证　因为

$$\frac{1}{\sqrt{n^2+n}}+\frac{1}{\sqrt{n^2+n}}+\cdots+\frac{1}{\sqrt{n^2+n}}\leqslant\frac{1}{\sqrt{n^2}}+\frac{1}{\sqrt{n^2+1}}+\cdots+\frac{1}{\sqrt{n^2+n}}\leqslant\frac{1}{\sqrt{n^2}}+\frac{1}{\sqrt{n^2}}+\cdots+\frac{1}{\sqrt{n^2}},$$

且

$$\lim_{n\to\infty}\left(\frac{1}{\sqrt{n^2}}+\frac{1}{\sqrt{n^2}}+\cdots+\frac{1}{\sqrt{n^2}}\right)=\lim_{n\to\infty}\frac{n+1}{\sqrt{n^2}}=1,$$

$$\lim_{n\to\infty}\left(\frac{1}{\sqrt{n^2+n}}+\frac{1}{\sqrt{n^2+n}}+\cdots+\frac{1}{\sqrt{n^2+n}}\right)=\lim_{n\to\infty}\frac{n+1}{\sqrt{n^2+n}}=1,$$

所以由夹逼定理知

$$\lim_{n\to\infty}\left(\frac{1}{n}+\frac{1}{\sqrt{n^2+1}}+\cdots+\frac{1}{\sqrt{n^2+n}}\right)=1.$$

准则Ⅱ　单调有界数列必有极限.

如果数列$\{a_n\}$满足条件

$$a_1\leqslant a_2\leqslant a_3\leqslant\cdots\leqslant a_n\leqslant a_{n+1}\leqslant\cdots,$$

就称数列$\{a_n\}$是单调增加的;如果数列$\{a_n\}$满足条件

$$a_1\geqslant a_2\geqslant a_3\geqslant\cdots\geqslant a_n\geqslant a_{n+1}\geqslant\cdots,$$

就称数列$\{a_n\}$是单调减少的. 单调增加和单调减少的数列统称为单调数列.

准则Ⅱ的证明从略,但准则Ⅱ的几何意义十分明显,以单调增加有上界的数列$\{a_n\}$为例,当n无限增大时,对应于单调数列的点a_n在数轴上向右方移动,因为有上界,所以这些点必无限地接近于某个点A,则A就是当$n\to\infty$时数列$\{a_n\}$的极限(图 1.23).

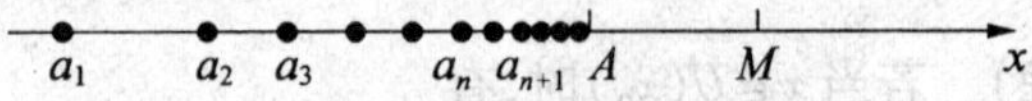

a_1　a_2　a_3　a_n　a_{n+1}　A　M　x

图 1.23

二、两个重要极限

1. $\lim\limits_{x\to 0}\dfrac{\sin x}{x}=1$.

证　如图 1.24 所示,在四分之一单位圆中,设圆心角$\angle AOB=x\left(0<x<\dfrac{\pi}{2}\right)$,点$A$处的切线与$OB$的延长线相交于$D$,又$BC\perp OA$,则

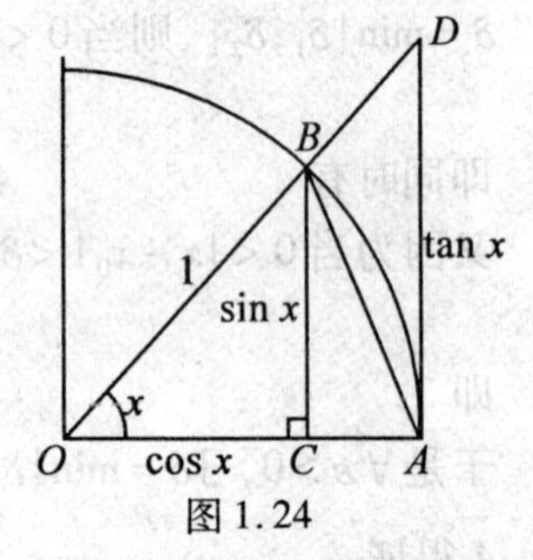

图 1.24

$$\sin x=CB,x=\overset{\frown}{AB},\tan x=AD,$$

又因为$\triangle AOB$的面积<扇形AOB的面积<$\triangle AOD$的面积,故

$$\frac{1}{2}\sin x<\frac{1}{2}x<\frac{1}{2}\tan x,$$

即

$$\sin x<x<\tan x.$$

因为当$0<x<\dfrac{\pi}{2}$时$\sin x>0$,不等式$\sin x<x<\tan x$各边都除以$\sin x$,得$\cos x<\dfrac{\sin x}{x}<1$,

即当$0<x<\dfrac{\pi}{2}$时,有

$$\cos x<\frac{\sin x}{x}<1.$$

再将不等式$\sin x<x<\tan x$各边都乘以-1,可得$-\sin x>-x>-\tan x$,即

$$\sin(-x)>-x>\tan(-x),0<x<\frac{\pi}{2}.$$

其等价于

$$\sin x>x>\tan x,-\frac{\pi}{2}<x<0.$$

因为当 $-\frac{\pi}{2}<x<0$ 时 $\sin x<0$，不等式 $\sin x>x>\tan x$ 各边都除以 $\sin x$，得 $\cos x<\frac{\sin x}{x}<1$.

即当 $-\frac{\pi}{2}<x<0$ 时，有

$$\cos x<\frac{\sin x}{x}<1.$$

综上所述，当 $|x|<\frac{\pi}{2}$ 且 $x\neq0$ 时，有

$$\cos x<\frac{\sin x}{x}<1.$$

从而由 $\lim\limits_{x\to0}\cos x=1$ 及夹逼定理可知

$$\lim_{x\to0}\frac{\sin x}{x}=1.$$

【例 1.32】　求 $\lim\limits_{x\to0}\frac{\tan x}{x}$.

解　$\lim\limits_{x\to0}\frac{\tan x}{x}=\lim\limits_{x\to0}\frac{\sin x}{x\cos x}=\frac{\lim\limits_{x\to0}\frac{\sin x}{x}}{\lim\limits_{x\to0}\cos x}=\frac{1}{1}=1.$

【例 1.33】　求 $\lim\limits_{x\to3}\frac{\sin(x-3)}{x-3}$.

解　令 $u=x-3$，则当 $x\to3$ 时，有 $u\to0$，于是

$$\lim_{x\to3}\frac{\sin(x-3)}{x-3}=\lim_{u\to0}\frac{\sin u}{u}=1.$$

【例 1.34】　求 $\lim\limits_{x\to0}\frac{\arcsin x}{3x}$.

解　令 $u=\arcsin x$，则当 $x\to0$ 时，有 $u\to0$，于是

$$\lim_{x\to0}\frac{\arcsin x}{3x}=\lim_{u\to0}\frac{1}{3}\,\frac{u}{\sin u}=\frac{1}{3}.$$

注　熟练掌握后可省略变量替换的步骤.

【例 1.35】　求 $\lim\limits_{x\to0}\frac{1-\cos x}{x^2}$.

解

$$\lim_{x\to0}\frac{1-\cos x}{x^2}=\lim_{x\to0}\frac{2\sin^2\frac{x}{2}}{x^2}=\lim_{x\to0}\frac{1}{2}\cdot\left(\frac{\sin\frac{x}{2}}{\frac{x}{2}}\right)^2=\frac{1}{2}.$$

【例 1.36】　若 $\alpha,\beta\neq0$，求 $\lim\limits_{x\to0}\frac{\sin\sin\beta x}{\alpha x}$.

解

$$\lim_{x\to0}\frac{\sin\sin\beta x}{\alpha x}=\lim_{x\to0}\frac{\sin\sin\beta x}{\sin\beta x}\,\frac{\sin\beta x}{\beta x}\,\frac{\beta x}{\alpha x}=\frac{\beta}{\alpha}.$$

2. $\lim\limits_{n\to\infty}\left(1+\frac{1}{n}\right)^n=e$.

设 $a_n=\left(1+\frac{1}{n}\right)^n$,从表 1.3 可以观察出数列$\{a_n\}$是单调增加的,事实上,数列$\{a_n\}$也是有界的,故当 $n\to\infty$ 时,$\left(1+\frac{1}{n}\right)^n$ 的极限存在,由此我们给出第二个重要极限,即

$$\lim_{n\to\infty}\left(1+\frac{1}{n}\right)^n=\mathrm{e},$$

表 1.3

n	1	2	3	4	5	10	100	1 000	10 000	……
$\left(1+\frac{1}{n}\right)^n$	2	2.250	2.370	2.441	2.488	2.594	2.705	2.717	2.718	……

其中 e 为自然对数的底,是一个无理数 e = 2.718 28…,这个极限的证明从略.

同时,可知

$$\lim_{n\to0}(1+n)^{\frac{1}{n}}=\mathrm{e},\lim_{x\to\infty}\left(1+\frac{1}{x}\right)^x=\mathrm{e},\lim_{x\to0}(1+x)^{\frac{1}{x}}=\mathrm{e}.$$

【例 1.37】 求$\lim\limits_{x\to\infty}\left(1+\frac{1}{x}\right)^{x+1}$.

解 $\lim\limits_{x\to\infty}\left(1+\frac{1}{x}\right)^{x+1}=\lim\limits_{x\to\infty}\left(1+\frac{1}{x}\right)^x\cdot\left(1+\frac{1}{x}\right)=\lim\limits_{x\to\infty}\left(1+\frac{1}{x}\right)^x\cdot\lim\limits_{x\to\infty}\left(1+\frac{1}{x}\right)$

$=\mathrm{e}\cdot1=\mathrm{e}.$

【例 1.38】 求$\lim\limits_{x\to\infty}\left(1+\frac{3}{x}\right)^x$.

解 令 $u=\frac{3}{x}$,当 $x\to\infty$ 时有 $u\to0$,因此有

$$\lim_{x\to\infty}\left(1+\frac{3}{x}\right)^x=\lim_{u\to0}\left[(1+u)^{\frac{1}{u}}\right]^3=\mathrm{e}^3.$$

注 熟练掌握后可省略变量替换的步骤.

【例 1.39】 求$\lim\limits_{x\to\infty}\left(1+\frac{1}{x-1}\right)^x$.

解
$$\lim_{x\to\infty}\left(1+\frac{1}{x-1}\right)^x=\lim_{x\to\infty}\left(1+\frac{1}{x-1}\right)^{x-1}\cdot\left(1+\frac{1}{x-1}\right)=\mathrm{e}.$$

【例 1.40】 求$\lim\limits_{x\to0}\frac{\ln(1+x)}{x}$.

解
$$\lim_{x\to0}\frac{\ln(1+x)}{x}=\lim_{x\to0}\ln(1+x)^{\frac{1}{x}}=\ln\mathrm{e}=1.$$

注 例 1.40 利用了对数函数的连续性,对此将在 1.7 节中详细说明.

【例 1.41】 求$\lim\limits_{x\to0}\frac{a^x-1}{x}$.

解 令 $y=a^x-1$,$x\to0$ 时,$y\to0$,$x=\log_a(y+1)$.

$$\lim_{y\to 0}\frac{y}{\log_a(y+1)}=\frac{1}{\log_a e}=\ln a$$

习题 1.5

1. 计算下列极限：

(1) $\lim\limits_{x\to\infty} x\sin\frac{5}{x}$；　(2) $\lim\limits_{x\to\pi}\frac{\sin x}{x-\pi}$；

(3) $\lim\limits_{x\to 1}\frac{\sin(x^2-1)}{x-1}$；　(4) $\lim\limits_{x\to 0}\frac{\sqrt{1-\cos x^2}}{1-\cos x}$；

(5) $\lim\limits_{x\to 0}\frac{\sin 3x}{\sqrt{x+1}-1}$；　(6) $\lim\limits_{x\to 0}\frac{x-\sin x}{x+\sin x}$；

(7) $\lim\limits_{x\to 0} x\cot x$；　(8) $\lim\limits_{x\to 0}\frac{x+3\sin x}{3x-2\cos x}$；

(9) $\lim\limits_{x\to 0}\frac{\sin\sin 4x}{\tan 3x}$；　(10) $\lim\limits_{x\to 1}\frac{\sin|x-1|}{x-1}$.

2. 计算下列极限：

(1) $\lim\limits_{x\to\infty}\left(1+\frac{1}{x+5}\right)^x$；　(2) $\lim\limits_{x\to 0}(1-x)^{\frac{1}{x}}$；

(3) $\lim\limits_{x\to 0}\left(\frac{2-x}{2}\right)^{\frac{3}{x}}$；　(4) $\lim\limits_{x\to\infty}\left(1+\frac{2}{x}\right)^{x+4}$；

(5) $\lim\limits_{x\to 0}(1+\tan x)^{\cot x}$；　(6) $\lim\limits_{x\to 1^+}(1+\ln x)^{\frac{3}{\ln x}}$；

(7) $\lim\limits_{x\to 0}(\cos x)^{\frac{1}{1-\cos x}}$；　(8) $\lim\limits_{n\to\infty}\{n[\ln(n+2)-\ln n]\}$；

(9) $\lim\limits_{x\to 0}\frac{e^x-1}{x}$；　(10) $\lim\limits_{x\to 0}\frac{\log_a(1+x)}{x}$

1.6　无穷小量的比较

一、无穷小量阶的定义

我们知道$\frac{1}{x},\frac{1}{x^2},\frac{1}{x^3}$都为当 $x\to\infty$ 时的无穷小量，但通过表 1.4 明显发现，虽然当 $x\to\infty$ 时，$\frac{1}{x},\frac{1}{x^2},\frac{1}{x^3}$都趋于零，但它们趋于零的速度却不同. 为了比较两个无穷小量趋于 0 的速度，我们从极限的角度给出下面的定义.

表 1.4

x	1	2	4	8	10	…	100	…	$\to\infty$
$\frac{1}{x}$	1	0.5	0.25	0.125	0.1	…	0.01	…	$\to 0$
$\frac{1}{x^2}$	1	0.25	0.625	0.015 625	0.01	…	0.000 1	…	$\to 0$
$\frac{1}{x^3}$	1	0.125	0.015 625	0.001 953	0.001	…	0.000 001	…	$\to 0$

定义 1.14 设 α 及 β 是在自变量的同一变化过程中的两个无穷小量，即 $\lim\alpha=0,\lim\beta=0$：

(1)若 $\lim\dfrac{\beta}{\alpha}=0$，则称 β 为 α 的高阶无穷小量，记作 $\beta=o(\alpha)$；

(2)若 $\lim\dfrac{\beta}{\alpha}=\infty$，则称 β 为 α 的低阶无穷小量；

(3)若 $\lim\dfrac{\beta}{\alpha}=c\neq0$，则称 β 与 α 是同阶无穷小量，记作 $\beta=O(\alpha)$. 特别地，若 $\lim\dfrac{\beta}{\alpha}=1$，则称 β 与 α 是等价无穷小量，记作 $\beta\sim\alpha$.

【例 1.42】 $\dfrac{1}{x}$与$\dfrac{1}{x^2}$都是当 $x\to\infty$ 时的无穷小量，因为$\lim\limits_{x\to\infty}\dfrac{\frac{1}{x^2}}{\frac{1}{x}}=0$，所以，当 $x\to\infty$ 时，$\dfrac{1}{x^2}$为$\dfrac{1}{x}$的高阶无穷小量.

【例 1.43】 $1-\cos x$ 与 x^2 都是当 $x\to0$ 时的无穷小量，因为$\lim\limits_{x\to0}\dfrac{1-\cos x}{x^2}=\dfrac{1}{2}$，所以，当$x\to0$时，$1-\cos x$ 与 x^2 是同阶无穷小量.

【例 1.44】 $\sin x$ 与 x 都是当 $x\to0$ 时的无穷小量，因为$\lim\limits_{x\to0}\dfrac{\sin x}{x}=1$，所以，当 $x\to0$ 时，$\sin x$ 与 x 是等价无穷小量，即 $\sin x\sim x$.

【例 1.45】 证明当 $x\to0$ 时，$\sqrt[n]{1+x}-1\sim\dfrac{x}{n}$ $(n\in\mathbf{N}^+)$.

证 显然 $\sqrt[n]{1+x}-1$ 与$\dfrac{x}{n}$都是当 $x\to0$ 时的无穷小量，令 $t=\sqrt[n]{1+x}-1$，则 $x=(1+t)^n-1$，从而

$$\lim_{x\to0}\frac{\sqrt[n]{1+x}-1}{\frac{x}{n}}=\lim_{t\to0}\frac{nt}{(1+t)^n-1}=\lim_{t\to0}\frac{nt}{nt+\frac{n(n-1)}{2}t^2+\cdots+t^n}$$

$$=\lim_{t\to0}\frac{n}{n+\frac{n(n-1)}{2}t+\cdots+t^{n-1}}=1,$$

所以当 $x\to0$ 时，$\sqrt[n]{1+x}-1\sim\dfrac{x}{n}$.

二、等价无穷小量的性质和定理

定理 1.13　β 与 α 是等价无穷小量的充分必要条件为

$$\beta=\alpha+o(\alpha).$$

定理 1.13 的证明从略.

定理 1.14　设 $\alpha\sim\alpha'$，$\beta\sim\beta'$ 且 $\lim\frac{\beta'}{\alpha'}$ 存在，则

$$\lim\frac{\beta}{\alpha}=\lim\frac{\beta'}{\alpha'}.$$

证

$$\lim\frac{\beta}{\alpha}=\lim\left(\frac{\beta}{\beta'}\cdot\frac{\beta'}{\alpha'}\cdot\frac{\alpha'}{\alpha}\right)=\lim\frac{\beta}{\beta'}\cdot\lim\frac{\beta'}{\alpha'}\cdot\lim\frac{\alpha'}{\alpha}=\lim\frac{\beta'}{\alpha'}.$$

三、利用等价无穷小量代换求极限

定理 1.14 说明，在求极限时，可以把所求极限式中的无穷小用其等价无穷小量代换，代换之后不影响极限值的结果，却可以使求极限的步骤简化. 但需要注意的是在利用等价无穷小量代换求极限时，只有乘或除的情况才能用等价无穷小量去代换，而对极限式中加或减的部分则不能随意替代.

常用的等价无穷小量列出如下：

$$\sin x\sim x\,(x\to0),\quad \tan x\sim x\,(x\to0),\quad 1-\cos x\sim\frac{x^2}{2}\,(x\to0),$$

$$\arcsin x\sim x\,(x\to0),\quad \arctan x\sim x\,(x\to0),\quad \sqrt[n]{1+x}-1\sim\frac{x}{n}\,(x\to0),$$

$$\ln(1+x)\sim x\,(x\to0),\quad e^x-1\sim x\,(x\to0).$$

【例 1.46】　求 $\lim\limits_{x\to0}\frac{\tan 3x}{\sin 5x}$.

解

$$\lim_{x\to0}\frac{\tan 3x}{\sin 5x}=\lim_{x\to0}\frac{3x}{5x}=\frac{3}{5}.$$

【例 1.47】　求 $\lim\limits_{x\to0}\frac{\ln(1+x)}{e^x-1}$.

解

$$\lim_{x\to0}\frac{\ln(1+x)}{e^x-1}=\lim_{x\to0}\frac{x}{x}=1.$$

【例 1.48】　求 $\lim\limits_{x\to0}\frac{\tan x-\sin x}{x^3}$.

解

$$\lim_{x\to0}\frac{\tan x-\sin x}{x^3}=\lim_{x\to0}\frac{\sin x\cdot\frac{1-\cos x}{\cos x}}{x^3}=\lim_{x\to0}\frac{x\cdot\frac{1}{2}x^2}{x^3\cdot\cos x}=\frac{1}{2}.$$

注　在例 1.48 中，将 $\tan x-\sin x$ 写成 $\sin x\cdot\frac{1-\cos x}{\cos x}$，所求极限式 $\frac{\tan x-\sin x}{x^3}$ 变为 $\frac{\sin x\cdot\frac{1-\cos x}{\cos x}}{x^3}$ 后，注意到各个因式都是乘或除的关系，这时便可使用无穷小量的替换求

极限.

习题 1.6

1. 证明：

(1) $\dfrac{x+2}{x^4+3}=o\left(\dfrac{1}{x^2}\right)\quad(x\to\infty)$；　　(2) $\sqrt{1+x}-\sqrt{1-x}\sim x\quad(x\to 0)$；

(3) $\sqrt{x+1}-\sqrt{x}=O\left(\dfrac{1}{\sqrt{x}}\right)\quad(x\to+\infty)$.

2. 利用等价无穷小量代换，计算下列极限：

(1) $\lim\limits_{x\to 0}\dfrac{1-\cos 2x}{\sin^2 4x}$；　　(2) $\lim\limits_{x\to 0}\dfrac{\ln(1+x)}{\sin 4x}$；

(3) $\lim\limits_{x\to 0}\dfrac{(\sqrt{1+2x}-1)\arcsin x}{\tan x^2}$；　　(4) $\lim\limits_{x\to 0}\dfrac{e^{2x}-1}{3\sin x}$；

(5) $\lim\limits_{x\to 0}\dfrac{\tan x-\sin x}{\sin^3 x}$；　　(6) $\lim\limits_{x\to 0}\dfrac{\sin(x^n)}{(\sin x)^m}$　(n,m 为正整数).

1.7　函数的连续性

一、连续函数的定义与间断点

1. 连续函数的定义

连续函数是高等数学的主要研究对象. 何谓“连续”，从字面上我们可以很形象地理解成连绵不断，把它应用在函数关系上，就是函数的连续性. 例如，气温的连续上升，气温是时间的函数，当时间变化不大时，气温的变化也不大. 把这种直观的认识转化成严谨的数学语言就给出了函数在一点连续的精确定义.

定义 1.15　设函数 $y=f(x)$ 在点 x_0 的某 $U(x_0)$ 内有定义，如果当自变量 x 在点 x_0 处取得的改变量 Δx 趋于 0 时，函数相应的改变量 $\Delta y=f(x_0+\Delta x)-f(x_0)$ 也趋于 0，即

$$\lim_{\Delta x\to 0}\Delta y=0,$$

则称函数 $f(x)$ 在点 x_0 处连续，x_0 是函数 $f(x)$ 的连续点(图 1.25).

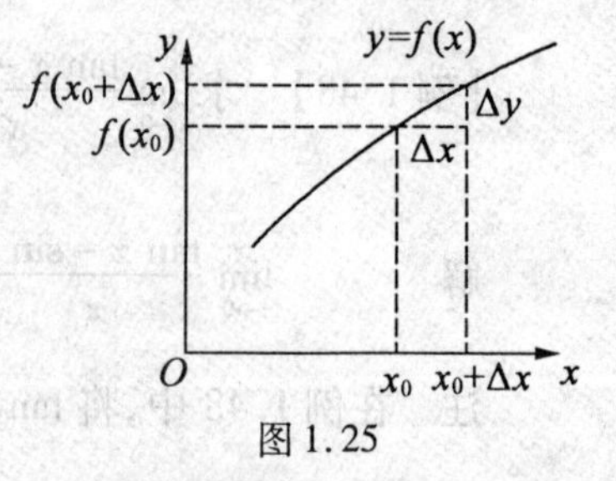

图 1.25

在定义 1.15 中，因为 $\Delta x=x-x_0$，所以 $\Delta x\to 0$ 意味着 $x\to x_0$，又由于

$$\Delta y=f(x_0+\Delta x)-f(x_0)=f(x)-f(x_0),$$

即

$$f(x)=f(x_0)+\Delta y,$$

所以 $\Delta y\to 0$ 意味着 $f(x)\to f(x_0)$，因此定义 1.15 又可以如下表述.

定义 1.16　设函数 $y=f(x)$ 在点 x_0 的某 $U(x_0)$ 邻域内有定义，如果

$$\lim_{x \to x_0} f(x) = f(x_0),$$

则称函数 $f(x)$ 在点 x_0 处连续，x_0 是函数 $f(x)$ 的连续点.

【例1.49】　证明 $f(x) = e^x$ 在任意点 $x_0 \in (-\infty, +\infty)$ 处连续.

证　对 $\forall x_0 \in (-\infty, +\infty)$，$\Delta y = f(x_0 + \Delta x) - f(x_0) = e^{x_0 + \Delta x} - e^{x_0} = e^{x_0}(e^{\Delta x} - 1)$，从而

$$\lim_{\Delta x \to 0} \Delta y = e^{x_0} \lim_{\Delta x \to 0} (e^{\Delta x} - 1) = e^{x_0} \cdot 0 = 0,$$

所以 $f(x) = e^x$ 在任意点 x_0 处连续.

下面讨论函数 $f(x)$ 在点 x_0 左侧或右侧的连续性.

定义1.17　设函数 $y = f(x)$ 在点 x_0 的某个左邻域内有定义，若

$$\lim_{x \to x_0^-} f(x) = f(x_0),$$

则称函数 $f(x)$ 在点 x_0 处左连续. 设函数 $y = f(x)$ 在点 x_0 的某个右邻域内有定义，若

$$\lim_{x \to x_0^+} f(x) = f(x_0),$$

则称函数 $f(x)$ 在点 x_0 处右连续.

根据极限和连续的定义，不难推出如下定理.

定理1.15　函数 $f(x)$ 在点 x_0 处连续的充要条件是函数 $f(x)$ 在点 x_0 处既右连续又左连续.

【例1.50】　讨论函数

$$f(x) = \begin{cases} x + 3, & x \geqslant 0, \\ x - 3, & x < 0. \end{cases}$$

在点 $x = 0$ 处的连续性.

解　因为

$$\lim_{x \to 0^+} f(x) = \lim_{x \to 0^+} (x + 3) = 3,$$
$$\lim_{x \to 0^-} f(x) = \lim_{x \to 0^-} (x - 3) = -3,$$
$$f(0) = 3,$$

所以 $f(x)$ 在点 $x = 0$ 处右连续，但不左连续，从而 $f(x)$ 在点 $x = 0$ 处是不连续的.

【例1.51】　试确定 a, b 的值使函数 $f(x) = \begin{cases} ax^2 + bx, & x < 2, \\ 6, & x = 2, \\ 2a - bx, & x > 2 \end{cases}$ 在 $x = 2$ 处连续.

解　因为

$$\lim_{x \to 2^-} f(x) = \lim_{x \to 2^-} (ax^2 + bx) = 4a + 2b,$$
$$\lim_{x \to 2^+} f(x) = \lim_{x \to 2^+} (2a - bx) = 2a - 2b,$$
$$f(2) = 6,$$

所以欲使 $f(x)$ 在 $x = 2$ 处连续，只要 $4a + 2b = 2a - 2b = 6$ 即可，解得 $a = 2, b = -1$.

下面我们给出函数 $f(x)$ 在某一区间连续的定义：

定义1.18　若函数 $f(x)$ 在开区间 (a, b) 内每一点都连续，则称函数 $f(x)$ 在 (a, b) 内连续.

若函数$f(x)$在开区间(a,b)内连续，且在$x=a$处右连续，在$x=b$处左连续，则称函数$f(x)$在闭区间$[a,b]$上连续.

例如，由例1.15知$\lim\limits_{x\to x_0}\cos x=\cos x_0$，$\lim\limits_{x\to x_0}\sin x=\sin x_0$，故函数$\cos x$与$\sin x$都在点$x_0$处连续，又由于点$x_0$是区间$(-\infty,+\infty)$内的任意一点，所以它们都在区间$(-\infty,+\infty)$内连续.

2. 函数的间断点及其类型

若函数$f(x)$在点x_0处不连续，则称函数$f(x)$在点x_0处间断，点x_0称为函数$f(x)$的间断点.

导致函数$f(x)$在点x_0处间断的原因有很多，我们按原因的不同将间断点分类.

(1)若函数$f(x)$在点x_0处的左、右极限都存在，并且相等(即$\lim\limits_{x\to x_0}f(x)$存在)，但$f(x)$在点$x_0$处无定义或$f(x)$在点$x_0$处有定义但$\lim\limits_{x\to x_0}f(x)\neq f(x_0)$，则称点$x_0$为函数$f(x)$的可去间断点.

【例1.52】 讨论函数

$$f(x)=\begin{cases}x+2, & x\neq 1,\\ 1, & x=1\end{cases}$$

在点$x=1$处的连续性.

解 因为

$$\lim_{x\to 1}f(x)=3,\quad f(1)=1,$$

即

$$\lim_{x\to 1}f(x)\neq f(1),$$

所以$f(x)$在点$x=1$处间断，点$x=1$为函数$f(x)$的可去间断点(图1.26).

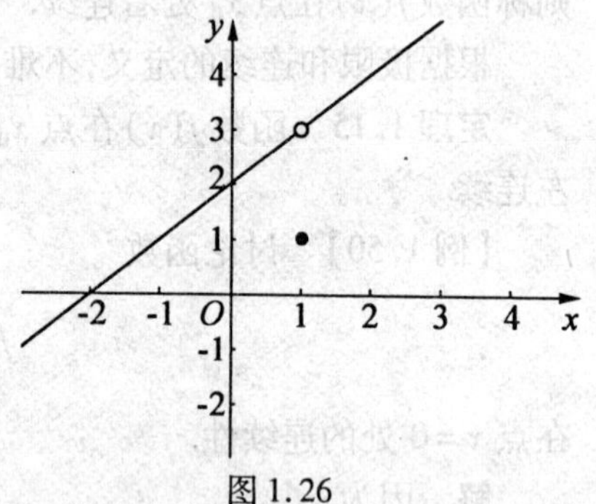

图1.26

【例1.53】 讨论函数$f(x)=\begin{cases}x\sin\dfrac{1}{x}, & x\neq 0\\ 2, & x=0\end{cases}$，在点$x=0$处的连续性.

解 因为$\lim\limits_{x\to 0}f(x)=x\sin\dfrac{1}{x}=0$，而$f(0)=2$，即$\lim\limits_{x\to 0}f(x)\neq f(0)$，所以$f(x)$在点$x=0$处间断，点$x=0$为函数$f(x)$的可去间断点.

(2)若函数$f(x)$在点x_0处的左极限、右极限都存在，但不相等，即

$$\lim_{x\to x_0^-}f(x)\neq\lim_{x\to x_0^+}f(x),$$

则称点x_0为函数$f(x)$的跳跃间断点.

【例1.54】 讨论函数

$$f(x)=\begin{cases}x+2, & x>0,\\ 0, & x=0,\\ x-2, & x<0.\end{cases}$$

在点$x=0$处的连续性.

解 因为

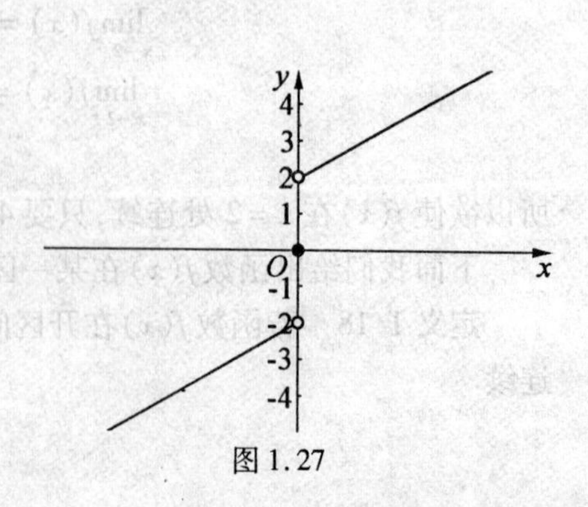

图1.27

$$\lim_{x\to 0^+} f(x)=2,\lim_{x\to 0^-} f(x)=-2,$$

即

$$\lim_{x\to 0^+} f(x)\neq \lim_{x\to 0^-} f(x),$$

所以 $f(x)$ 在点 $x=0$ 处间断,点 $x=0$ 为函数 $f(x)$ 的跳跃间断点(图 1.27).

【例 1.55】 讨论函数 $f(x)=\begin{cases} e^x, & x>0, \\ 0, & x=0, \\ x-3, & x<0 \end{cases}$ 在点 $x=0$ 处的连续性.

解 因为 $\lim\limits_{x\to 0^+} f(x)=\lim\limits_{x\to 0^+} e^x=1,\lim\limits_{x\to 0^-} f(x)=\lim\limits_{x\to 0^-}(x-3)=-3$,即

$$\lim_{x\to 0^+} f(x)\neq \lim_{x\to 0^-} f(x),$$

所以 $f(x)$ 在点 $x=0$ 处间断,点 $x=0$ 为函数 $f(x)$ 的跳跃间断点.

注 可去间断点和跳跃间断点统称为第一类间断点,不是第一类间断点的任何间断点称为第二类间断点.

(3)若函数 $f(x)$ 在点 x_0 处的左极限、右极限至少有一个不存在且以无穷为极限,则称点 x_0 为函数 $f(x)$ 的无穷间断点.

【例 1.56】 讨论函数 $f(x)=\begin{cases} \dfrac{1}{x-1}, & x>1, \\ 0, & x\leqslant 1 \end{cases}$ 在点 $x=1$ 处的连续性.

解 因为

$$\lim_{x\to 1^+} f(x)=+\infty,\quad \lim_{x\to 1^-} f(x)=0,$$

所以 $f(x)$ 在点 $x=1$ 处间断,点 $x=1$ 为函数 $f(x)$ 的无穷间断点(图 1.28).

(4)若函数 $f(x)$ 在点 x_0 处的左极限、右极限至少有一个不存在,且非无穷大,则称点 x_0 为函数 $f(x)$ 的振荡间断点.

【例 1.57】 讨论函数

$$f(x)=\sin\frac{1}{x}$$

在点 $x=0$ 处的连续性.

函数 $f(x)$ 在点 $x=0$ 处没有定义且 $\lim\limits_{x\to 0}\sin\dfrac{1}{x}$ 不存在,因为当 $x\to 0$ 时 $\sin\dfrac{1}{x}$ 在 -1 与 1 之间振荡,所以 $f(x)$ 在点 $x=0$ 处间断,点 $x=0$ 为函数 $f(x)$ 的振荡间断点(图 1.29).

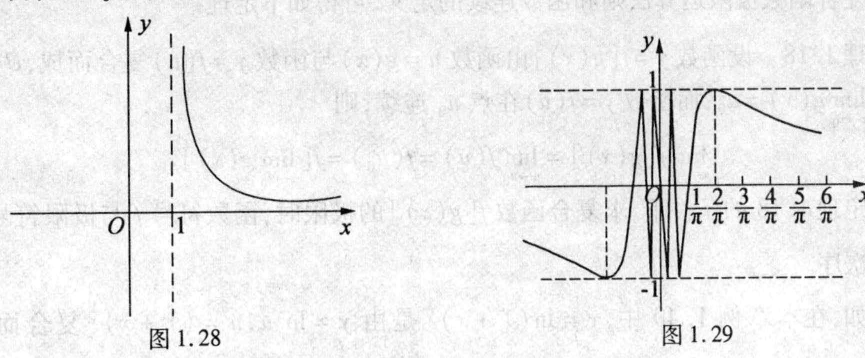

图 1.28　图 1.29

注 无穷间断点和振荡间断点都属于第二类间断点.

【例 1.58】　设$f(x)=\begin{cases}\dfrac{x^2-4}{x-2}, & x>1\text{ 且 }x\neq 2,\\ \log_{\frac{1}{2}}x, & 0<x\leqslant 1,\\ \sin x, & x\leqslant 0\end{cases}$　求函数$f(x)$的间断点,并判断其类型.

解　在$x=0$处,因为$\lim\limits_{x\to 0^+}f(x)=+\infty$,$\lim\limits_{x\to 0^-}f(x)=0$,所以点$x=0$是$f(x)$的第二类间断点,且为无穷间断点;

在$x=1$处,因为$f(1)=0$,但$\lim\limits_{x\to 1^+}f(x)=\lim\limits_{x\to 1^+}\dfrac{x^2-4}{x-2}=3$,$\lim\limits_{x\to 1^-}f(x)=\lim\limits_{x\to 1^-}\log_{\frac{1}{2}}x=0$,即$\lim\limits_{x\to 1^+}f(x)\neq\lim\limits_{x\to 1^-}f(x)$,所以点$x=1$是$f(x)$的第一类间断点,且为跳跃间断点;

在$x=2$处,函数$f(x)$无定义,但$\lim\limits_{x\to 2^+}f(x)=\lim\limits_{x\to 2^-}f(x)=\lim\limits_{x\to 2}\dfrac{x^2-4}{x-2}=4$,所以点$x=2$是$f(x)$的第一类间断点,且为可去间断点.

二、连续函数的运算与初等函数的连续性

1. 连续函数的和、差、积、商的连续性

由极限的四则运算法则和函数连续的定义,可以得出下述关于连续函数的四则运算的连续性的定理.

定理 1.16　若函数$f(x)$与$g(x)$都在点x_0连续,则函数

$$f(x)+g(x),f(x)-g(x),f(x)g(x),\frac{f(x)}{g(x)}(g(x_0)\neq 0)$$

在点x_0也连续.

2. 反函数和复合函数的连续性

定理 1.17　若函数$y=f(x)$在区间I_x上单调增加(或单调减少)且连续,则其反函数$x=f^{-1}(y)$在区间$I_y=\{y|y=f(x),x\in I_x\}$上也单调增加(或单调减少)且连续.

例如,$f(x)=e^x$在$(-\infty,+\infty)$内单调增加且连续,由定理 1.17 知,其反函数$y=\ln x$在$(0,+\infty)$内也单调增加且连续.

由复合函数极限运算法则和函数连续的定义,可得如下定理:

定理 1.18　设函数$y=f[g(x)]$由函数$u=g(x)$与函数$y=f(u)$复合而成,$\mathring{U}(x_0)\subset D_{f\circ g}$,若$\lim\limits_{x\to x_0}g(x)=u_0$,而函数$y=f(u)$在点$u_0$连续,则

$$\lim_{x\to x_0}f[g(x)]=\lim_{u\to u_0}f(u)=f(u_0)=f[\lim_{x\to x_0}g(x)].$$

在定理 1.18 的条件下,求复合函数$f[g(x)]$的极限时,函数符号f与极限符号$\lim\limits_{x\to x_0}$可以交换次序.

例如,在本章例 1.40 中,$y=\ln(1+x)^{\frac{1}{x}}$是由$y=\ln u$,$u=(1+x)^{\frac{1}{x}}$复合而成,因$\lim\limits_{x\to 0}(1+x)^{\frac{1}{x}}=e$,而$y=\ln u$在$u=e$处连续,所以

$$\lim_{x\to 0}\ln(1+x)^{\frac{1}{x}}=\ln\lim_{x\to 0}(1+x)^{\frac{1}{x}}=1.$$

事实上,把定理1.18中的$x\to x_0$换成$x\to\infty$,可得类似定理.

定理1.19　设函数$y=f[g(x)]$由函数$u=g(x)$与函数$y=f(u)$复合而成,$U(x_0)\subset D_{f\circ g}$,若函数$u=g(x)$在点$x_0$连续,且$u_0=g(x_0)$,而函数$y=f(u)$在点$u_0$连续,则复合函数$y=f[g(x)]$在点$x_0$连续,即

$$\lim_{x\to x_0}f[g(x)]=f[\lim_{x\to x_0}g(x)]=f[g(x_0)].$$

例如,函数$y=\sin(1-x^2)$可以看作是由$y=\sin u$与$u=1-x^2$复合而成的,于是由定理1.19可得$y=\sin(1-x^2)$在点$x=1$处连续,即

$$\lim_{x\to 1}\sin(1-x^2)=\sin(\lim_{x\to 1}(1-x^2))=\sin 0=0.$$

3.初等函数的连续性

定理1.20　初等函数在其定义域内是连续的.

因为一切初等函数都是由基本初等函数经过有限次四则运算以及有限次复合所得到的函数,因此根据连续函数的四则运算的连续性定理和复合函数的连续性定理可得一切初等函数在其定义域内是连续的.这就意味着,若$f(x)$是初等函数,且点x_0是$f(x)$的定义域内的点,则

$$\lim_{x\to x_0}f(x)=f(x_0).$$

【例1.59】　求$\lim\limits_{x\to 3}[\sin(x^2-9)+\lg(x+7)]$.

解　因为$\sin(x^2-9)+\lg(x+7)$为初等函数,且$x=3$为是它的定义域内的点,所以

$$\lim_{x\to 3}[\sin(x^2-9)+\lg(x+7)]=\sin((3)^2-9)+\lg(3+7)=\sin 0+\lg 10=1.$$

【例1.60】　求$\lim\limits_{x\to 0}(1+\sin x)^{\frac{1}{x}}$.

解　因为

$$(1+\sin x)^{\frac{1}{x}}=[(1+\sin x)^{\frac{1}{\sin x}}]^{\frac{\sin x}{x}}=e^{\ln[(1+\sin x)^{\frac{1}{\sin x}}]^{\frac{\sin x}{x}}}=e^{\frac{\sin x}{x}\cdot\ln(1+\sin x)^{\frac{1}{\sin x}}},$$

利用定理1.18、极限的运算法则、重要极限,便有

$$\lim_{x\to 0}(1+\sin x)^{\frac{1}{x}}=\lim_{x\to 0}[(1+\sin x)^{\frac{1}{\sin x}}]^{\frac{\sin x}{x}}=\lim_{x\to 0}e^{\ln[(1+\sin x)^{1/\sin x}]^{\frac{\sin x}{x}}}$$

$$=e^{\lim\limits_{x\to 0}[\frac{\sin x}{x}\cdot\ln(1+\sin x)^{1/\sin x}]}=e^{\lim\limits_{x\to 0}\frac{\sin x}{x}\cdot\lim\limits_{x\to 0}\ln(1+\sin x)^{1/\sin x}}=e.$$

注　一般地,通常称形如$u(x)^{v(x)}\ (u(x)>0,u(x)\neq 1)$的函数为幂指函数,如果$\lim u(x)=a>0,\lim v(x)=b$,那么$\lim u(x)^{v(x)}=a^b$,其中这里的"lim"都表示在同一自变量变化过程中的极限.

三、闭区间上连续函数的性质

下面介绍在闭区间上的连续函数的几个重要性质.

定理1.21(有界性)　若函数$f(x)$在闭区间$[a,b]$上连续,则函数$f(x)$在闭区间$[a,b]$上有界.

定理1.22(最值性)　若函数$f(x)$在闭区间$[a,b]$上连续,则函数$f(x)$在闭区间$[a,b]$上一定能取到最小值m与最大值M.

注 定理1.21和定理1.22均不适用于在开区间内连续的函数或在闭区间上有间断点的函数.

例如,函数 $y=\tan x$ 在开区间 $(-\frac{\pi}{2},\frac{\pi}{2})$ 内连续,但它在开区间 $(-\frac{\pi}{2},\frac{\pi}{2})$ 内既无界又无最大值和最小值;函数 $y=\frac{1}{x}$ 在闭区间 $[-1,1]$ 上有间断点 $x=0$,显然它在闭区间 $[-1,1]$ 上既无界又无最大值和最小值.

定理1.23(零点定理) 若函数 $f(x)$ 在闭区间 $[a,b]$ 上连续,且 $f(a)$ 与 $f(b)$ 异号,则在开区间 (a,b) 内至少存在一点 ξ,使得 $f(\xi)=0$.

零点定理的几何意义:在闭区间 $[a,b]$ 上连续的曲线 $y=f(x)$,其始点 $(a,f(a))$ 与终点 $(b,f(b))$ 分别在 x 轴的两侧,则此连续曲线与 x 轴至少有一个交点.

【例1.61】 证明方程 $x^2\cos x-\sin x=0$ 在区间 $(\pi,\frac{3}{2}\pi)$ 内至少有一实根.

证 函数 $\varphi(x)=x^2\cos x-\sin x$ 在闭区间 $[\pi,\frac{3}{2}\pi]$ 上连续,又

$$\varphi(\pi)=-\pi^2<0,\ \varphi(\frac{3}{2}\pi)=1>0,$$

根据零点定理,在开区间 $(\pi,\frac{3}{2}\pi)$ 内至少有一点 ξ,使得 $\varphi(\xi)=0$,即

$$\xi^2\cos\xi-\sin\xi=0,\quad \xi\in(\pi,\frac{3}{2}\pi).$$

这等式说明方程 $x^2\cos x-\sin x=0$ 在区间 $(\pi,\frac{3}{2}\pi)$ 内至少有一实根.

定理1.24(介值定理) 若函数 $f(x)$ 在闭区间 $[a,b]$ 上连续,m 与 M 分别是 $f(x)$ 在闭区间 $[a,b]$ 上的最小值与最大值 $(m\neq M)$,c 为介于 m 与 M 之间的任一实数(即 $m<c<M$),则在开区间 (a,b) 内至少存在一点 ξ,使得 $f(\xi)=c$.

证 根据定理1.22知,在闭区间 $[a,b]$ 上必存在两点 x_1 和 x_2,使 $f(x_1)=m$,$f(x_2)=M$,于是 $f(x_1)<c<f(x_2)$.现设 $x_1<x_2$,则 $a\leqslant x_1<x_2\leqslant b$,作辅助函数

$$\varphi(x)=f(x)-c,$$

显然函数 $\varphi(x)$ 在闭区间 $[x_1,x_2]$ 上连续,且

$$f(x_1)-c<0,f(x_2)-c>0,$$

根据零点定理知,在 (x_1,x_2) 内至少存在一点 ξ,使得 $\varphi(\xi)=f(\xi)-c=0$,即

$$f(\xi)=c.$$

注 介值定理说明在闭区间上连续的函数 $f(x)$ 可以取得其最小值和最大值之间的一切值.

习题1.7

1.研究下列函数的连续性,并画出图形:

(1) $f(x)=\begin{cases}x-2, & x\leqslant 0,\\ x^2, & x>0;\end{cases}$　　(2) $f(x)=\begin{cases}|x|, & |x|<1,\\ \dfrac{x}{|x|}, & 1\leqslant |x|\leqslant 3.\end{cases}$

2. 找出下列函数的间断点,并判断其类型:

(1) $y=\dfrac{x-3}{x^2-7x+12}$;　　(2) $y=\lim\limits_{n\to\infty}\dfrac{1-x^{2n}}{1+x^{2n}}x$;

(3) $y=\dfrac{x}{\sin x}$;　　(4) $y=\cos^2\dfrac{1}{x}$;

(5) $y=\dfrac{2^{\frac{1}{x}}-1}{2^{\frac{1}{x}}+1}$.

3. 讨论 $f(x)=\begin{cases}x^{\alpha}\sin\dfrac{1}{x}, & x>0,\\ \mathrm{e}^x+\beta, & x\leqslant 0\end{cases}$ 在 $x=0$ 处的连续性.

4. 设 $f(x)=\begin{cases}\dfrac{\sin 3x}{x}, & x<0,\\ k, & x=0,\\ x^2\sin\dfrac{1}{x}+3, & x>0\end{cases}$ (k 为常数),问 k 为何值时,函数在其定义域内连续?为什么?

5. 计算下列极限:

(1) $\lim\limits_{x\to 0}\dfrac{\mathrm{e}^{x^3}\cos x}{\arcsin\left(\dfrac{1}{2}+x\right)}$;　　(2) $\lim\limits_{x\to\infty}\mathrm{e}^{\frac{1}{x}}$;

(3) $\lim\limits_{x\to\infty}\left(\dfrac{2x+3}{2x+1}\right)^{x+1}$;　　(4) $\lim\limits_{x\to\frac{\pi}{2}}(\sin x)^{\tan x}$;

(5) $\lim\limits_{x\to 1}x^{\frac{1}{1-x}}$;　　(6) $\lim\limits_{x\to 0}(2\sin x+\cos x)^{\frac{1}{x}}$.

6. 证明:$x-2\sin x=a\,(a>0)$ 至少有一个正实根.

7. 证明:若函数 $f(x)$ 与 $g(x)$ 在 $[a,b]$ 连续,且 $f(a)<g(a)$,$f(b)>g(b)$,则 $\exists c\in(a,b)$,使 $f(c)=g(c)$.

8. 证明:若函数 $f(x)$ 在 $(-\infty,+\infty)$ 内连续,且 $\lim\limits_{x\to\infty}f(x)$ 存在,则 $f(x)$ 必在 $(-\infty,+\infty)$ 内有界.

总习题一

1. 填空题

(1) 数列 $\{a_n\}$ 有界是数列 $\{a_n\}$ 收敛的________条件. 数列 $\{a_n\}$ 收敛是数列 $\{a_n\}$ 有界的________条件.

(2) $f(x)$ 在 x_0 处有定义是 $\lim\limits_{x\to x_0}f(x)$ 存在的________条件.

(3) $f(x)$在x_0的某一去心邻域内无界是$\lim\limits_{x\to x_0} f(x)=\infty$的________条件；$\lim\limits_{x\to x_0} f(x)=\infty$是$f(x)$在$x_0$的某一去心邻域内无界的________条件.

(4) $f(x)$当$x\to x_0$时的$\lim\limits_{x\to x_0^-} f(x)$及$\lim\limits_{x\to x_0^+} f(x)$都存在且相等是$\lim\limits_{x\to x_0} f(x)$存在的________条件.

(5) 设$0<a<b$，则$\lim\limits_{n\to\infty}\sqrt[n]{a^n+b^n}=$________.

2. 选择题

(1) 函数$\cos\dfrac{x}{2}+2\sin\dfrac{x}{3}$的最小正周期为(　　).

A. 4π　　B. 6π　　C. 12π　　D. 24π

(2) 设函数$f(x)=x\tan x e^{\sin x}$，则$f(x)$是(　　).

A. 偶函数　　B. 无界函数　　C. 周期函数　　D. 单调函数

(3) 指出函数$y=\arctan\dfrac{1}{x}$的间断点类型(　　).

A. 不存在间断点　　B. 跳跃间断点

C. 可去间断点　　D. 振荡间断点

(4) 在自变量的同一变化过程中的两个无穷大量的和(　　).

A. 一定是无穷大量　　B. 一定不是无穷大量

C. 一定是无穷小量　　D. 不一定是无穷大量

(5) 设$f(x)$和$g(x)$在$(-\infty,+\infty)$内有定义，$f(x)$为连续函数，且$f(x)\neq 0$，$g(x)$有间断点，则(　　).

A. $g[f(x)]$必有间断点　　B. $[g(x)]^2$必有间断点

C. $f[g(x)]$必有间断点　　D. $\dfrac{g(x)}{f(x)}$必有间断点

3. 计算下列极限：

(1) $\lim\limits_{x\to 2}\left(\dfrac{1}{x-2}-\dfrac{4}{x^2-4}\right)$；　　(2) $\lim\limits_{x\to+\infty}\sqrt{x}(\sqrt{x+1}-\sqrt{x})$；

(3) $\lim\limits_{x\to\infty}\dfrac{(1+2x)^{50}(3+4x)^{50}}{(5+6x)^{100}}$；　　(4) $\lim\limits_{x\to\infty}\left(\dfrac{2x^2-1}{2x^2+3}\right)^{x^2}$；

(5) $\lim\limits_{x\to 0}\dfrac{(\sqrt{1+2x}-1)\arcsin x}{\tan x^2}$；　　(6) $\lim\limits_{x\to\infty}\dfrac{\sin x^2+x}{\cos x^2-x}$；

(7) $\lim\limits_{x\to 0}(1+2x)^{\frac{5}{\sin x}}$；

(8) $\lim\limits_{n\to\infty}(1+x)(1+x^2)(1+x^4)\cdot\cdots\cdot(1+x^{2^{n-1}})$，$|x|<1$.

4. 设

$$f(x)=\begin{cases}x^2, & x\leqslant 0,\\ 1-2^x, & x>0.\end{cases}$$

求函数$f(x)$的反函数.

5. 设

$$f(x)=\begin{cases}1, & |x|\leqslant 1,\\ 0, & |x|>1.\end{cases}\quad g(x)=\begin{cases}2-x^2, & |x|\leqslant 2,\\ 2, & |x|>2.\end{cases}$$

求 $f[g(x)]$.

6. 已知

$$\lim_{x\to 0}\frac{\sqrt{x+1}-1}{\sin kx}=2,$$

求常数 k 的值.

7. 已知

$$f(x)=\begin{cases}\dfrac{x^4+ax+b}{(x-1)(x+2)}, & x\neq 1, x\neq -2,\\ 2, & x=1.\end{cases}$$

在 $x=1$ 处连续,求 a,b 的值.

8. 已知

$$f(x)=\begin{cases}e^{\frac{1}{x-1}}, & x>0,\\ \ln(1+x), & -1<x\leqslant 0.\end{cases}$$

求 $f(x)$ 的间断点,并说明间断点的类型.

9. 证明:

$$\lim_{n\to\infty}\left(\frac{1}{n^2+n+1}+\frac{2}{n^2+n+2}+\cdots+\frac{n}{n^2+n+n}\right)=\frac{1}{2}.$$

10. 证明:方程 $xe^x=x+\cos\frac{\pi}{2}x$ 至少有一实根.

第 2 章

一元函数微分学

一元函数微分学是高等数学的重要内容.导数是微分学的基本概念,主要是以极限为工具研究解决变量的变化率问题.利用它可以解决几何学、物理学、经济学及工程技术中的许多相关问题,如物体运动的速度、电流、线密度、化学反应速度及生物繁殖率等.

微分中值定理在微分学中占有重要的地位,它们建立了自变量、函数及导数三者之间的关系,使我们可以通过导数来研究定义在某区间上的函数的性质.

本章首先给出导数的概念,在此基础上推导计算导数的公式和法则,进而讨论微分学的基本理论及其应用.

2.1 导数的概念

一、概念引例

1. 变速直线运动的瞬时速度

设某物体作变速直线运动,s 表示它从某时刻(不妨设为0)开始到时刻 t 所经过的路程,显然路程 s 是时间 t 的函数,即 $s=s(t)$.

现在研究物体在时刻 t_0 的运动速度 $v(t_0)$.

当物体作匀速直线运动时,在 $[t_0,t_0+\Delta t]$ 这段时间内的平均速度为 $\bar{v}=\dfrac{\Delta s}{\Delta t}=\dfrac{s(t_0+\Delta t)-s(t_0)}{\Delta t}$,显然 $v(t_0)=\bar{v}$.

当物体作变速直线运动时,$v(t)$ 会随时间的改变而发生变化,但是,当时间的改变量 Δt 很小时,速度来不及有太大变化.因此,在 $[t_0,t_0+\Delta t]$ 这段时间内 $v(t_0)\approx\bar{v}$,且 Δt 越小近似程度越高.当 $\Delta t\to 0$ 时,$\bar{v}$ 的极限就是 $v(t_0)$,即

$$v(t_0)=\lim_{\Delta t\to 0}\bar{v}=\lim_{\Delta t\to 0}\frac{\Delta s}{\Delta t}=\lim_{\Delta t\to 0}\frac{s(t_0+\Delta t)-s(t_0)}{\Delta t}.$$

2. 平面曲线的切线

设有连续曲线 C 及 C 上一点 M(图2.1),另取 C 上一点 N,作割线 MN.当点 N 沿曲

线 C 趋于点 M 时,如果割线 MN 绕点 M 旋转而趋于极限位置 MT,就称直线 MT 为曲线 C 在点 M 处的切线.

现在讨论图形为曲线 C 的函数 $y=f(x)$ 在点 $M(x_0,y_0)$ 处的切线斜率.

如图 2.2,设点 N 的坐标为 (x,y),割线 MN 的倾角为 φ,于是 MN 的斜率为

$$\tan\varphi=\frac{y-y_0}{x-x_0}=\frac{f(x)-f(x_0)}{x-x_0}.$$

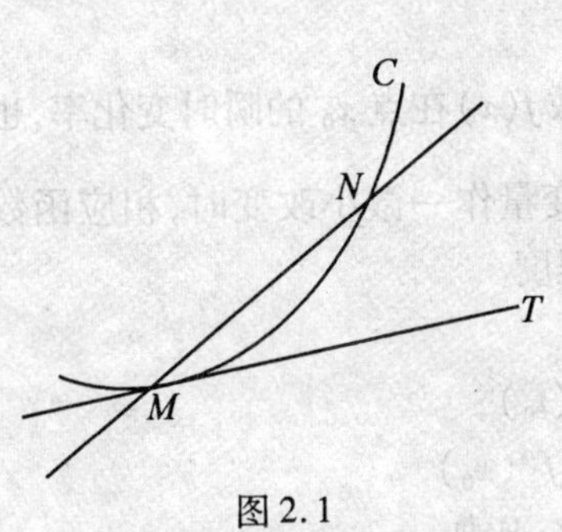

图 2.1

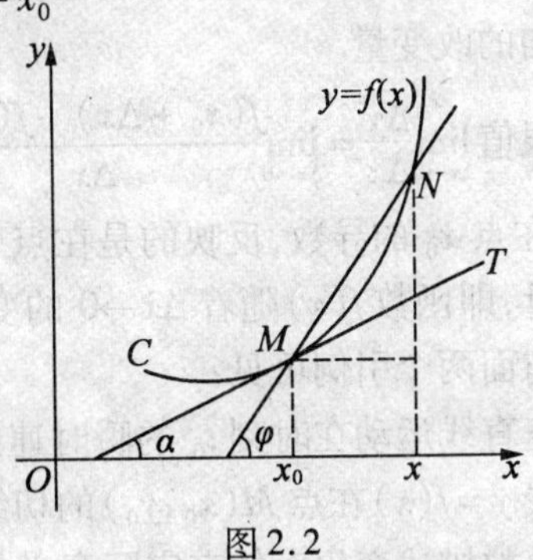

图 2.2

当点 N 沿曲线 C 趋于点 M 时,$\tan\varphi$ 越来越接近 $\tan\alpha$(α 是切线 MT 的倾角).如果上式的极限存在,则点 M 处的切线存在,且

$$\tan\alpha=\lim_{x\to x_0}\tan\varphi=\lim_{x\to x_0}\frac{f(x)-f(x_0)}{x-x_0}.$$

虽然上面两个实际问题的背景不同,但它们最后都归结为当自变量的改变量趋于0时,函数的改变量与自变量的改变量之比的极限问题.将这个极限形式抽象出来就得到了导数的概念.

二、导数的概念

1.导数的定义

定义 2.1　设函数 $y=f(x)$ 在点 x_0 的某邻域 $U(x_0)$ 内有定义,当自变量 x 在点 x_0 处取得增量 Δx(点 $x_0+\Delta x$ 仍在 $U(x_0)$ 内)时,相应地函数取得增量 $\Delta y=f(x_0+\Delta x)-f(x_0)$,如果 $\lim\limits_{\Delta x\to 0}\frac{\Delta y}{\Delta x}=\lim\limits_{\Delta x\to 0}\frac{f(x_0+\Delta x)-f(x_0)}{\Delta x}$ 存在,则称函数 $f(x)$ 在点 x_0 处可导,并称该极限值为函数 $f(x)$ 在点 x_0 处的导数(或微商),记为 $f'(x_0)$,$y'\Big|_{x=x_0}$,$\frac{\mathrm{d}y}{\mathrm{d}x}\Big|_{x=x_0}$ 或 $\frac{\mathrm{d}f(x)}{\mathrm{d}x}\Big|_{x=x_0}$,即

$$f'(x_0)=\lim_{\Delta x\to 0}\frac{\Delta y}{\Delta x}=\lim_{\Delta x\to 0}\frac{f(x_0+\Delta x)-f(x_0)}{\Delta x}.\qquad ①$$

导数的定义式①也可写成不同的形式,常见的有

$$f'(x_0)=\lim_{h\to 0}\frac{f(x_0+h)-f(x_0)}{h}\qquad ②$$

和

$$f'(x_0)=\lim_{x\to x_0}\frac{f(x)-f(x_0)}{x-x_0}.\qquad ③$$

注　函数$f(x)$在点x_0处可导有时也说成函数$f(x)$在点x_0处具有导数或导数存在．如果极限①不存在，称函数$f(x)$在点x_0处不可导或没有导数．特别地，当极限为∞时，我们习惯说函数$f(x)$在点x_0处的导数为无穷大（此时函数并不可导）．

函数增量与自变量增量的比值$\frac{\Delta y}{\Delta x}$是一个平均值，称为函数$f(x)$在以$x_0$和$x_0+\Delta x$为端点的区间上的平均变化率，反映的是在该区间内，当自变量每增加一个单位时，相应函数值平均的改变量．

极限值$\lim\limits_{\Delta x\to 0}\frac{\Delta y}{\Delta x}=\lim\limits_{\Delta x\to 0}\frac{f(x_0+\Delta x)-f(x_0)}{\Delta x}$称为函数$f(x)$在点$x_0$的瞬时变化率，也称为函数$f(x)$在点$x_0$的导数，反映的是在点$x_0$处，当自变量作一微小改变时，相应函数值的瞬间改变量，即函数$f(x)$随着$\Delta x\to 0$的变化的快慢程度．

由前面两个引例可见：

变速直线运动在时刻t_0的瞬时速度$v(t_0)=s'(t_0)$；

曲线$y=f(x)$在点$M(x_0,y_0)$的切线斜率为$k=f'(x_0)$．

用导数描述变化率的有实际意义的变量有很多，比如：

物体的密度是物体的质量对体积的变化率；

电流是单位时间内流过电路某一截面的电量，即电量对时间的变化率；

边际成本是产品的总成本对产量的变化率；

在化学反应中某物质的反应速度是其浓度对时间的变化率；

加速度是速度对时间的变化率等．

【例2.1】　《全球2000年报告》指出，世界人口在1975年为41亿，并以每年2%的相对比率增长．若用P表示自1975年以来的人口数，求$\frac{\mathrm{d}P}{\mathrm{d}t}$，它的实际意义是什么？

解　$\frac{\mathrm{d}P}{\mathrm{d}t}$表示世界人口总量关于时间的变化率，已知世界人口以每年2%的相对比率增长，因此在$[t,t+\Delta t]$时间内，世界人口的增长可视作是均匀增长的，则

$$\frac{\mathrm{d}P}{\mathrm{d}t}=\lim_{\Delta t\to 0}\frac{P(t+\Delta t)-P(t)}{\Delta t}=\lim_{\Delta t\to 0}\frac{2\%P(t)\Delta t}{\Delta t}=2\%P(t),$$

它表示的实际意义是世界人口的增长速度是$2\%P(t)$．

【例2.2】　已知$f'(x_0)=A$，求$\lim\limits_{\Delta x\to 0}\frac{f(x_0+\Delta x)-f(x_0-\Delta x)}{\Delta x}$．

解

$$\begin{aligned}&\lim_{\Delta x\to 0}\frac{f(x_0+\Delta x)-f(x_0-\Delta x)}{\Delta x}\\&=\lim_{\Delta x\to 0}\frac{[f(x_0+\Delta x)-f(x_0)]-[f(x_0-\Delta x)-f(x_0)]}{\Delta x}\\&=\lim_{\Delta x\to 0}\left[\frac{f(x_0+\Delta x)-f(x_0)}{\Delta x}+\frac{f(x_0-\Delta x)-f(x_0)}{-\Delta x}\right]\\&=2f'(x_0)=2A.\end{aligned}$$

定义2.2　如果函数$y=f(x)$在开区间(a,b)内的每点处都可导，则称函数$f(x)$在开

区间(a,b)内可导.这时,对$\forall x\in(a,b)$,都存在唯一确定的导数值$f'(x)$与之对应,这就构成了一个新的函数,称这个函数为$f(x)$在(a,b)内的导函数(简称导数),记作y',$f'(x)$,$\frac{dy}{dx}$或$\frac{df(x)}{dx}$.

把式①或式②中的x_0换成x,即得导函数的定义式

$$f'(x)=\lim_{\Delta x\to 0}\frac{f(x+\Delta x)-f(x)}{\Delta x}$$

或

$$f'(x)=\lim_{h\to 0}\frac{f(x+h)-f(x)}{h}.$$

易见,函数$f(x)$在点x_0处的导数就是导函数$f'(x)$在点x_0处的函数值,即

$$f'(x_0)=f'(x)\big|_{x=x_0}.$$

根据导数定义可求一些基本初等函数的导数.

【例2.3】　求$f(x)=C$(C为常数)的导数.

解
$$f'(x)=\lim_{\Delta x\to 0}\frac{f(x+\Delta x)-f(x)}{\Delta x}=\lim_{\Delta x\to 0}\frac{C-C}{\Delta x}=0,$$

即
$$(C)'=0.$$

【例2.4】　求$f(x)=x^n$(n为正整数)在$x=a$处的导数.

解
$$f'(a)=\lim_{x\to a}\frac{f(x)-f(a)}{x-a}=\lim_{x\to a}\frac{x^n-a^n}{x-a}$$
$$=\lim_{x\to a}(x^{n-1}+ax^{n-2}+a^2x^{n-3}+\cdots+a^{n-1})=na^{n-1}.$$

把结果中的a换成x得$f'(x)=nx^{n-1}$,即

$$(x^n)'=nx^{n-1}.$$

更一般地,对于幂函数$y=x^\mu$(μ为实数),有

$$(x^\mu)'=\mu x^{\mu-1}.$$

这就是幂函数的导数公式(证明见例2.35).例如:

函数$y=x^{\frac{1}{2}}=\sqrt{x}\,(x>0)$的导数为

$$(\sqrt{x})'=\frac{1}{2}x^{\frac{1}{2}-1}=\frac{1}{2}x^{-\frac{1}{2}}=\frac{1}{2\sqrt{x}};$$

函数$y=x^{-1}=\frac{1}{x}\,(x\neq 0)$的导数为

$$\left(\frac{1}{x}\right)'=(-1)x^{-1-1}=-x^{-2}=-\frac{1}{x^2}.$$

【例2.5】　求$f(x)=\sin x$的导数及$f'\left(\frac{\pi}{4}\right)$.

解
$$f'(x)=\lim_{\Delta x\to 0}\frac{f(x+\Delta x)-f(x)}{\Delta x}=\lim_{\Delta x\to 0}\frac{\sin(x+\Delta x)-\sin x}{\Delta x}$$
$$=\lim_{\Delta x\to 0}\frac{1}{\Delta x}\cdot 2\cos\left(x+\frac{\Delta x}{2}\right)\sin\frac{\Delta x}{2}$$

$$=\lim_{\Delta x\to 0}\cos\left(x+\frac{\Delta x}{2}\right)\cdot\frac{\sin\frac{\Delta x}{2}}{\frac{\Delta x}{2}}=\cos x,$$

即
$$(\sin x)'=\cos x.$$
$$f'\left(\frac{\pi}{4}\right)=\cos x\bigg|_{x=\frac{\pi}{4}}=\frac{\sqrt{2}}{2}.$$

用类似的方法,可求得
$$(\cos x)'=-\sin x.$$

【例 2.6】　求 $f(x)=a^x(a>0,a\neq 1)$ 的导数.

解　$f'(x)=\lim\limits_{\Delta x\to 0}\dfrac{f(x+\Delta x)-f(x)}{\Delta x}=\lim\limits_{\Delta x\to 0}\dfrac{a^{x+\Delta x}-a^x}{\Delta x}=a^x\cdot\lim\limits_{\Delta x\to 0}\dfrac{a^{\Delta x}-1}{\Delta x}=a^x\ln a.$

即
$$(a^x)'=a^x\ln a.$$
特别地
$$(e^x)'=e^x.$$

注　一般地,用定义求函数的导数有三个步骤:

(1)求增量:$\Delta y=f(x_0+\Delta x)-f(x_0)$;

(2)求比值:$\dfrac{\Delta y}{\Delta x}$;

(3)取极限:$\lim\limits_{\Delta x\to 0}\dfrac{\Delta y}{\Delta x}$.

2. 单侧导数

极限存在的充分必要条件是左、右极限都存在且相等,因此 $f'(x_0)=\lim\limits_{\Delta x\to 0}\dfrac{f(x_0+\Delta x)-f(x_0)}{\Delta x}$ 存在的充分必要条件是左、右极限

$$\lim_{\Delta x\to 0^-}\frac{f(x_0+\Delta x)-f(x_0)}{\Delta x}\quad 与\quad \lim_{\Delta x\to 0^+}\frac{f(x_0+\Delta x)-f(x_0)}{\Delta x}$$

都存在且相等.这两个极限分别称为函数 $f(x)$ 在点 x_0 处的左导数和右导数,记作 $f'_-(x_0)$ 和 $f'_+(x_0)$,即

$$f'_-(x_0)=\lim_{\Delta x\to 0^-}\frac{f(x_0+\Delta x)-f(x_0)}{\Delta x},$$
$$f'_+(x_0)=\lim_{\Delta x\to 0^+}\frac{f(x_0+\Delta x)-f(x_0)}{\Delta x}.$$

或

$$f'_-(x_0)=\lim_{x\to x_0^-}\frac{f(x)-f(x_0)}{x-x_0},$$
$$f'_+(x_0)=\lim_{x\to x_0^+}\frac{f(x)-f(x_0)}{x-x_0}.$$

左导数和右导数统称为单侧导数.

定理 2.1　函数 $y=f(x)$ 在点 x_0 处可导的充要条件是函数 $y=f(x)$ 在 x_0 处的左、右导数都存在且相等.即 $f'(x_0)=A\Leftrightarrow f'_-(x_0)=f'_+(x_0)=A$.

【例2.7】　讨论绝对值函数$f(x)=|x|$在点$x=0$处的可导性.

解
$$\lim_{\Delta x\to 0}\frac{f(0+\Delta x)-f(0)}{\Delta x}=\lim_{\Delta x\to 0}\frac{|\Delta x|}{\Delta x},$$

当$\Delta x<0$时,$\frac{|\Delta x|}{\Delta x}=-1$,故$f'_-(0)=\lim\limits_{\Delta x\to 0^-}\frac{|\Delta x|}{\Delta x}=-1$;

当$\Delta x>0$时,$\frac{|\Delta x|}{\Delta x}=1$,故$f'_+(0)=\lim\limits_{\Delta x\to 0^+}\frac{|\Delta x|}{\Delta x}=1$.

由定理2.1,$f'(0)$不存在,即函数$f(x)=|x|$在点$x=0$处不可导.

定义2.3　如果函数$f(x)$在开区间(a,b)内可导,且$f'_+(a)$及$f'_-(b)$都存在,则称$f(x)$在闭区间$[a,b]$上可导.

三、导数的几何意义

若函数$y=f(x)$在点x_0可导,则曲线$f(x)$在点(x_0,y_0)处有切线,且切线斜率为$f'(x_0)$.

于是,曲线$y=f(x)$在点(x_0,y_0)处的切线方程为
$$y-y_0=f'(x_0)(x-x_0).$$

过切点(x_0,y_0)且与切线垂直的直线叫作曲线$y=f(x)$在点(x_0,y_0)处的法线.法线方程为
$$y-y_0=-\frac{1}{f'(x_0)}(x-x_0),\ f'(x_0)\neq 0.$$

特别地,如果$f'(x_0)=0$,切线方程为$y=y_0$,法线方程为$x=x_0$(图2.3).如果$f(x)$在x_0连续且$f'(x_0)=\infty$,这时函数$f(x)$不可导,但曲线$f(x)$的割线以直线$x=x_0$为极限位置,即曲线$f(x)$在点(x_0,y_0)处有切线$x=x_0$,法线$y=y_0$.(图2.4)

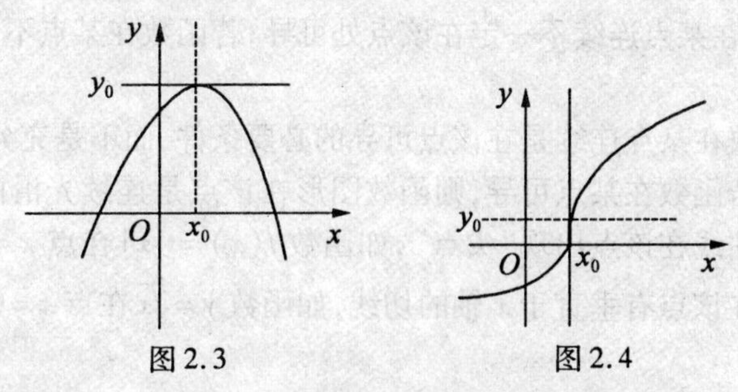

图2.3　　　　图2.4

【例2.8】　求曲线$y=x^2$在点$(2,4)$处的切线方程和法线方程.

解　由导数的几何意义,曲线在点$(2,4)$的切线与法线的斜率分别为
$$k_1=y'|_{x=2}=2x|_{x=2}=4,k_2=-\frac{1}{k_1}=-\frac{1}{4}.$$

于是所求的切线方程为
$$y-4=4(x-2),$$
即
$$4x-y-4=0.$$
所求的法线方程为

$$y-4=-\frac{1}{4}(x-2),$$

即
$$x+4y-18=0.$$

【例 2.9】 求曲线 $y=\sqrt[3]{x}$ 在 $x=0$ 处的切线方程.

解 函数 $y=\sqrt[3]{x}$ 在点 $x=0$ 处不可导(图 2.5),因为

$$\lim_{h\to 0}\frac{f(0+h)-f(0)}{h}=\lim_{h\to 0}\frac{\sqrt[3]{h}-0}{h}=+\infty.$$

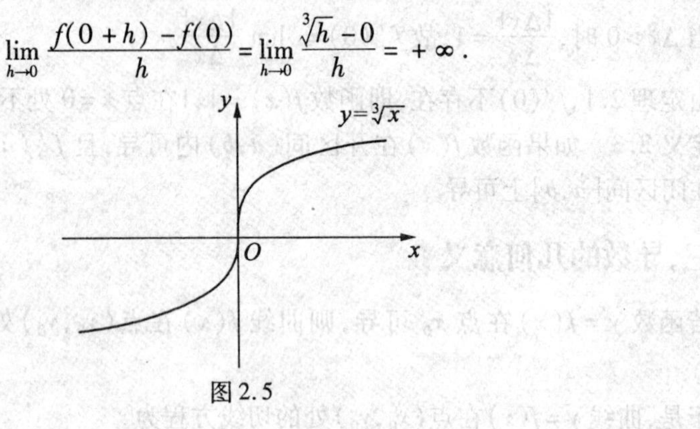

图 2.5

四、函数可导与连续的关系

定理 2.2 如果函数 $y=f(x)$ 在点 x_0 处可导,则函数 $y=f(x)$ 在点 x_0 处连续.

证 函数 $y=f(x)$ 在点 x_0 处可导,即 $\lim\limits_{\Delta x\to 0}\dfrac{\Delta y}{\Delta x}=f'(x_0)$ 存在. 由函数极限与无穷小量的关系可知,$\dfrac{\Delta y}{\Delta x}=f'(x_0)+\alpha$,其中 α 为当 $\Delta x\to 0$ 时的无穷小量. 上式两边同乘 Δx,得

$$\Delta y=f'(x_0)\Delta x+\alpha\Delta x.$$

由此可见,当 $\Delta x\to 0$ 时,$\Delta y\to 0$. 这就是说,函数 $y=f(x)$ 在点 x_0 处是连续的.

注 一个函数在某点连续不一定在该点处可导;若函数在某点不连续,则在该点处一定不可导.

综上可知,函数在某点连续是在该点可导的必要条件,而不是充分条件.

从几何上看,若函数在某点可导,则函数图形在该点是连续光滑的;若连续函数在某点不可导,则可能曲线在该点出现"尖点",如函数 $f(x)=|x|$ 在点 $x=0$ 处连续却不存在切线;也可能曲线在该点有垂直于 x 轴的切线,如函数 $y=\sqrt[3]{x}$ 在点 $x=0$ 处有切线 $x=0$(图 2.6).

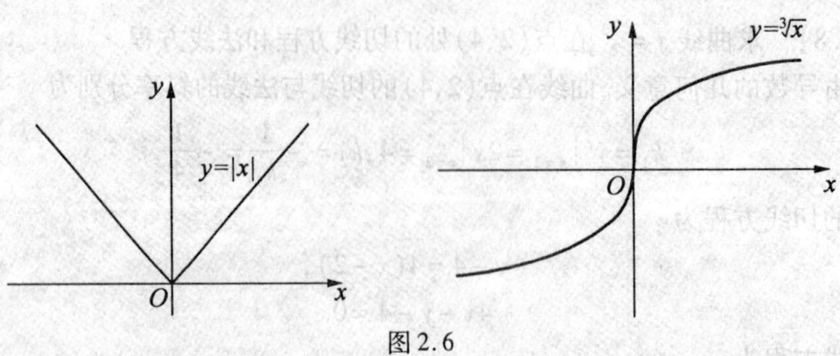

图 2.6

【例 2.10】　讨论$f(x)=\begin{cases}x-1,\ x\leqslant 0,\\ 2x,\ 0<x\leqslant 1,\\ x^2+1, 1<x\leqslant 2,\\ \frac{1}{2}x+4, x>2.\end{cases}$在点 $x=0$, $x=1$ 及 $x=2$ 处的连续性与可导性.

解　(1)在 $x=0$ 处

$$\lim_{x\to 0^-}f(x)=\lim_{x\to 0^-}(x-1)=-1,\ \lim_{x\to 0^+}f(x)=\lim_{x\to 0^+}2x=0.$$

$\lim\limits_{x\to 0^-}f(x)\neq\lim\limits_{x\to 0^+}f(x)$,即 $f(x)$ 在 $x=0$ 处不连续,因此 $f(x)$ 在 $x=0$ 处不可导.

(2)在 $x=1$ 处

$$f'_-(1)=\lim_{x\to 1^-}\frac{f(x)-f(1)}{x-1}=\lim_{x\to 1^-}\frac{2x-2}{x-1}=2,$$

$$f'_+(1)=\lim_{x\to 1^+}\frac{f(x)-f(1)}{x-1}=\lim_{x\to 1^+}\frac{x^2+1-2}{x-1}=\lim_{x\to 1^+}(x+1)=2,$$

$f'_-(1)=f'_+(1)$,即 $f(x)$ 在 $x=1$ 处可导,因此 $f(x)$ 在 $x=1$ 处连续.

(3)在 $x=2$ 处

$$\lim_{x\to 2^-}f(x)=\lim_{x\to 2^-}(x^2+1)=5,\ \lim_{x\to 2^+}f(x)=\lim_{x\to 2^+}\left(\frac{1}{2}x+4\right)=5, f(2)=5,$$

$\lim\limits_{x\to 2}f(x)=f(2)$,即 $f(x)$ 在 $x=2$ 处连续.

$$f'_-(2)=\lim_{x\to 2^-}\frac{f(x)-f(2)}{x-2}=\lim_{x\to 2^-}\frac{x^2+1-5}{x-2}=\lim_{x\to 2^-}(x+2)=4,$$

$$f'_+(2)=\lim_{x\to 2^+}\frac{f(x)-f(2)}{x-2}=\lim_{x\to 2^+}\frac{\frac{1}{2}x+4-5}{x-2}=\frac{1}{2},$$

$f'_-(2)\neq f'_+(2)$,即 $f(x)$ 在 $x=2$ 处不可导.(图 2.7)

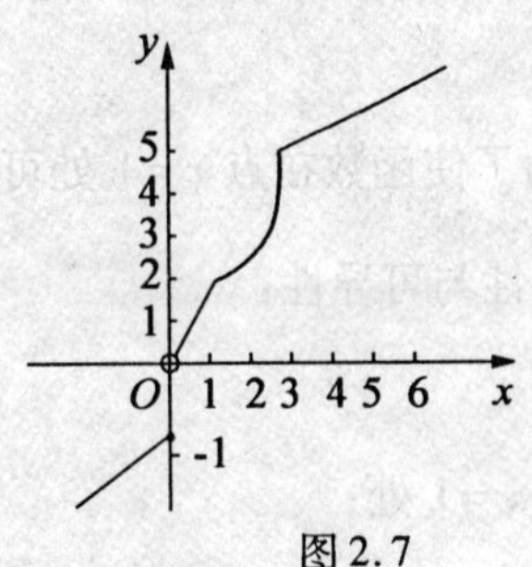

图 2.7

习题 2.1

1. 设 $f(x)$ 在点 x_0 可导,求下列各式的值:

(1) $\lim\limits_{\Delta x\to 0}\dfrac{f(x_0+3\Delta x)-f(x_0)}{\Delta x}$;　　(2) $\lim\limits_{\Delta x\to 0}\dfrac{f(x_0-\Delta x)-f(x_0)}{\Delta x}$;

(3) $\lim\limits_{h\to0}\dfrac{f(x_0-2h)-f(x_0)}{h}$.

2. 已知 $f(0)=1,\lim\limits_{x\to0}\dfrac{f(2x)-1}{3x}=4$，求 $f'(0)$.

3. 利用导数定义求下列函数的导数：

(1) $y=\dfrac{1}{x}$；　　(2) $y=\sqrt{x}$；

(3) $y=1+x^2$.

4. 已知 $f(x)=\begin{cases}x^2, & x\geqslant0,\\ -x, & x<0,\end{cases}$ 求 $f'_-(0)$ 及 $f'_+(0)$，并说明 $f'(0)$ 是否存在.

5. 已知 $f(x)=\begin{cases}\dfrac{x}{1+\mathrm{e}^{\frac{1}{x}}}, & x\neq0,\\ 0, & x=0,\end{cases}$ 问 $f'(0)$ 是否存在.

6. 已知物体的运动规律为 $s=t^3\mathrm{m}$，求这个物体在 $t=2\mathrm{s}$ 时的速度.

7. 自由落体运动 $s=\dfrac{1}{2}gt^2(g=9.8\ \mathrm{m/s^2})$.

(1) 设 $\Delta t=1\ \mathrm{s},-0.1\ \mathrm{s},0.001\ \mathrm{s}$，求在以 $t=5\ \mathrm{s}$ 和 $(t+\Delta t)\mathrm{s}$ 为端点的时间区间内运动的平均速度；

(2) 求落体在 5 s 末的瞬时速度；

(3) 求落体在任意时刻 t 的瞬时速度.

8. 求曲线 $y=\cos x$ 在点 $\left(\dfrac{\pi}{3},\dfrac{1}{2}\right)$ 处的切线方程和法线方程.

9. 求过点(3,8)且与曲线 $y=x^2$ 相切的直线方程.

10. 若曲线 $y=x^3$ 在点 (x_0,y_0) 处切线斜率等于 3，求点 (x_0,y_0) 的坐标.

11. 在曲线 $y=x^3$ 上取横坐标为 $x_1=1$ 及 $x_2=3$ 的两点，作过这两点的割线. 问该抛物线上哪一点的切线平行于这条割线？

12. 设函数 $f(x)=\begin{cases}x^2, & x\leqslant1,\\ ax+b, & x>1,\end{cases}$ 为了使函数在点 $x=1$ 处可导且连续，a,b 应取什么值？

13. 讨论下列函数在指定点处的连续性与可导性：

(1) $f(x)=x^{\frac{2}{3}}$，在点 $x=0$ 处；

(2) $f(x)=\begin{cases}x^2+1, & x\leqslant1,\\ 3-x, & x>1\end{cases}$ 在点 $x=1$ 处；

(3) $f(x)=\begin{cases}x\arctan\dfrac{1}{x^2}, & x\neq0,\\ 0, & x=0\end{cases}$ 在点 $x=0$ 处.

14. 用导数定义证明：若 $f(x)$ 为可导的奇(偶)函数，则 $f'(x)$ 是偶(奇)函数.

15. 证明：双曲线 $xy=a^2$ 上任一点处的切线与两坐标轴构成的三角形的面积都等于 $2a^2$.

2.2　函数的求导法则

对于一些较复杂的函数,利用定义求导数是相当复杂和困难的,本节将建立求导数的几个基本法则,借助于它们可以比较方便地求出常见的初等函数的导数.

一、函数的和、差、积、商的求导法则

定理 2.3　如果函数 $u=u(x)$,$v=v(x)$都在点 x 可导,那么它们的和、差、积、商(除分母为零的点外)都在点 x 可导,并且

(1) $(u\pm v)'=u'\pm v'$;

(2) $(uv)'=u'v+uv'$;

(3) $\left(\frac{u}{v}\right)'=\frac{u'v-uv'}{v^2}\ (v(x)\neq 0)$.

证　这里仅证(2).

$$[u(x)\cdot v(x)]'=\lim_{\Delta x\to 0}\frac{u(x+\Delta x)v(x+\Delta x)-u(x)v(x)}{\Delta x}$$

$$=\lim_{\Delta x\to 0}\frac{1}{\Delta x}[u(x+\Delta x)v(x+\Delta x)-u(x)v(x+\Delta x)+u(x)v(x+\Delta x)-u(x)v(x)]$$

$$=\lim_{\Delta x\to 0}\left[\frac{u(x+\Delta x)-u(x)}{\Delta x}v(x+\Delta x)+u(x)\frac{v(x+\Delta x)-v(x)}{\Delta x}\right]$$

$$=\lim_{\Delta x\to 0}\frac{u(x+\Delta x)-u(x)}{\Delta x}\lim_{\Delta x\to 0}v(x+\Delta x)+u(x)\lim_{\Delta x\to 0}\frac{v(x+\Delta x)-v(x)}{\Delta x}$$

由于 $v=v(x)$在点 x 可导,而可导必连续,故 $\lim\limits_{\Delta x\to 0}v(x+\Delta x)=v(x)$. 于是

$$[u(x)\cdot v(x)]'=u'(x)v(x)+u(x)v'(x).$$

特别地
$$(Cu)'=Cu',\ C\text{ 是常数};$$
$$\left(\frac{1}{v}\right)'=\frac{-v'}{v^2}\quad v(x)\neq 0.$$

定理 2.3 中的法则(1)、(2)可推广到任意有限个可导函数的情形:

(1) $\left[\sum\limits_{i=1}^{n}f_i(x)\right]'=\sum\limits_{i=1}^{n}f_i'(x)$;

(2) $[f_1(x)f_2(x)\cdots f_n(x)]'=f_1'(x)f_2(x)\cdots f_n(x)+f_1(x)f_2'(x)\cdots f_n(x)+\cdots+f_1(x)f_2(x)\cdots f_n'(x)$.

【例 2.11】　$y=x^3-2\cos x+e^x+\sin\frac{\pi}{4}$,求 y'.

解　$y'=(x^3-2\cos x+e^x+\sin\frac{\pi}{4})'=(x^3)'-(2\cos x)'+(e^x)'+(\sin\frac{\pi}{4})'$

$=3x^2+2\sin x+e^x$.

【例 2.12】　$y=5\sqrt{x}2^x$,求 y'.

解　$y'=(5\sqrt{x}2^x)'=5(\sqrt{x})'2^x+5\sqrt{x}(2^x)'=\frac{5\cdot 2^x}{2\sqrt{x}}+5\sqrt{x}2^x\ln 2$.

【例 2.13】 $y=\tan x$，求 y'.

解
$$y'=(\tan x)'=\left(\frac{\sin x}{\cos x}\right)'=\frac{(\sin x)'\cos x-\sin x(\cos x)'}{\cos^2 x}$$
$$=\frac{\cos^2 x+\sin^2 x}{\cos^2 x}=\frac{1}{\cos^2 x}=\sec^2 x,$$

即
$$(\tan x)'=\sec^2 x.$$

用类似方法可得
$$(\cot x)'=-\csc^2 x.$$

【例 2.14】 $y=\sec x$，求 y'.

解
$$y'=(\sec x)'=\left(\frac{1}{\cos x}\right)'=-\frac{(\cos x)'}{\cos^2 x}=\frac{\sin x}{\cos^2 x}=\sec x\tan x,$$

即
$$(\sec x)'=\sec x\tan x.$$

用类似方法可得
$$(\csc x)'=-\csc x\cot x.$$

二、反函数的求导法则

定理 2.4 如果单调函数 $x=f(y)$ 在区间 I_y 内可导，且 $f'(y)\neq 0$，则它的反函数 $y=f^{-1}(x)$ 在 $I_x=\{x \mid x=f(y), y\in I_y\}$ 内可导，且
$$[f^{-1}(x)]'=\frac{1}{f'(y)} \text{或} \frac{dy}{dx}=\frac{1}{\frac{dx}{dy}}.$$

由定理 2.4 可知：反函数的导数等于直接函数导数的倒数.

【例 2.15】 $y=\arcsin x$，求 y'.

解 $y=\arcsin x$ 是 $x=\sin y$ 的反函数. 函数 $x=\sin y$ 在开区间 $I_y=\left(-\frac{\pi}{2},\frac{\pi}{2}\right)$ 内单调、可导，且 $(\sin y)'=\cos y>0$. 因此，由公式 $\frac{dy}{dx}=\frac{1}{\frac{dx}{dy}}$，在对应区间 $I_x=(-1,1)$ 内有

$(\arcsin x)'=\frac{1}{(\sin y)'}=\frac{1}{\cos y}$. 但 $\cos y=\sqrt{1-\sin^2 y}=\sqrt{1-x^2}$（当 $-\frac{\pi}{2}<y<\frac{\pi}{2}$ 时，$\cos y>0$，所以只取正号），从而得反正弦函数的导数公式
$$(\arcsin x)'=\frac{1}{\sqrt{1-x^2}}.$$

用类似的方法可得反余弦函数的导数公式
$$(\arccos x)'=-\frac{1}{\sqrt{1-x^2}}.$$

同样我们可得到
$$(\arctan x)'=\frac{1}{1+x^2},$$

$$(\operatorname{arccot} x)' = -\frac{1}{1+x^2}.$$

【例 2.16】　$y=\log_a x\ (a>0, a\neq 1)$，求 y'.

解　$y=\log_a x$ 是 $x=a^y(a>0,a\neq 1)$ 的反函数. 函数 $x=a^y$ 在 $I_y=(-\infty,+\infty)$ 内单调、可导，且 $(a^y)'=a^y\ln a\neq 0$. 因此，由公式 $\frac{dy}{dx}=\frac{1}{\frac{dx}{dy}}$，在对应区间 $I_x=(0,+\infty)$ 内有 $(\log_a x)'=\frac{1}{(a^y)'}=\frac{1}{a^y\ln a}$. 但 $a^y=x$，从而得对数函数的导数公式

$$(\log_a x)'=\frac{1}{x\ln a}.$$

特别地
$$(\ln x)'=\frac{1}{x}.$$

三、复合函数的求导法则

定理 2.5（链式法则）　如果 $u=\varphi(x)$ 在点 x 可导，$y=f(u)$ 在对应点 $u=\varphi(x)$ 可导，则复合函数 $y=f[\varphi(x)]$ 在点 x 可导，且其导数为

$$y'=f'(u)\varphi'(x) \text{或} \frac{dy}{dx}=\frac{dy}{du}\cdot\frac{du}{dx}.$$

证　由于 $y=f(u)$ 在点 u 可导，因此

$$\lim_{\Delta u\to 0}\frac{\Delta y}{\Delta u}=f'(u)$$

存在，于是根据极限与无穷小量的关系有

$$\frac{\Delta y}{\Delta u}=f'(u)+\alpha,$$

其中 α 是 $\Delta u\to 0$ 时的无穷小量. 上式中 $\Delta u\neq 0$，等式两边同乘 Δu，得

$$\Delta y=f'(u)\Delta u+\alpha\cdot\Delta u. \quad ①$$

当 $\Delta u=0$ 时，规定 $\alpha=0$（则 α 在 $\Delta u=0$ 处连续），这时因 $\Delta y=f(u+\Delta u)-f(u)=0$，而式①右端亦为零，故式①对 $\Delta u=0$ 也成立.

用 $\Delta x\neq 0$ 除式①两边，得

$$\frac{\Delta y}{\Delta x}=f'(u)\frac{\Delta u}{\Delta x}+\alpha\cdot\frac{\Delta u}{\Delta x},$$

于是

$$\lim_{\Delta x\to 0}\frac{\Delta y}{\Delta x}=\lim_{\Delta x\to 0}\left[f'(u)\frac{\Delta u}{\Delta x}+\alpha\cdot\frac{\Delta u}{\Delta x}\right].$$

函数在某点可导必在该点连续，故当 $\Delta x\to 0$ 时，$\Delta u\to 0$，从而

$$\lim_{\Delta x\to 0}\alpha=\lim_{\Delta u\to 0}\alpha=0.$$

故
$$\lim_{\Delta x\to 0}\frac{\Delta y}{\Delta x}=f'(u)\cdot\lim_{\Delta x\to 0}\frac{\Delta u}{\Delta x},$$

即
$$y'=f'(u)\varphi'(x).$$

【例 2.17】　$y=\sin x^5$,求 y'.

解　$y=\sin x^5$ 可以看作由 $y=\sin u, u=x^5$ 复合而成,因此

$$y'=f'(u)\varphi'(x)=\cos u\cdot 5x^4=5x^4\cos x^5.$$

对复合函数的复合分解比较熟练后,可不必写出中间变量,注意每次只对最外层函数关系求导,而将其余全体看成整体.

【例 2.18】　$y=\ln|x|$,求 $\dfrac{dy}{dx}$.

解　$$\frac{dy}{dx}=(\ln\sqrt{x^2})'=\frac{1}{\sqrt{x^2}}(\sqrt{x^2})'=\frac{1}{\sqrt{x^2}}\cdot\frac{1}{2\sqrt{x^2}}\cdot(x^2)'=\frac{2x}{2x^2}=\frac{1}{x}.$$

【例 2.19】　$y=\sqrt[3]{1-2x^2}$,求 $\dfrac{dy}{dx}$.

解　$$\frac{dy}{dx}=[(1-2x^2)^{\frac{1}{3}}]'=\frac{1}{3}(1-2x^2)^{-\frac{2}{3}}\cdot(1-2x^2)'=\frac{-4x}{3\sqrt[3]{(1-2x^2)^2}}.$$

【例 2.20】　$y=f(e^x)$,求 $\dfrac{dy}{dx}$.

解　$$\frac{dy}{dx}=f'(e^x)(e^x)'=f'(e^x)e^x.$$

注　符号 $f'(e^x)$ 表示对 e^x 求导,$[f(e^x)]'$ 表示对 x 求导.

【例 2.21】　$y=(3x+5)^3(5x+4)^5$,求 y'.

解　$$\begin{aligned}y'&=3(3x+5)^2(3x+5)'(5x+4)^5+(3x+5)^3\cdot 5\cdot(5x+4)^4(5x+4)'\\&=9(3x+5)^2(5x+4)^5+25(3x+5)^3(5x+4)^4.\end{aligned}$$

复合函数的求导法则可以推广到具有多个中间变量的函数的情形.

我们以两个中间变量为例. 设 $y=f(u), u=\varphi(v), v=\psi(x)$ 都可导,则复合函数 $y=f\{\varphi[\psi(x)]\}$ 的导数为

$$y'=f'(u)\varphi'(v)\psi'(x) \text{或} \frac{dy}{dx}=\frac{dy}{du}\cdot\frac{du}{dv}\cdot\frac{dv}{dx}.$$

【例 2.22】　$y=\ln\cos(e^x)$,求 $\dfrac{dy}{dx}$.

解　$$\begin{aligned}\frac{dy}{dx}&=[\ln\cos(e^x)]'=\frac{1}{\cos(e^x)}[\cos(e^x)]'=\frac{1}{\cos(e^x)}[-\sin(e^x)](e^x)'\\&=-\frac{\sin(e^x)}{\cos(e^x)}\cdot e^x=-e^x\tan(e^x).\end{aligned}$$

【例 2.23】　放射性元素碳 - 14(1 g)的衰减由下式给出:$Q=e^{-0.000\,121t}$,其中 Q 是 t 年后碳 - 14 存余的数量(单位:g),问碳 - 14 的衰减速度(单位:g/a)是多少?

解　碳 - 14 的衰减速度 v 为

$$v=\frac{dQ}{dt}=(e^{-0.000\,121t})'=e^{-0.000\,121t}(-0.000\,121t)'=-0.000\,121e^{-0.000\,121t}\ (\text{g/a}).$$

【例 2.24】　对电容器充电的过程中,电容器充电的电压为 $u_c=E(1-e^{-\frac{t}{RC}})$,求电容器的充电速度 $\dfrac{du_c}{dt}$.

解　$$\frac{\mathrm{d}u_c}{\mathrm{d}t}=[E(1-\mathrm{e}^{-\frac{t}{RC}})]'=E(-\mathrm{e}^{-\frac{t}{RC}})(-\frac{t}{RC})'=\frac{E}{RC}\mathrm{e}^{-\frac{t}{RC}}.$$

设 $x=\varphi(t)$ 和 $y=\psi(t)$ 都是可导函数，变量 x 与 y 之间存在某种关系，从而变化率 $\frac{\mathrm{d}y}{\mathrm{d}t}$ 与 $\frac{\mathrm{d}x}{\mathrm{d}t}$ 之间也存在一定的关系，这两个相互依赖的变化率称为相关变化率. 链式法则还能解决有关相关变化率的实际问题.

【例 2.25】　设球半径以 2 cm/s 的速度等速增加，当球半径为 10 cm 时，求体积增加的速度.

解　已知球的体积 V 是半径 r 的函数，$V=\frac{4}{3}\pi r^3$，因此 $\frac{\mathrm{d}V}{\mathrm{d}r}=4\pi r^2$，半径 r 的变化速度是时间 t 的函数，且 $\frac{\mathrm{d}r}{\mathrm{d}t}=2$. 因此，$V$ 是 t 的复合函数，用链式法则可得

$$\frac{\mathrm{d}V}{\mathrm{d}t}=\frac{\mathrm{d}V}{\mathrm{d}r}\cdot\frac{\mathrm{d}r}{\mathrm{d}t}=4\pi r^2\cdot 2=8\pi r^2,$$

$$\left.\frac{\mathrm{d}V}{\mathrm{d}t}\right|_{r=10}=800\pi.$$

因此，当半径为 10 cm 时，体积增加的速度为 800 πcm^3/s.

【例 2.26】　一长为 5 m 的梯子斜靠在墙上，如果梯子下端以 5 m/s的速率滑离墙壁，试求梯子下端离墙 3 m 时，梯子上端向下滑落的速率.

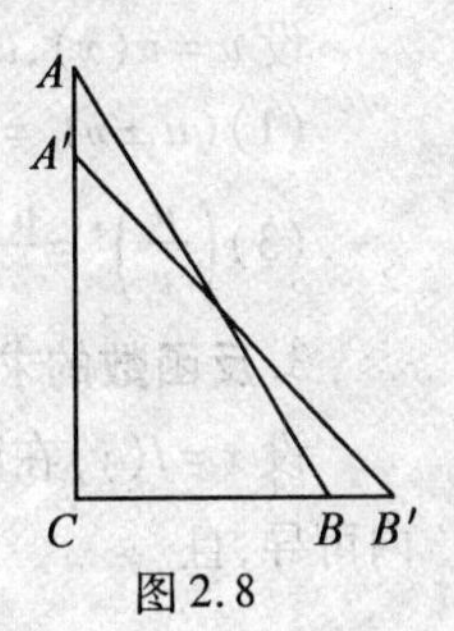

图 2.8

解　如图 2.8，设梯子上端向下滑落 t s 后，AA' 长 $y(t)$ m. BB' 长 $x(t)$ m，已知 CB 长 3 m，AB 长 5 m，故 AC 长 4 m，则

$$(4-y)^2+(3+x)^2=5^2,$$

求导得

$$2(4-y)\left(-\frac{\mathrm{d}y}{\mathrm{d}t}\right)+2(3+x)\frac{\mathrm{d}x}{\mathrm{d}t}=0.$$

当 $x=0$ 时 $y=0$，$\frac{\mathrm{d}x}{\mathrm{d}t}=5$ m/s，于是梯子上端向下滑落的速率为

$$8\left(-\frac{\mathrm{d}y}{\mathrm{d}t}\right)+6\times 5=0$$

即

$$\frac{\mathrm{d}y}{\mathrm{d}t}=\frac{15}{4}\text{ m/s}.$$

【例 2.27】　从一艘破裂的油轮中渗漏出来的油，在海面上逐步扩散形成油层，设在扩散的过程中，其形状一直是一个厚度均匀的圆柱体，其体积也始终保持不变，已知其厚度 h 的减少率与 h^3 成正比，试证明其半径 r 的增加率与 r^3 成反比。

证　因油层的体积 $V=\pi r^2 h$，在等式两边同时对 t 求导，由于 V,π 都是常数，所以有 $2r\frac{\mathrm{d}r}{\mathrm{d}t}h+r^2\frac{\mathrm{d}h}{\mathrm{d}t}=0$，由假设 $\frac{\mathrm{d}h}{\mathrm{d}t}=-k_1h^3$，则 $\frac{\mathrm{d}r}{\mathrm{d}t}=-\frac{r}{2h}\frac{\mathrm{d}h}{\mathrm{d}t}=\frac{k_1h^2r}{2}$，又 $h=\frac{V}{\pi r^2}$，故 $\frac{\mathrm{d}r}{\mathrm{d}t}=$

$\frac{k_1 r}{2}\left(\frac{V}{\pi r^2}\right)^2=\frac{k_1 V^2}{2\pi^2 r^3}=\frac{k_1 V^2}{2\pi^2}\frac{1}{r^3}$，因为$\frac{k_1 V^2}{2\pi^2}$是常数，则半径 r 的增加率与 r^3 成反比.

四、基本求导法则与导数公式

1. 常数和基本初等函数的导数公式

(1) $(C)'=0$，　　(2) $(x^{\mu})'=\mu x^{\mu-1}$，

(3) $(\sin x)'=\cos x$，　　(4) $(\cos x)'=-\sin x$，

(5) $(\tan x)'=\sec^2 x$，　　(6) $(\cot x)'=-\csc^2 x$，

(7) $(\sec x)'=\sec x\tan x$，　　(8) $(\csc x)'=-\csc x\cot x$，

(9) $(a^x)'=a^x\ln a$，　　(10) $(\mathrm{e}^x)'=\mathrm{e}^x$，

(11) $(\log_a x)'=\frac{1}{x\ln a}$，　　(12) $(\ln x)'=\frac{1}{x}$，

(13) $(\arcsin x)'=\frac{1}{\sqrt{1-x^2}}$，　　(14) $(\arccos x)'=-\frac{1}{\sqrt{1-x^2}}$，

(15) $(\arctan x)'=\frac{1}{1+x^2}$，　　(16) $(\operatorname{arccot} x)'=-\frac{1}{1+x^2}$.

2. 函数的和、差、积、商的求导法则

设 $u=u(x)$，$v=v(x)$ 都可导，则

(1) $(u\pm v)'=u'\pm v'$，　　(2) $(uv)'=u'v+uv'$，

(3) $\left(\frac{u}{v}\right)'=\frac{u'v-uv'}{v^2}(v\neq 0)$.

3. 反函数的求导法则

设 $x=f(y)$ 在区间 I_y 内单调、可导且 $f'(y)\neq 0$，则它的反函数 $y=f^{-1}(x)$ 在 $I_x=f(I_y)$ 内可导，且

$$[f^{-1}(x)]'=\frac{1}{f'(y)}\text{或}\frac{\mathrm{d}y}{\mathrm{d}x}=\frac{1}{\frac{\mathrm{d}x}{\mathrm{d}y}}.$$

4. 复合函数的求导法则

设 $y=f(u)$，而 $u=\varphi(x)$ 且 $f(u)$ 及 $\varphi(x)$ 都可导，则复合函数 $y=f[\varphi(x)]$ 的导数为

$$y'=f'(u)\varphi'(x)\text{或}\frac{\mathrm{d}y}{\mathrm{d}x}=\frac{\mathrm{d}y}{\mathrm{d}u}\cdot\frac{\mathrm{d}u}{\mathrm{d}x}.$$

利用上述公式及法则，初等函数求导问题可完全解决.

【例 2.28】 求函数 $y=\frac{x}{2}\sqrt{a^2-x^2}+\frac{a^2}{2}\arcsin\frac{x}{a}$ 的导数.

解 $y'=\frac{1}{2}\sqrt{a^2-x^2}+\frac{x}{2}\cdot\frac{1}{2\sqrt{a^2-x^2}}(a^2-x^2)'+\frac{a^2}{2}\cdot\frac{1}{\sqrt{1-(\frac{x}{a})^2}}(\frac{x}{a})'$

$=\frac{1}{2}\sqrt{a^2-x^2}+\frac{x}{2}\cdot\frac{1}{2\sqrt{a^2-x^2}}(-2x)+\frac{a^2}{2}\cdot\frac{1}{\sqrt{1-\left(\frac{x}{a}\right)^2}}\cdot\frac{1}{a}$

$$=\frac{1}{2}\sqrt{a^2-x^2}-\frac{x^2}{2\sqrt{a^2-x^2}}+\frac{a^2}{2\sqrt{a^2-x^2}}$$

$$=\sqrt{a^2-x^2}.$$

习题 2.2

1. 求下列函数的导数：

(1) $y=\sqrt{x}-\frac{1}{x^3}+\frac{3}{x}$；　(2) $y=5x^3-2^x+3e^x$；

(3) $y=2\tan x+\sec x-1$；　(4) $y=3\sin x+\ln x-\sqrt{x}$；

(5) $y=\sin x\cdot\cos x$；　(6) $y=x^2\ln x$；

(7) $y=xe^x\sin x$；　(8) $y=\frac{\ln x}{x}$；

(9) $y=\frac{e^x}{x^2}+\ln 3$；　(10) $s=\frac{1+\sin t}{1+\cos t}$.

2. 求下列函数在给定点处的导数：

(1) $y=\sin x-\cos x$，求 $y'\big|_{x=\frac{\pi}{6}}$ 和 $y'\big|_{x=\frac{\pi}{4}}$；

(2) $\rho=\theta\sin\theta+\frac{1}{2}\cos\theta$，求 $\frac{d\rho}{d\theta}\Big|_{\theta=\frac{\pi}{4}}$；

(3) $f(x)=\frac{3}{5-x}+\frac{x^2}{5}$，求 $f'(0)$ 和 $f'(2)$.

3. 求下列函数的导数：

(1) $y=(2x+5)^4$；　(2) $y=e^{-3x^2}$；

(3) $y=\ln(1+x^2)$；　(4) $y=\tan x^2$；

(5) $y=\arctan(e^x)$；　(6) $y=e^{-\frac{x}{2}}\cos 3x$；

(7) $y=\frac{1-\ln x}{1+\ln x}$；　(8) $y=\ln\left(x+\sqrt{a^2+x^2}\right)$；

(9) $y=\ln(\csc x-\cot x)$；　(10) $y=\left(\arcsin\frac{x}{2}\right)^2$；

(11) $y=e^{\arctan\sqrt{x}}$；　(12) $y=\ln\ln\ln x$；

(13) $y=\arcsin\sqrt{\frac{1-x}{1+x}}$；　(14) $y=e^{-\sin^2\frac{1}{x}}$；

(15) $y=\sqrt{x+\sqrt{x}}$；　(16) $y=x\arcsin\frac{x}{2}+\sqrt{4-x^2}$.

4. 设 $f(x)$ 可导，求下列函数的导数 $\frac{dy}{dx}$：

(1) $y=f(x^2)$；　(2) $y=\sqrt{f(x)}$

(3) $y=f\left(\frac{1}{\ln x}\right)$；　(4) $y=f(f(e^x))$.

5. 已知 $y=f\left(\frac{x}{\sqrt{x^2+a^2}}\right)$，$a\neq 0$，$f'(x)=\arctan(1-x^2)$，求$\left.\frac{\mathrm{d}y}{\mathrm{d}x}\right|_{x=0}$.

6. 设$f(x)$在 $x=e$ 处导数连续，且 $f'(e)=2e^{-1}$，求 $\lim\limits_{x\to 0^+}\frac{\mathrm{d}}{\mathrm{d}x}f(\mathrm{e}^{\cos\sqrt{x}})$.

7. 一架直升飞机离开地面时，距离一观察者 120 m，它以 40 m/s 的速度垂直上飞，求起飞后 15 s 时，飞机飞离观察者的速度是多少？

8. 将水注入深 8 m，上顶直径 8 m 的正圆锥形容器中，其速率为 4 m^3/s，当水深为 5 m 时，其表面上升的速率是多少？

9. 落在平静水面上的石头，产生同心波纹. 若最外一圈波半径的增大速率总是 6 m/s，问在 2 s 末扰动水面面积增大的速率是多少？

2.3 隐函数及由参数方程确定的函数的导数

一、隐函数的导数

我们知道函数的表达方式除了显式表达 $y=f(x)$，还有隐式表达 $F(x,y)=0$ 及参数方程表达$\begin{cases}x=\varphi(t),\\ y=\varphi(t).\end{cases}$

一般地，如果变量 x 和 y 满足一个方程 $F(x,y)=0$，当 x 取某区间内的任一值时，相应地总有满足这方程的唯一的 y 值存在，那么就说方程 $F(x,y)=0$ 在该区间内确定了一个隐函数.

将一个隐函数化成显函数，称为隐函数的显化. 例如，方程 $x+y^3-1=0$ 可显化为 $y=\sqrt[3]{1-x}$. 但是很多隐函数的显化是有困难的，甚至是不可能的，如 $xy-\mathrm{e}^x+\mathrm{e}^y=0$. 所以我们希望可以避免讨论隐函数的显化而直接对其求导.

本节只讨论隐函数存在且可导的情形.

对隐函数求导时，在方程 $F(x,y)=0$ 两端关于 x 求导，将 y 的函数看成是 x 的复合函数，即$\frac{\mathrm{d}\varphi(y)}{\mathrm{d}x}=\frac{\mathrm{d}\varphi(y)}{\mathrm{d}y}\cdot\frac{\mathrm{d}y}{\mathrm{d}x}$，再将$\frac{\mathrm{d}y}{\mathrm{d}x}$从所得结果中整理出来. 下面通过具体例子来说明此方法.

【例 2.29】 求由方程 $xy-\mathrm{e}^x+\mathrm{e}^y=0$ 所确定的隐函数 $y=f(x)$ 的导数$\frac{\mathrm{d}y}{\mathrm{d}x}$及$\left.\frac{\mathrm{d}y}{\mathrm{d}x}\right|_{x=0}$.

解 方程两边关于 x 求导，注意 $y=f(x)$，有

$$y+x\frac{\mathrm{d}y}{\mathrm{d}x}-\mathrm{e}^x+\mathrm{e}^y\frac{\mathrm{d}y}{\mathrm{d}x}=0.$$

当 $x+\mathrm{e}^y\neq 0$ 时，有

$$\frac{\mathrm{d}y}{\mathrm{d}x}=\frac{\mathrm{e}^x-y}{x+\mathrm{e}^y}.$$

由原方程知当 $x=0$ 时，$y=0$，代入上式，得

$$\left.\frac{\mathrm{d}y}{\mathrm{d}x}\right|_{x=0}=\left.\frac{\mathrm{e}^x-y}{x+\mathrm{e}^y}\right|_{x=0}=1.$$

【例 2.30】　设曲线 C 的方程为 $x^3+y^3=3xy$,求过 C 上点 $\left(\frac{3}{2},\frac{3}{2}\right)$ 的切线方程,并证明曲线 C 在该点的法线通过原点.

解　方程两边关于 x 求导

$$3x^2+3y^2y'=3y+3xy',$$

当 $y^2-x\neq0$ 时,有

$$y'=\frac{y-x^2}{y^2-x}.$$

由导数的几何意义知过点 $\left(\frac{3}{2},\frac{3}{2}\right)$ 的切线斜率为

$$y'|_{(\frac{3}{2},\frac{3}{2})}=-1.$$

于是所求切线方程为

$$y-\frac{3}{2}=-(x-\frac{3}{2}),$$

即

$$x+y-3=0.$$

法线方程为

$$y-\frac{3}{2}=x-\frac{3}{2},$$

即

$$y=x.$$

法线显然通过原点.

注　隐函数的导数中可以含有变量 y. 求隐函数在某一点的导数时不但要把 x 值代进去,还要把对应的 y 值代进去.

【例 2.31】　雨滴在高空下落的时候,表面不断蒸发,体积不断减少. 设雨滴在蒸发过程中始终保持球体形状,若其体积的减少率与表面积成正比,试证明其半径的减少率是常数.

证　设雨滴球体的半径为 r,则体积 $V=\frac{4}{3}\pi r^3$,表面积 $S=4\pi r^2$,由假设,存在常数 k,使得 $\frac{\mathrm{d}V}{\mathrm{d}t}=kS=4k\pi r^2$,在等式 $V=\frac{4}{3}\pi r^3$ 两边同时对 t 求导,有 $\frac{\mathrm{d}V}{\mathrm{d}t}=4\pi r^2\frac{\mathrm{d}r}{\mathrm{d}t}$,则 $\frac{\mathrm{d}r}{\mathrm{d}t}=\frac{1}{4\pi r^2}\frac{\mathrm{d}V}{\mathrm{d}t}=\frac{1}{4\pi r^2}4k\pi r^2=k$,即半径的减少率是常数.

二、对数求导法

下面讨论幂指函数 $y=u(x)^{v(x)}\,(u(x)>0)$ 的导数.

方法一:先将等式两边取对数,得

$$\ln y=v(x)\cdot\ln u(x),$$

再由隐函数求导法,方程两边关于 x 求导,得

$$\frac{y'}{y}=v'(x)\ln u(x)+v(x)\frac{u'(x)}{u(x)},$$

即
$$y' = u(x)^{v(x)}\left[v'(x)\ln u(x) + v(x)\frac{u'(x)}{u(x)}\right].$$
这种方法称为对数求导法.

【例 2.32】 $y = x^x (x>0)$,求 y'.

解 将函数 $y=x^x$ 两边取对数,得
$$\ln y = x\ln x,$$
方程两边关于 x 求导,得
$$\frac{1}{y}y' = \ln x + \frac{1}{x}\cdot x = \ln x + 1.$$
因此
$$y' = x^x(\ln x + 1).$$

方法二:先将幂指函数 $y=f(x)^{g(x)}$ 表示为 $y=e^{g(x)\ln f(x)}$,再利用复合函数求导法则进行求导,便可直接求得
$$y' = e^{g(x)\ln f(x)}[g(x)\ln f(x)]' = e^{g(x)\ln f(x)}\left[g'(x)\ln f(x) + g(x)\frac{f'(x)}{f(x)}\right].$$

例 2.32 还可以这样计算:
$$y' = (e^{x\cdot\ln x})' = e^{x\cdot\ln x}(x\cdot\ln x)' = e^{x\cdot\ln x}\left(\ln x + x\cdot\frac{1}{x}\right) = x^x(\ln x + 1).$$

【例 2.33】 求由方程 $y^{\sin x} = (\sin x)^y$ 所确定的隐函数 $y=f(x)$ 的导数$\frac{dy}{dx}$.

解 将方程两边取对数,得
$$\sin x\ln y = y\ln(\sin x)$$
方程两边关于 x 求导,得
$$\cos x\ln y + \sin x\cdot\frac{y'}{y} = y'\ln(\sin x) + y\frac{\cos x}{\sin x}.$$
因此当 $\sin x - y\ln\sin x \neq 0$ 时,
$$y' = \frac{y(y\cot x - \cos x\ln y)}{\sin x - y\ln\sin x}.$$

对数求导法除适用于幂指函数外,还适用于由若干个因式相乘或相除的复杂函数的求导.如:

【例 2.34】 设 $y = \frac{(x+1)\sqrt[3]{x-1}}{(x+4)^2 e^x}$,求 y'.

解 等式两边先取绝对值再取对数,得
$$\ln|y| = \ln|x+1| + \frac{1}{3}\ln|x-1| - 2\ln|x+4| - x,$$
上式两边关于 x 求导,得
$$\frac{y'}{y} = \frac{1}{x+1} + \frac{1}{3(x-1)} - \frac{2}{x+4} - 1.$$
因此
$$y' = \frac{(x+1)\sqrt[3]{x-1}}{(x+4)^2 e^x}\left[\frac{1}{x+1} + \frac{1}{3(x-1)} - \frac{2}{x+4} - 1\right].$$

【例 2.35】　求 $y=x^{\mu}$（μ 为实数）的导数.

解　将函数 $y=x^{\mu}$ 两边取对数，得

$$\ln y=\mu\ln x,$$

两边关于 x 求导，得

$$\frac{1}{y}y'=\mu\frac{1}{x}.$$

因此

$$(x^{\mu})'=\mu x^{\mu-1}.$$

三、由参数方程所确定的函数的导数

参数方程的一般形式是 $\begin{cases}x=\varphi(t),\\ y=\psi(t)\end{cases}(\alpha\leqslant t\leqslant\beta)$.

如果函数 $x=\varphi(t)$ 具有单调连续反函数 $t=\varphi^{-1}(x)$，且此反函数能与函数 $y=\psi(t)$ 构成复合函数，那么参数方程就确定了一个由函数 $y=\psi(t)$，$t=\varphi^{-1}(x)$ 复合而成的函数 $y=\psi[\varphi^{-1}(x)]$. 假定函数 $x=\varphi(t)$ 和 $y=\psi(t)$ 都可导，而且 $\varphi'(t)\neq 0$. 根据复合函数与反函数的求导法则，就有

$$\frac{\mathrm{d}y}{\mathrm{d}x}=\frac{\mathrm{d}y}{\mathrm{d}t}\cdot\frac{\mathrm{d}t}{\mathrm{d}x}=\frac{\mathrm{d}y}{\mathrm{d}t}\cdot\frac{1}{\frac{\mathrm{d}x}{\mathrm{d}t}}=\frac{\frac{\mathrm{d}y}{\mathrm{d}t}}{\frac{\mathrm{d}x}{\mathrm{d}t}}=\frac{\psi'(t)}{\varphi'(t)}.$$

【例 2.36】　求由参数方程 $\begin{cases}x=t-1,\\ y=t-t^{3}\end{cases}(t>0)$ 所确定的函数 $y=f(x)$ 的导数 $\frac{\mathrm{d}y}{\mathrm{d}x}$.

解

$$\frac{\mathrm{d}y}{\mathrm{d}x}=\frac{\frac{\mathrm{d}y}{\mathrm{d}t}}{\frac{\mathrm{d}x}{\mathrm{d}t}}=\frac{1-3t^{2}}{1}=1-3t^{2}.$$

【例 2.37】　求由摆线（图 2.9）的参数方程 $\begin{cases}x=a(t-\sin t)\\ y=a(1-\cos t)\end{cases}$ 所确定的函数 $y=f(x)$ 在 $t=\frac{\pi}{2}$ 相应的点处的切线方程.

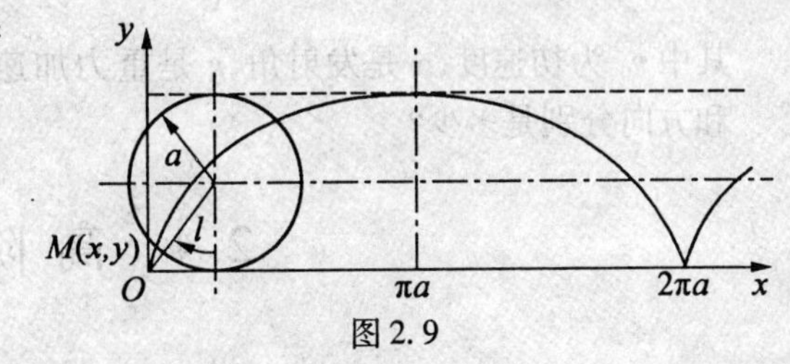

图 2.9

解

$$\frac{\mathrm{d}y}{\mathrm{d}x}=\frac{\frac{\mathrm{d}y}{\mathrm{d}t}}{\frac{\mathrm{d}x}{\mathrm{d}t}}=\frac{a\sin t}{a-a\cos t}=\frac{\sin t}{1-\cos t}.$$

因此

$$\left.\frac{\mathrm{d}y}{\mathrm{d}x}\right|_{t=\frac{\pi}{2}}=\frac{\sin\frac{\pi}{2}}{1-\cos\frac{\pi}{2}}=1.$$

当 $t=\frac{\pi}{2}$ 时,相应的点的坐标是 $x=a(\frac{\pi}{2}-1)$, $y=a$.

所求切线方程为

$$y-a=x-a(\frac{\pi}{2}-1),$$

即

$$y=x+a(2-\frac{\pi}{2}).$$

习题 2.3

1. 求由下列方程所确定的隐函数 $y=f(x)$ 的导数:

(1) $y^2-2xy+9=0$;　　(2) $x^3+y^3-3axy=0$;

(3) $xy=e^{x+y}$;　　(4) $y=1-xe^y$.

2. 用对数求导法求下列函数的导数:

(1) $y=(1+x^2)^x$;　　(2) $y=(\sin x)^{\cos x}$ $(\sin x>0)$;

(3) $y=\frac{\sqrt{x+2}(3-x)^4}{(x+1)^5}$;　　(4) $y=\sqrt{\frac{(x-1)(x-2)}{(x-3)(x-4)}}$.

3. 求下列参数方程所确定的函数 $y=f(x)$ 的导数 $\frac{dy}{dx}$:

(1) $\begin{cases} x=at^2, \\ y=bt^3 \end{cases}$ (a,b 为常数);　　(2) $\begin{cases} x=\theta(1-\sin\theta), \\ y=\theta\cos\theta. \end{cases}$

4. 求由参数方程 $\begin{cases} x=\sin t, \\ y=\cos 2t \end{cases}$ 所确定的函数在 $t=\frac{\pi}{4}$ 处的切线方程和法线方程.

5. 弹道曲线可用参数函数表示为 $\begin{cases} x=v_0 t\cos\alpha, \\ y=v_0 t\sin\alpha-\frac{1}{2}gt^2, \end{cases}$

其中 v_0 为初速度, α 是发射角, g 是重力加速度,那么弹头在时刻 t 的运动速度的大小和方向分别是多少?

2.4 高 阶 导 数

一、高阶导数的概念

定义 2.4 如果函数 $y=f(x)$ 的导函数 $f'(x)$ 在点 x 处仍可导,则称 $f'(x)$ 在点 x 处的导数为函数 $y=f(x)$ 的二阶导数,记作 y'', $f''(x)$, $\frac{d^2y}{dx^2}$ 或 $\frac{d^2f(x)}{dx^2}$,即

$$y''=(y')' \text{或} \frac{d^2y}{dx^2}=\frac{d}{dx}\left(\frac{dy}{dx}\right).$$

类似地, y'' 的导数叫作 $y=f(x)$ 的三阶导数,…,一般地, $(n-1)$ 阶导数的导数叫作

$y=f(x)$ 的 n 阶导数,分别记作

$$y''', y^{(4)}, \cdots, y^{(n)}$$

或

$$\frac{d^3y}{dx^3}, \frac{d^4y}{dx^4}, \cdots, \frac{d^ny}{dx^n}.$$

二阶及二阶以上的导数统称为高阶导数. 函数 $y=f(x)$ 具有 n 阶导数,也常说成函数 $f(x)$ 为 n 阶可导.

二阶导数有明显的物理意义:某物体作直线运动,设路程函数为 $s=s(t)$,则速度为

$$v(t)=\frac{ds}{dt},$$

而加速度 a 是速度对时间的导数,也就是路程函数对时间的二阶导数,即

$$a(t)=\frac{dv}{dt}=\frac{d^2s}{dt^2}.$$

导数反映的是函数的变化率,因此也可以说位置变化大速度就快,速度变化大加速度就快.

例如,自由落体的运动方程为 $s=\frac{1}{2}gt^2$,瞬时速度 $v=s'=\left(\frac{1}{2}gt^2\right)'=gt$,加速度 $a=s''=(gt)'=g$.

二、高阶导数的计算

根据高阶导数的定义,求函数的高阶导数就是将函数逐次求导,因此,前面介绍的导数运算法则与导数基本公式,仍然适用于高阶导数的计算.

【例 2.38】 $y=x^3+3\sin x+6e^x$,求 y'''.

解

$$y'=(x^3+3\sin x+6e^x)'=3x^2+3\cos x+6e^x,$$
$$y''=(3x^2+3\cos x+6e^x)'=6x-3\sin x+6e^x,$$
$$y'''=(6x-3\sin x+6e^x)'=6-3\cos x+6e^x.$$

【例 2.39】 $y=e^{2x-1}$,求 $y''(1)$.

解

$$y'=(e^{2x-1})'=2e^{2x-1},$$
$$y''=(2e^{2x-1})'=4e^{2x-1},$$
$$y''(1)=4e.$$

下面介绍几个初等函数的 n 阶导数.

【例 2.40】 求 $y=a_0x^n$ 的 $(n+1)$ 阶导数(n 是正整数).

解

$$y'=na_0x^{n-1},$$
$$y''=n(n-1)a_0x^{n-2},$$
$$\cdots\cdots$$
$$y^{(n)}=n(n-1)(n-2)\cdot\cdots\cdot3\cdot2\cdot1\cdot a_0=n!\ a_0,$$
$$y^{(n+1)}=0.$$

因此 n 次多项式 $y=a_0x^n+a_1x^{n-1}+\cdots+a_{n-1}x+a_n$ 的一切高于 n 阶的导数都是零.

【例 2.41】 求 $y=\sin x$ 的 n 阶导数.

解 $$y' = \cos x = \sin\left(x + \frac{\pi}{2}\right),$$

$$y'' = \cos\left(x + \frac{\pi}{2}\right) = \sin\left(x + \frac{\pi}{2} + \frac{\pi}{2}\right) = \sin\left(x + 2 \cdot \frac{\pi}{2}\right),$$

$$y''' = \cos\left(x + 2 \cdot \frac{\pi}{2}\right) = \sin\left(x + 3 \cdot \frac{\pi}{2}\right),$$

一般地,可得 $$y^{(n)} = (\sin x)^{(n)} = \sin\left(x + n \cdot \frac{\pi}{2}\right).$$

用类似方法,可得 $$(\cos x)^{(n)} = \cos\left(x + n \cdot \frac{\pi}{2}\right).$$

【例 2.42】 求对数函数 $y = \ln x$ 的 n 阶导数.

解 求出 y 的前几阶导数,以寻找规律写出 $y^{(n)}$ 的表达式.

$$y' = \frac{1}{x},$$

$$y'' = -\frac{1}{x^2},$$

$$y''' = \frac{1 \cdot 2}{x^3},$$

$$y^{(4)} = -\frac{1 \cdot 2 \cdot 3}{x^4},$$

……

一般地,可得 $$y^{(n)} = (\ln x)^{(n)} = (-1)^{n-1}\frac{(n-1)!}{x^n}.$$

【例 2.43】 设 $y = a^x (a > 0, a \neq 1)$,求 $y^{(n)}$.

解 $$y' = a^x \ln a,$$
$$y'' = a^x (\ln a)^2,$$
……

一般地,可得 $$y^{(n)} = (a^x)^{(n)} = a^x (\ln a)^n.$$

特别地,$(\mathrm{e}^x)' = \mathrm{e}^x, (\mathrm{e}^x)'' = \mathrm{e}^x, \cdots, (\mathrm{e}^x)^{(n)} = \mathrm{e}^x$.

如果由方程 $F(x,y) = 0$ 确定的隐函数是二阶可导的,可以对其一阶导数用隐函数的求导法则继续求导.

【例 2.44】 求由方程 $\mathrm{e}^y = xy$ 所确定的隐函数 $y = f(x)$ 的二阶导数.

解 在方程两边关于 x 求导,有

$$\mathrm{e}^y \cdot y' = y + xy',$$

当 $\mathrm{e}^y - x \neq 0$ 时,有

$$y' = \frac{y}{\mathrm{e}^y - x}.$$

上式两边继续关于 x 求导,有

$$y'' = \frac{y'(\mathrm{e}^y - x) - y(\mathrm{e}^y \cdot y' - 1)}{(\mathrm{e}^y - x)^2},$$

将 $y'=\dfrac{y}{e^y-x}$ 代入,得

$$y''=\frac{y(2e^y-ye^y-2x)}{(e^y-x)^3}.$$

下面讨论由参数方程 $\begin{cases}x=\varphi(t),\\ y=\psi(t)\end{cases}$ 确定的函数的二阶导数.设 $x=\varphi(t)$ 和 $y=\psi(t)$ 都是二阶可导的,由于 $\dfrac{dy}{dx}=\dfrac{\psi'(t)}{\varphi'(t)}$ 仍是 t 的函数,因此有新的参数方程 $\begin{cases}x=\varphi(t),\\ \dfrac{dy}{dx}=\dfrac{\psi'(t)}{\varphi'(t)},\end{cases}$ 由参数方程的一阶导数公式有

$$\frac{d^2y}{dx^2}=\frac{d}{dx}\left(\frac{dy}{dx}\right)=\frac{\dfrac{d}{dt}\left(\dfrac{\psi'(t)}{\varphi'(t)}\right)}{\dfrac{dx}{dt}}=\frac{\dfrac{\psi''(t)\varphi'(t)-\psi'(t)\varphi''(t)}{\varphi'^2(t)}}{\varphi'(t)},$$

即

$$\frac{d^2y}{dx^2}=\frac{\psi''(t)\varphi'(t)-\psi'(t)\varphi''(t)}{\varphi'^3(t)}.$$

【例 2.45】　求由摆线的参数方程 $\begin{cases}x=a(t-\sin t),\\ y=a(1-\cos t)\end{cases}$ 所确定的函数的二阶导数 $\dfrac{d^2y}{dx^2}$.

解　例 2.37 中已求得 $\dfrac{dy}{dx}=\dfrac{\sin t}{1-\cos t}=\cot\dfrac{t}{2}$,那么

$$\frac{d^2y}{dx^2}=\frac{\dfrac{d}{dt}(\cot\dfrac{t}{2})}{\dfrac{dx}{dt}}=\frac{-\dfrac{1}{2\sin^2\dfrac{t}{2}}}{a(1-\cos t)}=-\frac{1}{a(1-\cos t)^2}.$$

如果函数 $u=u(x)$ 及 $v=v(x)$ 都在点 x 处具有 n 阶导数,那么显然 $(u+v)$ 及 $(u-v)$ 也在点 x 处具有 n 阶导数,且

$$(u\pm v)^{(n)}=u^{(n)}\pm v^{(n)}.$$

但乘积 $u\cdot v$ 的 n 阶导数并不如此简单.由 $(uv)'=u'v+uv'$ 首先得出

$$(uv)''=u''v+2u'v'+uv'',$$

$$(uv)'''=u'''v+3u''v'+3u'v''+uv'''.$$

用数学归纳法可以证明

$$(uv)^{(n)}=u^{(n)}v+nu^{(n-1)}v'+\frac{n(n-1)}{2!}u^{(n-2)}v''+\cdots+\frac{n(n-1)\cdots(n-k+1)}{k!}u^{(n-k)}v^{(k)}+\cdots+uv^{(n)}$$

上式称为莱布尼茨(Leibniz)公式.

【例 2.46】　$y=x^2e^{2x}$,求 $y^{(20)}$.

解　设 $u=e^{2x}$,$v=x^2$,则

$$u^{(k)}=2^ke^{2x},k=1,2,\cdots,20,$$

$$v'=2x, v''=2, v^{(k)}=0, k=3,4,\cdots,20,$$

代入莱布尼茨公式,得

$$\begin{aligned} y^{(20)} &= (x^2 e^{2x})^{(20)} \\ &= 2^{20}e^{2x}\cdot x^2 + 20\cdot 2^{19}e^{2x}\cdot 2x + \frac{20\cdot 19}{2!}\cdot 2^{18}e^{2x}\cdot 2 \\ &= 2^{20}e^{2x}(x^2+20x+95). \end{aligned}$$

【例 2.47】 设函数 $p(t)$ 表示在时刻 t 某种产品的价格,则在通货膨胀期间,$p(t)$ 将迅速增加. 请用 $p(t)$ 的导数解析以下三种情况:

(1)通货膨胀仍然存在.

(2)通货膨胀正在下降.

(3)在不久的将来,物价将稳定下来.

解 (1)$p'(t)>0$ 表示产品的价格在上升,即通货膨胀仍然存在;

(2)$p'(t)>0$ 表示通货膨胀仍然存在,$p''(t)<0$ 表示通货膨胀率正在下降;

(3)$p'(t)\to 0$ 表示产品的价格不再上升,即物价将稳定下来.

习题 2.4

1. 求下列函数的二阶导数:

(1)$y=\frac{1}{1+x}$; (2)$y=(2x+3)^4$;

(3)$y=x\sin x$; (4)$y=e^{2x}$.

2. 求下列函数在指定点的高阶导数:

(1)$y=e^x\cos x$,求 $y^{(4)}(1)$;

(2)$y=(x+10)^6$,求 $y^{(5)}(0)$.

3. 设 y'' 存在,求 $y=f(x^2)+\ln[f(x)]$ 的二阶导数.

4. 求 $y=\sin 3x$ 的 n 阶导数.

5. 求下列方程所确定的隐函数 $y=f(x)$ 的二阶导数 $\frac{d^2y}{dx^2}$:

(1)$y=\tan(x+y)$; (2)$y^2+2\ln y=x^4$.

6. 求下列参数方程所确定的函数 $y=f(x)$ 的二阶导数 $\frac{d^2y}{dx^2}$:

(1)$\begin{cases} x=a\sin t, \\ y=b\cos t; \end{cases}$ (2)$\begin{cases} x=ae^{-t}, \\ y=be^{t}. \end{cases}$

7. 设函数 $f(x)$ 在 $x=2$ 的某邻域内可导,且 $f'(x)=e^{f(x)}$,$f(2)=1$,求 $f'''(2)$.

2.5 函数的微分

当函数的自变量在点 x 取得一个微小的改变量时,函数会取得相应的改变量. 一般来说，函数改变量的计算是很困难的，为了寻求其近似表达式我们引入微分的概念.

一、微分的概念

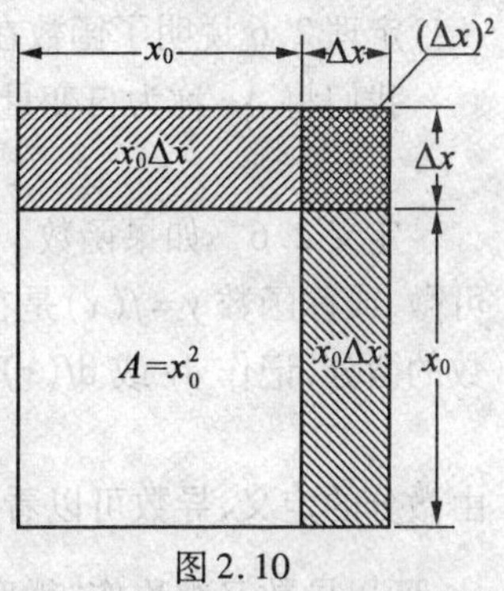

图 2.10

先看一个例子. 一块边长为 x_0 的正方形金属薄片受热膨胀，边长增长了 Δx(图 2.10)，其面积的改变量就是面积函数 $A=x^2$ 相应的增量 ΔA，即

$$\Delta A=(x_0+\Delta x)^2-x_0^2=2x_0\Delta x+(\Delta x)^2.$$

ΔA 分成两部分：第一部分 $2x_0\Delta x$ 是 Δx 的线性函数，是图中带有斜线的两个矩形面积之和；第二部分 $(\Delta x)^2$ 是 Δx 的高阶无穷小量(当 $\Delta x\to 0$ 时)，即 $(\Delta x)^2=o(\Delta x)$，是图中带有交叉斜线的小正方形的面积. 当 Δx 很小时，$2x_0\Delta x$ 起主要作用，$(\Delta x)^2$ 对面积的改变量影响不大，因此 $\Delta A\approx 2x_0\Delta x$，并且 $|\Delta x|$ 越小，误差也越小.

这里采用线性函数来近似函数的改变量，在计算上是很“简便”的；误差是一个比 Δx 高阶的无穷小量，因而能做到“比较精确”. 这是微分思想的一个很具体的应用，现在我们将这种方法抽象出来.

定义 2.5　设函数 $y=f(x)$ 在点 x_0 的某邻域 $U(x_0)$ 内有定义，$x_0+\Delta x$ 在 $U(x_0)$ 内，如果 $f(x)$ 在点 x_0 处的增量 $\Delta y=f(x_0+\Delta x)-f(x_0)$ 可表示为

$$\Delta y=A\Delta x+o(\Delta x),$$

其中 A 是与 Δx 无关的常数，则称函数 $y=f(x)$ 在点 x_0 可微，且称 $A\Delta x$ 为函数 $y=f(x)$ 在点 x_0 相应于自变量增量 Δx 的微分，记作 $\mathrm{d}y$，即

$$\mathrm{d}y=A\Delta x.$$

二、可微与可导的关系

定理 2.6　函数 $f(x)$ 在点 x_0 可微的充分必要条件是函数 $f(x)$ 在点 x_0 可导.

证　必要性. 设函数 $y=f(x)$ 在点 x_0 可微，即 $\Delta y=A\Delta x+o(\Delta x)$. 于是

$$\lim_{\Delta x\to 0}\frac{\Delta y}{\Delta x}=\lim_{\Delta x\to 0}\left[A+\frac{o(\Delta x)}{\Delta x}\right]=A.$$

因此 $f(x)$ 在点 x_0 可导，且 $A=f'(x_0)$.

充分性. 如果 $y=f(x)$ 在点 x_0 可导，即

$$\lim_{\Delta x\to 0}\frac{\Delta y}{\Delta x}=f'(x_0),$$

根据极限与无穷小量的关系，有

$$\frac{\Delta y}{\Delta x}=f'(x_0)+\alpha,$$

其中 $\lim\limits_{\Delta x\to 0}\alpha=0$. 由此又有

$$\Delta y=f'(x_0)\Delta x+\alpha\Delta x.$$

显然，当 $\Delta x\to 0$ 时，$\dfrac{\alpha\Delta x}{\Delta x}=\alpha\to 0$，即 $\alpha\Delta x=o(\Delta x)$，且 $f'(x_0)$ 不依赖于 Δx，所以 $f(x)$ 在

点 x_0 可微. 证毕.

定理 2.6 说明了函数在点 x_0 的可微性与可导性是等价的,且有 $dy=f'(x_0)\Delta x$.

我们将 Δx 称为自变量的微分,记作 dx. 于是函数 $y=f(x)$ 在点 x_0 的微分又可以记作

$$dy=f'(x_0)dx.$$

定义 2.6　如果函数 $y=f(x)$ 在区间 (a,b) 内每一点都可微,则称该函数在 (a,b) 内可微,或称函数 $y=f(x)$ 是在 (a,b) 内的可微函数. 函数 $y=f(x)$ 在任意点 x 的微分称为函数的微分,记作 dy 或 $df(x)$,即

$$dy=f'(x)dx.$$

由微分的定义,导数可以看成是函数在可微的情况下,因变量的微分与自变量的微分之比,所以导数又被称作“微商”. 这样,$\frac{dy}{dx}$既可以看成是一个完整的记号,也可以看成是微分之间的一种除法运算——这种观点有助于更深刻地理解微分和导数的本质及其相互关系,也有利于实际的运用.

【例 2.48】 已知 $y=x^2$,求 $dy, dy\big|_{x=1}, dy\bigg|_{\substack{x=1\\ \Delta x=0.1}}$.

解

$$dy=(x^2)'dx=2xdx.$$

$$dy\big|_{x=1}=2dx.$$

$$dy\bigg|_{\substack{x=1\\ \Delta x=0.1}}=2\times 0.1=0.2.$$

由微分定义,当 $f'(x_0)\neq 0$ 时,有

$$\lim_{\Delta x\to 0}\frac{\Delta y}{dy}=\lim_{\Delta x\to 0}\frac{\Delta y}{f'(x_0)\Delta x}=\frac{1}{f'(x_0)}\cdot\lim_{\Delta x\to 0}\frac{\Delta y}{\Delta x}=1.$$

这就是说,当 $\Delta x\to 0$ 时,Δy 与 dy 是等价无穷小,根据等价无穷小性质有

$$\Delta y=dy+o(dy),$$

dy 也被称为 Δy 的线性主部(当 $\Delta x\to 0$ 时). 于是,在 $f'(x_0)\neq 0$ 的条件下,以微分 dy 近似代替 Δy,其误差为 $o(dy)$,因此,在 $|\Delta x|$ 很小时,有 $dy\approx\Delta y$,即

$$f(x_0+\Delta x)-f(x_0)=\Delta y\approx dy=f'(x_0)\Delta x, \quad ①$$

或者

$$f(x_0+\Delta x)\approx f(x_0)+f'(x_0)\Delta x.$$

当 $x=x_0+\Delta x$ 时

$$f(x)\approx f(x_0)+f'(x_0)(x-x_0). \quad ②$$

【例 2.49】 有一批半径为 1 cm 的球,为了提高球面的光洁度,要镀上一层铜,厚度为0.01 cm. 估计一下每只球需用铜多少克(铜的密度是 8.9 g/cm^3)?

解　镀层体积就是球体体积 $V=\frac{4}{3}\pi R^3$ 当 R 在 R_0 取得增量 ΔR 时的增量 ΔV.

由公式①得

$$\Delta V\approx V'(R_0)\Delta R=4\pi R_0^2\Delta R.$$

将 $R_0=1,\Delta R=0.01$ 代入上式,得

$$\Delta V\approx 4\pi\times 1^2\times 0.01\approx 0.13\ cm^3.$$

于是每只球需用铜约为 $0.13\times 8.9\approx 1.16(\mathrm{g})$.

【例 2.50】 某工厂每周生产 x 件产品所获得的利润为 y 元,已知 $y=6\sqrt{1\,000x-x^2}$,当每周产量由 100 件增加到 102 件时,试用微分求其利润增加的近似值.

解 由公式①
$$\Delta y\approx \mathrm{d}y=y'(x_0)\Delta x=\frac{6(500-x_0)}{\sqrt{1\,000x_0-x_0^2}}\Delta x,$$
将 $x_0=100,\Delta x=2$ 代入上式,有
$$\Delta y\approx\frac{2\,400}{\sqrt{100\,000-10\,000}}\times 2=16(\text{元}).$$
因此,当每周产量由 100 件增加到 102 件时,其利润增加的近似值为 16 元.

【例 2.51】 计算 $\sin 46°$的近似值.

解 设$f(x)=\sin x$,取 $x=46°,x_0=45°=\frac{\pi}{4}$,则 $x-x_0=1°=\frac{\pi}{180}$.由公式②得
$$\sin x\approx\sin x_0+\cos x_0\cdot(x-x_0).$$
即
$$\sin 46°\approx\sin\frac{\pi}{4}+\cos\frac{\pi}{4}\cdot\frac{\pi}{180}=\frac{\sqrt{2}}{2}+\frac{\sqrt{2}}{2}\cdot\frac{\pi}{180}\approx 0.719.$$

【例 2.52】 计算 $e^{-0.03}$的近似值.

解 设$f(x)=e^x$,取 $x=-0.03,x_0=0$,则 $\Delta x=x-x_0=-0.03$.

由公式②得
$$e^x\approx e^{x_0}+e^{x_0}\Delta x$$
即
$$e^x\approx e^0+e^0(-0.03)=1-0.03=0.97.$$

三、微分的几何意义

在直角坐标系中,对于 x 轴上某一固定的点 x_0,曲线 $y=f(x)$上有一个确定点$M(x_0,y_0)$(图 2.11).当自变量在 x_0 有微小增量 Δx 时,得到曲线上另一点 $N(x_0+\Delta x,y_0+\Delta y)$,有
$$MQ=\Delta x,QN=\Delta y.$$
过点 M 作曲线的切线,它的倾角为 α,则
$$QP=MQ\cdot\tan\alpha=\Delta x\cdot f'(x_0)=\mathrm{d}y.$$

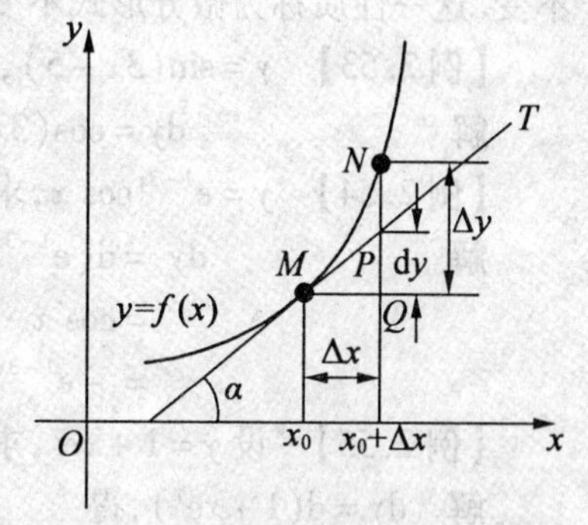

图 2.11

由此可见,Δy 是曲线 $y=f(x)$上的点 M 的纵坐标的增量,$\mathrm{d}y$ 是曲线的切线上点 M 的纵坐标的相应增量.当$|\Delta x|$很小时,$|\Delta y-\mathrm{d}y|$比$|\Delta x|$小得多.因此在点 M 的邻近,我们可以用切线段 MP 来近似代替曲线段 MN."以直代曲"是高等数学的一个重要思想.

四、基本初等函数的微分公式与微分运算法则

由 $\mathrm{d}y=f'(x)\mathrm{d}x$,很容易得到微分公式及微分的运算法则.

1.基本初等函数的微分公式

(1) $\mathrm{d}C=0$(C 为常数),　　(2) $\mathrm{d}(x^\mu)=\mu x^{\mu-1}\mathrm{d}x$,

(3) $\mathrm{d}(\sin x)=\cos x\mathrm{d}x$,　　(4) $\mathrm{d}(\cos x)=-\sin x\mathrm{d}x$,

(5) $d(\tan x) = \sec^2 x dx$,　(6) $d(\cot x) = -\csc^2 x dx$,

(7) $d(\sec x) = \sec x \tan x dx$,　(8) $d(\csc x) = -\csc x \cot x dx$,

(9) $d(a^x) = a^x \ln a dx$,　(10) $d(e^x) = e^x dx$,

(11) $d(\log_a x) = \dfrac{1}{x\ln a}dx$,　(12) $d(\ln x) = \dfrac{1}{x}dx$,

(13) $d(\arcsin x) = \dfrac{1}{\sqrt{1-x^2}}dx$,　(14) $d(\arccos x) = -\dfrac{1}{\sqrt{1-x^2}}dx$,

(15) $d(\arctan x) = \dfrac{1}{1+x^2}dx$,　(16) $d(\text{arccot } x) = -\dfrac{1}{1+x^2}dx$.

2. 函数和、差、积、商的微分法则

(1) $d(u \pm v) = du \pm dv$,　(2) $d(Cu) = Cdu$（C 是常数），

(3) $d(uv) = vdu + udv$,　(4) $d\left(\dfrac{u}{v}\right) = \dfrac{vdu - udv}{v^2}\ (v \neq 0)$.

3. 复合函数的微分法则

与复合函数的求导法则相应的复合函数的微分法则可推导如下：

设 $y = f(u)$ 及 $u = \varphi(x)$ 都可导，则复合函数 $y = f[\varphi(x)]$ 的微分为

$$dy = y'dx = f'(u)\varphi'(x)dx.$$

由于 $\varphi'(x)dx = du$，所以，复合函数 $y = f[\varphi(x)]$ 的微分公式也可以写成

$$dy = f'(u)du.$$

由此可见，无论 u 是自变量还是另一个变量的可微函数，微分形式 $dy = f'(u)du$ 保持不变. 这一性质称为微分形式不变性.

【例 2.53】 $y = \sin(3x-5)$，求 dy.

解 $$dy = \cos(3x-5)d(3x-5) = 3\cos(3x-5)dx.$$

【例 2.54】 $y = e^{1-3x}\cos x$，求 dy.

解
$$\begin{aligned} dy &= d(e^{1-3x}\cos x) = \cos x d(e^{1-3x}) + e^{1-3x}d(\cos x) \\ &= \cos x \cdot e^{1-3x}(-3dx) + e^{1-3x}(-\sin x dx) \\ &= -e^{1-3x}(3\cos x + \sin x)dx. \end{aligned}$$

【例 2.55】 设 $y = 1 + xe^y$，求 dy.

解 $dy = d(1 + xe^y)$，得

$$dy = d(xe^y) = e^y dx + xde^y = e^y dx + xe^y dy,$$

整理得 $$dy = \frac{e^y}{1-xe^y}dx \quad (1 - xe^y \neq 0).$$

习题 2.5

1. 已知 $y = x^3 - x$，计算在 $x = 2$ 处当 Δx 分别等于 1, 0.1, 0.01 时的 Δy 及 dy.

2. 设扇形的圆心角 $\alpha = \dfrac{\pi}{3}$，半径 $R = 100$ cm. 如果 R 不变，α 减少 $\dfrac{\pi}{360}$，问扇形面积大约改变了多少？又如果 α 不变，R 增加 1 cm，问扇形面积大约改变了多少？

3. 计算下列函数的近似值：

(1) $\cos 29°$；　　(2) $\sqrt[3]{996}$；

(3) $\ln 0.99$.

4. 当 $|x|$ 较小时，证明下列近似公式：

(1) $\tan x \approx x, \sin x \approx x$（$x$ 用弧度表示）；

(2) $\ln(1+x) \approx x, e^x \approx 1+x$；

(3) $\frac{1}{1+x} \approx 1-x$；

(4) $\sqrt[n]{1+x} \approx 1+\frac{x}{n}$.

5. 求下列函数的微分：

(1) $y = x^2 + \frac{1}{x}$；　　(2) $y = e^x + e^{-x}$；

(3) $y = \ln(x+2)$；　　(4) $y = x^2 \sin x$；

(5) $y = \arcsin\sqrt{x}$；　　(6) $y = e^x \cos(1+2x)$；

(7) $y = 3^x x^3$；　　(8) $y = \frac{x^3}{\sqrt{1+x^2}}$；

(9) $y = \ln^2(1+x)$；　　(10) $y = \arctan^2(1-\sqrt{x})$.

6. 在括号内填上适当的函数使等式成立：

(1) $d(\quad) = 3dx$；　　(2) $d(\quad) = 2x dx$；

(3) $d(\quad) = \cos x dx$；　　(4) $d(\quad) = \frac{1}{1+x^2}dx$；

(5) $d(\quad) = e^{-x}dx$；　　(6) $d(\quad) = \frac{1}{\sqrt{x}}dx$；

(7) $d(\quad) = \frac{3}{1-x}dx$；　　(8) $d(\quad) = \sec^2 5x dx$；

(9) $d(\quad) = \frac{1}{x}\ln x dx$；　　(10) $d(\quad) = \frac{x}{\sqrt{1-x^2}}dx$.

7. 设 $y = f(\ln x) e^{f(x)}$，其中 f 可微，求 dy.

2.6 微分中值定理

从本节开始我们将介绍导数的一些更深刻的性质——函数在某区间的整体性质与该区间内部某点处导数之间的关系，由于这些性质都与自变量区间内部的某个中间值有关，因此被统称为中值定理。

微分中值定理也称微分学基本定理，是微分学中最重要的定理之一，是今后用微分学来研究函数性质及解决实际问题的理论基础. 本节首先介绍罗尔(Rolle)定理，再根据它推出拉格朗日(Lagrange)中值定理和柯西(Cauchy)中值定理.

一、罗尔定理

定理 2.7(罗尔定理) 如果函数 $f(x)$ 满足

(1)在闭区间 $[a,b]$ 上连续;

(2)在开区间 (a,b) 内可导;

(3)$f(a)=f(b)$.

则至少存在一点 $\xi\in(a,b)$,使得 $f'(\xi)=0$.

证 因为 $f(x)$ 在闭区间 $[a,b]$ 上连续,根据最值定理,$f(x)$ 在 $[a,b]$ 上必能取得最大值 M 与最小值 m.这样,只有以下两种可能情况:

(1)$m=M$.此时 $f(x)$ 在闭区间 $[a,b]$ 上恒为常数,从而在 (a,b) 内任取一点作为 ξ,都有 $f'(\xi)=0$,定理成立.

(2)$m<M$.由 $f(a)=f(b)$ 可知,m 和 M 两者之中至少有一个在 (a,b) 内取得,不妨设 (a,b) 内有一点 ξ,使 $f(\xi)=m$(设 $f(\xi)=M$ 证明完全类似).从而

当 $x<\xi$ 时,$\dfrac{f(x)-f(\xi)}{x-\xi}\leqslant 0$;

当 $x>\xi$ 时,$\dfrac{f(x)-f(\xi)}{x-\xi}\geqslant 0$.

已知 $f(x)$ 在点 ξ 可导,那么 $f'(\xi)=f'_+(\xi)=f'_-(\xi)$,再根据极限的保号性,知

$$f'_-(\xi)=\lim_{x\to\xi^-}\frac{f(x)-f(\xi)}{x-\xi}\leqslant 0,$$

$$f'_+(\xi)=\lim_{x\to\xi^+}\frac{f(x)-f(\xi)}{x-\xi}\geqslant 0.$$

所以 $f'(\xi)=0$.

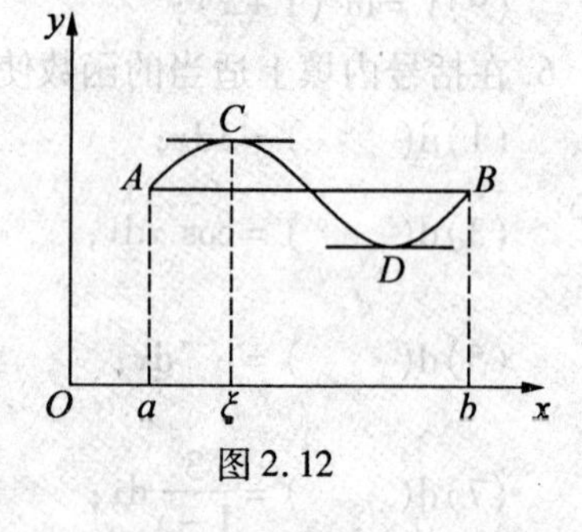

图 2.12

罗尔定理的几何意义(图 2.12):在两端高度相同的一段连续曲线上,若除端点外它在每一点都有不垂直于 x 轴的切线,则在其中至少有一条切线平行于 x 轴(也是两个端点的连线).

【例 2.56】 不用求出函数 $f(x)=(x-1)(x-2)(x-3)(x-4)$ 的导数,说明 $f'(x)=0$ 有几个实根,并指出它们所在的位置.

解 由于 $f(x)$ 是 $(-\infty,+\infty)$ 内的可导函数,且 $f(1)=f(2)=f(3)=f(4)=0$,故 $f(x)$ 在区间 $[1,2]$,$[2,3]$,$[3,4]$ 上分别满足罗尔定理的条件,从而至少存在 $\xi_1\in(1,2)$,$\xi_2\in(2,3)$,$\xi_3\in(3,4)$,使得 $f'(\xi_i)=0(i=1,2,3)$.又因为 $f'(x)=0$ 是三次代数方程,它最多只有 3 个实根,因此 $f'(x)=0$ 有且仅有 3 个实根,它们分别位于区间 $(1,2)$,$(2,3)$,$(3,4)$ 内.

【例 2.57】 设 $a_0+\dfrac{a_1}{2}+\cdots+\dfrac{a_n}{n+1}=0$,证明:多项式 $f(x)=a_0+a_1x+\cdots+a_nx^n$ 在 $(0,1)$ 内至少有一个零点.

证 令 $F(x)=a_0x+\dfrac{a_1}{2}x^2+\cdots+\dfrac{a_n}{n+1}x^{n+1}$,则 $F'(x)=f(x)$,且 $F(0)=0$,又 $F(1)=$

0,可见 $F(x)$ 在区间 $[0,1]$ 上满足罗尔定理的条件,从而至少存在一点 $\xi\in(0,1)$,使得

$$F'(\xi)=f(\xi)=0.$$

即 $\xi\in(0,1)$ 是 $f(x)$ 的一个零点.

二、拉格朗日中值定理

定理 2.8(拉格朗日中值定理)　如果函数 $f(x)$ 满足

(1)在闭区间 $[a,b]$ 上连续;

(2)在开区间 (a,b) 内可导.

则至少存在一点 $\xi\in(a,b)$,使得

$$f'(\xi)=\frac{f(b)-f(a)}{b-a}. \quad ①$$

分析　罗尔定理是拉格朗日中值定理在 $f(a)=f(b)$ 时的特殊情形.因此,我们想要利用罗尔定理来证明拉格朗日中值定理.为此需要构造一个辅助函数 $F(x)$,使其在闭区间 $[a,b]$ 上满足 $F(a)=F(b)$,从而利用罗尔定理,再把对 $F(x)$ 所得的结论转化到 $f(x)$ 上.

从图 2.13 中看到弦 AB 所在直线的方程是 $y=f(a)+\frac{f(b)-f(a)}{b-a}(x-a)$,函数 $f(x)-\left[f(a)+\frac{f(b)-f(a)}{b-a}(x-a)\right]$ 表示在闭区间 $[a,b]$ 上任意一点 x 处曲线 $y=f(x)$ 的纵坐标与直线 $y=f(a)+\frac{f(b)-f(a)}{b-a}(x-a)$ 的纵坐标之差,这是一个与 x 有关的函数,在两个端点处直线与曲线相交,即满足 $F(a)=F(b)$.

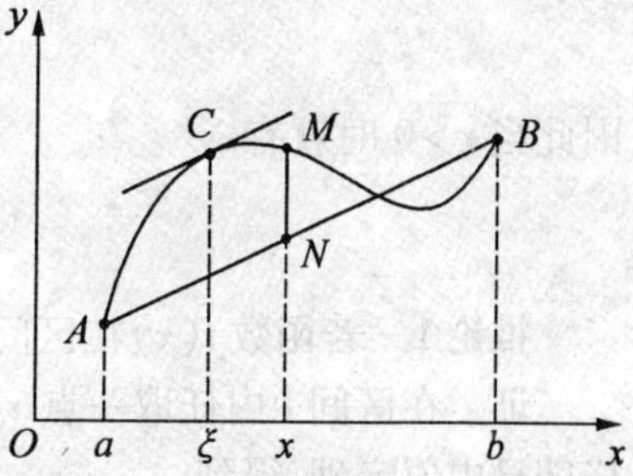

图 2.13

证　作辅助函数

$$F(x)=f(x)-\left[f(a)+\frac{f(b)-f(a)}{b-a}(x-a)\right],$$

$F(x)$ 在闭区间 $[a,b]$ 上连续,在开区间 (a,b) 内可导,且 $F(a)=F(b)=0$,故 $F(x)$ 在闭区间 $[a,b]$ 上满足罗尔定理的条件,从而在 (a,b) 内至少存在一点 ξ,使得 $F'(\xi)=0$,即 $f'(\xi)=\frac{f(b)-f(a)}{b-a}$.证毕.

拉格朗日中值定理的几何意义如图 2.13 所示:若曲线 $y=f(x)$ 在 (a,b) 内每一点都有不垂直于 x 轴的切线,则在曲线上至少存在一点 $C(\xi,f(\xi))$,使得曲线在 C 的切线平行于弦 AB.

公式①也称为拉格朗日公式.在使用上常把它写成如下形式:

$$f(b)-f(a)=f'(\xi)(b-a). \quad ②$$

它对于 $b<a$ 也成立.并且在拉格朗日中值定理的条件下,②中的 a,b 可以用任意 $x_1,x_2\in(a,b)$ 来代替,即有

$$f(x_1)-f(x_2)=f'(\xi)(x_1-x_2)\text{，其中 }\xi\text{ 介于 }x_1\text{ 与 }x_2\text{ 之间.} \quad ③$$

在公式③中若取 $x_1=x+\Delta x, x_2=x$，则得

$$f(x+\Delta x)-f(x)=f'(\xi)\Delta x, \quad ④$$

或
$$f(x+\Delta x)-f(x)=f'(x+\theta\Delta x)\Delta x, 0<\theta<1.$$

式④给出了自变量取得有限增量 Δx 时，函数增量 Δy 的准确表达式，因此拉格朗日公式也称有限增量公式.

【例 2.58】 证明：当 $x>0$ 时

$$\frac{x}{1+x}<\ln(1+x)<x.$$

证　令 $f(x)=\ln(1+x)$，对任意 $x>0$，$f(x)$ 在 $[0,x]$ 上满足拉格朗日中值定理的条件，从而至少存在一点 $\xi\in(0,x)$，使得

$$f(x)-f(0)=f'(\xi)x.$$

由于 $f(0)=0, f'(\xi)=\dfrac{1}{1+\xi}$，上式即

$$\ln(1+x)=\frac{x}{1+\xi}.$$

又由 $0<\xi<x$，有

$$\frac{x}{1+x}<\frac{x}{1+\xi}<x.$$

因此当 $x>0$ 时就有

$$\frac{x}{1+x}<\ln(1+x)<x.$$

推论 1　若函数 $f(x)$ 在区间 I 内导数恒为零，则函数 $f(x)$ 在区间 I 内是一个常数.

证　在区间 I 内任取一点 x_0，对任意 $x\in I, x\neq x_0$，在以 x_0 与 x 为端点的区间上应用拉格朗日中值定理，得到

$$f(x)-f(x_0)=f'(\xi)(x-x_0)\text{，其中 }\xi\text{ 介于 }x_0\text{ 与 }x\text{ 之间}$$

由假设知 $f'(\xi)=0$，故 $f(x)-f(x_0)=0$，即 $f(x)=f(x_0)$，这就说明 $f(x)$ 在区间 I 内恒为常数 $f(x_0)$.

【例 2.59】 证明 $\arcsin x+\arccos x\equiv\dfrac{\pi}{2}(|x|\leqslant 1)$.

证　设 $f(x)=\arcsin x+\arccos x(|x|\leqslant 1)$.

当 $|x|<1$ 时，$f'(x)=\dfrac{1}{\sqrt{1-x^2}}-\dfrac{1}{\sqrt{1-x^2}}=0$，由推论 1 知，$f(x)$ 在 $(-1,1)$ 上恒为常数，即 $f(x)\equiv C$. 将 $x=0$ 代入上式，得 $C=\dfrac{\pi}{2}$.

当 $|x|=1$ 时，$f(x)=\dfrac{\pi}{2}$.

故 $|x|\leqslant 1$ 时，$\arcsin x+\arccos x\equiv\dfrac{\pi}{2}$.

推论2　如果$f(x)$和$g(x)$在(a,b)内可导,且对任意$x\in(a,b)$,有$f'(x)=g'(x)$,则在(a,b)内,$f(x)=g(x)+C$(C为常数).

三、柯西中值定理

定理2.9(柯西中值定理)　如果函数$f(x)$与$g(x)$满足:

(1)在闭区间$[a,b]$上连续;

(2)在开区间(a,b)内可导;

(3)对任一$x\in(a,b)$,$g'(x)\neq0$.

至少存在一点$\xi\in(a,b)$,使得

$$\frac{f(b)-f(a)}{g(b)-g(a)}=\frac{f'(\xi)}{g'(\xi)}.$$

分析　由参数方程

$$\begin{cases}x=g(t)\\ y=f(t)\end{cases},a\leqslant t\leqslant b$$

所表示的曲线,它的两端点连线的斜率为

$$\frac{f(b)-f(a)}{g(b)-g(a)}.$$

若该曲线为连续曲线弧,则除端点外处处具有不垂直于横轴的切线,那么这段弧上至少有一点对应于参数$t=\xi$,使曲线在该点处的切线平行于两个端点的连线,即

$$\left.\frac{\mathrm{d}y}{\mathrm{d}x}\right|_{t=\xi}=\frac{f'(\xi)}{g'(\xi)}=\frac{f(b)-f(a)}{g(b)-g(a)}.$$

如果取$g(x)=x$,那么$g(b)-g(a)=b-a$,$g'(x)=1$,因此拉格朗日中值定理是柯西中值定理当$g(x)=x$时的特殊情形.因此类似拉格朗日中值定理的证明,我们仍然要构造一个满足罗尔中值定理的辅助函数.

证　首先由罗尔中值定理可知$g(b)-g(a)\neq0$,如果不然,则存在$\eta\in(a,b)$,使$g'(\eta)=0$,这与假设条件相矛盾.

作辅助函数

$$F(x)=f(x)-\left[f(a)+\frac{f(b)-f(a)}{g(b)-g(a)}(g(x)-g(a))\right].$$

容易验证$F(x)$在$[a,b]$上满足罗尔中值定理的条件,从而至少存在一点$\xi\in(a,b)$,使得$F'(\xi)=0$,即

$$f'(\xi)-\frac{f(b)-f(a)}{g(b)-g(a)}g'(\xi)=0.$$

由于$g'(\xi)\neq0$,有$\frac{f(b)-f(a)}{g(b)-g(a)}=\frac{f'(\xi)}{g'(\xi)}$.

习题2.6

1.验证罗尔中值定理对函数$y=\ln\sin x$在区间$\left[\frac{\pi}{6},\frac{5\pi}{6}\right]$上的正确性.

2. 验证拉格朗日中值定理对函数 $y=4x^3-5x^2+x-2$ 在区间$[0,1]$上的正确性.

3. 验证柯西中值定理对函数 $f(x)=\sin x$ 及 $F(x)=x+\cos x$ 在区间$\left[0,\frac{\pi}{2}\right]$上的正确性.

4. 证明不等式：

$$|\sin x_2-\sin x_1|\leqslant|x_2-x_1|.$$

5. 证明：当 $x>1$ 时，$e^x>ex$.

6. 证明：方程 $x^5+x-1=0$ 只有一个正根.

7. 证明：$2\arctan x+\arcsin\frac{2x}{1+x^2}\equiv\pi(x\geqslant 1)$.

2.7 洛必达法则

如果当 $x\to x_0$（或 $x\to\infty$）时，函数 $f(x)$ 与 $g(x)$ 都趋于零或都趋于无穷大，那么极限 $\lim\limits_{\substack{x\to x_0\\(x\to\infty)}}\frac{f(x)}{g(x)}$可能存在，也可能不存在，因此将这种类型的极限称为未定式（或待定型），并简记为$\frac{0}{0}$或$\frac{\infty}{\infty}$. 除此之外未定式还有五种类型：$0\cdot\infty$，$\infty-\infty$，∞^0，0^0，1^∞.

一、$\frac{0}{0}$、$\frac{\infty}{\infty}$型未定式

定理 2.10（洛必达法则 I）（$\frac{0}{0}$型） 如果函数 $f(x)$ 和 $g(x)$ 满足：

(1) $\lim\limits_{x\to x_0}f(x)=0$，$\lim\limits_{x\to x_0}g(x)=0$；

(2) $f(x)$ 与 $g(x)$ 在 x_0 的某去心邻域 $\mathring{U}(x_0)$ 内可导，且 $g'(x)\neq 0$；

(3) $\lim\limits_{x\to x_0}\frac{f'(x)}{g'(x)}=A$（或$\infty$）.

则

$$\lim_{x\to x_0}\frac{f(x)}{g(x)}=\lim_{x\to x_0}\frac{f'(x)}{g'(x)}=A\text{（或}\infty\text{）}.$$

证 令

$$F(x)=\begin{cases}f(x), & x\neq x_0\\0, & x=x_0\end{cases}, G(x)=\begin{cases}g(x), & x\neq x_0,\\0, & x=x_0,\end{cases}$$

由假设(1)，(2)可知 $F(x)$ 与 $G(x)$ 在 x_0 的某邻域 $U(x_0)$ 内连续，在 $\mathring{U}(x_0)$ 内可导，且 $G'(x)=g'(x)\neq 0$. 任取 $x\in\mathring{U}(x_0)$，则 $F(x)$ 与 $G(x)$ 在以 x_0 与 x 为端点的区间上满足柯西中值定理的条件，从而有

$$\frac{F(x)-F(x_0)}{G(x)-G(x_0)}=\frac{F'(\xi)}{G'(\xi)}=\frac{f'(\xi)}{g'(\xi)}, \xi\text{ 在 } x_0 \text{ 与 } x \text{ 之间}.$$

由于 $F(x_0)=G(x_0)=0$，且当 $x\neq x_0$ 时 $F(x)=f(x)$，$G(x)=g(x)$，可得

$$\frac{f(x)}{g(x)}=\frac{f'(\xi)}{g'(\xi)}.$$

上式中令 $x\to x_0$,则 $\xi\to x_0$,根据假设(3)就有

$$\lim_{x\to x_0}\frac{f(x)}{g(x)}=\lim_{\xi\to x_0}\frac{f'(\xi)}{g'(\xi)}=\lim_{x\to x_0}\frac{f'(x)}{g'(x)}=A.$$

对于$\frac{\infty}{\infty}$型未定式,也有如下类似于定理 2.10 的法则,其证明省略.

定理 2.11(洛必达法则Ⅱ)($\frac{\infty}{\infty}$型)　如果函数 $f(x)$ 和 $g(x)$ 满足:

(1) $\lim\limits_{x\to x_0}f(x)=\infty$, $\lim\limits_{x\to x_0}g(x)=\infty$;

(2) $f(x)$ 与 $g(x)$ 在 x_0 的某去心邻域 $\mathring{U}(x_0)$ 内可导,且 $g'(x)\neq 0$;

(3) $\lim\limits_{x\to x_0}\frac{f'(x)}{g'(x)}=A$(或$\infty$).

则

$$\lim_{x\to x_0}\frac{f(x)}{g(x)}=\lim_{x\to x_0}\frac{f'(x)}{g'(x)}=A(\text{或}\infty).$$

在定理 2.10 和定理 2.11 中,若把 $x\to x_0$ 换成 $x\to x_0^+$, $x\to x_0^-$, $x\to\infty$, $x\to+\infty$ 或 $x\to-\infty$,只需对两定理中的假设(2)作相应的修改,结论仍然成立.

【例 2.60】　求极限$\lim\limits_{x\to\frac{\pi}{2}}\frac{\cos x}{\frac{\pi}{2}-x}$.

解　这是$\frac{0}{0}$型未定式,由洛比达法则,可得

$$\lim_{x\to\frac{\pi}{2}}\frac{\cos x}{\frac{\pi}{2}-x}=\lim_{x\to\frac{\pi}{2}}\frac{-\sin x}{-1}=1.$$

如果 $\lim\limits_{\substack{x\to x_0\\(x\to\infty)}}\frac{f'(x)}{g'(x)}$仍是$\frac{0}{0}$或$\frac{\infty}{\infty}$型未定式,并且 $f'(x)$ 和 $g'(x)$ 满足定理中 $f(x)$ 和 $g(x)$ 所满足的条件,那么可以连续使用洛必达法则,先确定 $\lim\limits_{\substack{x\to x_0\\(x\to\infty)}}\frac{f'(x)}{g'(x)}$,再确定 $\lim\limits_{\substack{x\to x_0\\(x\to\infty)}}\frac{f(x)}{g(x)}$.

【例 2.61】　求极限$\lim\limits_{x\to 0}\frac{x-\sin x}{x^3}$.

解　这是$\frac{0}{0}$型未定式,由洛比达法则,可得

$$\lim_{x\to 0}\frac{x-\sin x}{x^3}=\lim_{x\to 0}\frac{1-\cos x}{3x^2}\left(\frac{0}{0}\text{型}\right)=\lim_{x\to 0}\frac{\sin x}{6x}=\frac{1}{6}.$$

【例 2.62】　求极限 $\lim\limits_{x\to+\infty}\frac{\frac{\pi}{2}-\arctan x}{\frac{1}{x}}$.

解　这是$\frac{0}{0}$型未定式,由洛比达法则,可得

$$\lim_{x\to+\infty}\frac{\frac{\pi}{2}-\arctan x}{\frac{1}{x}}=\lim_{x\to+\infty}\frac{-\frac{1}{1+x^2}}{-\frac{1}{x^2}}=\lim_{x\to+\infty}\frac{x^2}{1+x^2}=1.$$

不是所有未定式都只能使用洛必达法则,如上例$\lim\limits_{x\to+\infty}\frac{x^2}{1+x^2}$可以利用在第1章中介绍过的分子分母同除最高项的方法来计算,还可以加项减项后化为$\lim\limits_{x\to+\infty}\left(1-\frac{1}{1+x^2}\right)=1$.

【例2.63】　求极限$\lim\limits_{x\to0^+}\frac{\ln\tan 5x}{\ln\tan 3x}$.

解　这是$\frac{\infty}{\infty}$型未定式,由洛比达法则,可得

$$\lim_{x\to0^+}\frac{\ln\tan 5x}{\ln\tan 3x}=\lim_{x\to0^+}\frac{\frac{5\sec^2 5x}{\tan 5x}}{\frac{3\sec^2 3x}{\tan 3x}}=\lim_{x\to0^+}\frac{5\tan 3x}{3\tan 5x}\cdot\lim_{x\to0^+}\frac{1+\tan^2 5x}{1+\tan^2 3x},$$

利用等价无穷小代换,当$x\to0^+$时,$\tan 5x\sim5x$,$\tan 3x\sim3x$,有

$$\lim_{x\to0^+}\frac{5\tan 3x}{3\tan 5x}\cdot\lim_{x\to0^+}\frac{1+\tan^2 5x}{1+\tan^2 3x}=\lim_{x\to0^+}\frac{15x}{15x}\cdot\lim_{x\to0^+}\frac{1+\tan^2 5x}{1+\tan^2 3x}=1.$$

【例2.64】　求极限$\lim\limits_{x\to+\infty}\frac{x^m}{e^x}$($m$为正整数).

解　这是$\frac{\infty}{\infty}$型未定式,由于

$$\lim_{x\to+\infty}\frac{x^m}{e^x}=\lim_{x\to+\infty}\left(\frac{x}{e^{\frac{x}{m}}}\right)^m,$$

而

$$\lim_{x\to+\infty}\frac{x}{e^{\frac{1}{m}x}}=\lim_{x\to+\infty}\frac{1}{\frac{1}{m}e^{\frac{1}{m}x}}=0,$$

所以

$$\lim_{x\to+\infty}\frac{x^m}{e^x}=\lim_{x\to+\infty}\left(\frac{x}{e^{\frac{1}{m}x}}\right)^m=0.$$

【例2.65】　求极限$\lim\limits_{x\to0}\frac{x^2\sin\frac{1}{x}}{\sin x}$.

解　这是$\frac{0}{0}$型未定式,但是分子分母的导数之比的极限$\lim\limits_{x\to0}\frac{2x\sin\frac{1}{x}-\cos\frac{1}{x}}{\cos x}$不存在且不是$\infty$,所以洛必达法则失效.事实上

$$\lim_{x\to0}\frac{x^2\sin\frac{1}{x}}{\sin x}=\lim_{x\to0}\left(\frac{x}{\sin x}\cdot x\sin\frac{1}{x}\right)=\lim_{x\to0}\frac{x}{\sin x}\cdot\lim_{x\to0}x\sin\frac{1}{x}=0.$$

例 2.65 说明洛必达法则的条件(3)不是所有未定式都满足,因此运用洛必达法则之前要验证定理条件.

二、$0\cdot\infty$, $\infty-\infty$, ∞^0, 0^0, 1^∞ 型未定式

对于其他类型的未定式,如 $0\cdot\infty$, $\infty-\infty$, ∞^0, 0^0, 1^∞,可以通过恒等变形或简单变换将它们转化为 $\frac{0}{0}$ 或 $\frac{\infty}{\infty}$ 型,再应用洛比达法则.

【例 2.66】 求极限 $\lim\limits_{x\to0^+}x\ln x$.

解 这是 $0\cdot\infty$ 型未定式,化成 $\frac{\infty}{\infty}$ 型后应用洛比达法则,

$$\lim_{x\to0^+}x\ln x=\lim_{x\to0^+}\frac{\ln x}{\frac{1}{x}}=\lim_{x\to0^+}\frac{\frac{1}{x}}{-\frac{1}{x^2}}=\lim_{x\to0^+}(-x)=0.$$

读者可以自行验证,原式化成 $\frac{0}{0}$ 型后再使用洛比达法则会使得结果更加复杂,所以在恒等变形时还要考虑到计算是否简便.

【例 2.67】 求极限 $\lim\limits_{x\to\frac{\pi}{2}}(\sec x-\tan x)$.

解 这是 $\infty-\infty$ 型未定式,通分后化成 $\frac{0}{0}$ 型,再应用洛比达法则:

$$\lim_{x\to\frac{\pi}{2}}(\sec x-\tan x)=\lim_{x\to\frac{\pi}{2}}\frac{1-\sin x}{\cos x}=\lim_{x\to\frac{\pi}{2}}\frac{-\cos x}{-\sin x}=0.$$

对于 ∞^0, 0^0, 1^∞ 型未定式,利用等式 $f(x)^{g(x)}=\mathrm{e}^{g(x)\ln f(x)}$,可得

$$\lim f(x)^{g(x)}=\lim \mathrm{e}^{g(x)\ln f(x)}=\mathrm{e}^{\lim g(x)\ln f(x)}$$

再通过恒等变换转化为 $\frac{0}{0}$ 或 $\frac{\infty}{\infty}$ 型未定式.

【例 2.68】 求极限 $\lim\limits_{x\to+\infty}(1+x)^{\frac{1}{x}}$.

解 这是 ∞^0 型未定式,由于

$$\lim_{x\to+\infty}(1+x)^{\frac{1}{x}}=\lim_{x\to+\infty}e^{\ln(1+x)^{\frac{1}{x}}}$$

而
$$\lim_{x\to+\infty}\ln(1+x)^{\frac{1}{x}}=\lim_{x\to+\infty}\frac{\ln(x+1)}{x}\left(\frac{\infty}{\infty}\text{型}\right)=\lim_{x\to+\infty}\frac{\frac{1}{1+x}}{1}=0,$$

所以

$$\lim_{x\to+\infty}(1+x)^{\frac{1}{x}}=\mathrm{e}^0=1.$$

【例 2.69】 求极限 $\lim\limits_{x\to0^+}x^x$.

解 这是 0^0 型未定式,由例 2.66 得

$$\lim_{x\to0^+}\ln x^x=\lim_{x\to0^+}x\ln x=0,$$

所以

$$\lim_{x\to0^+}x^x=\lim_{x\to0^+}e^{\ln x^x}=e^0=1.$$

【例 2.70】 求极限$\lim\limits_{x\to0}(\cos x)^{1/x^2}$.

解 这是1^∞型未定式,由于

$$\lim_{x\to0}(\cos x)^{\frac{1}{x^2}}=\lim_{x\to0}e^{\ln(\cos x)^{\frac{1}{x^2}}}$$

而
$$\lim_{x\to0}\ln(\cos x)^{1/x^2}=\lim_{x\to0}\frac{\ln(\cos x)}{x^2}\left(\frac{0}{0}\text{型}\right)=\lim_{x\to0}\frac{-\tan x}{2x}=-\frac{1}{2},$$

所以
$$\lim_{x\to0}(\cos x)^{1/x^2}=e^{-\frac{1}{2}}.$$

我们看到,洛比达法则是确定未定式的一种重要且简便的方法.使用定理前一般要整理化简,如仍属未定式,我们应注意检验定理中的条件,全部满足后可以使用法则,注意该法则可以连续使用.使用中应注意结合运用其他求极限的方法,如等价无穷小替换,作恒等变形或适当的变量代换等,以简化运算过程.

习题 2.7

1. 用洛必达法则求下列极限:

(1) $\lim\limits_{x\to a}\dfrac{\sin x-\sin a}{x-a}$;　(2) $\lim\limits_{x\to0}\dfrac{6\sin x-6x+x^3}{x^5}$;

(3) $\lim\limits_{x\to+\infty}\dfrac{\ln x}{x}$;　(4) $\lim\limits_{x\to0}\dfrac{\sin ax}{\tan bx}$;

(5) $\lim\limits_{x\to0}\dfrac{e^x-e^{-x}}{\sin x}$;　(6) $\lim\limits_{x\to\frac{\pi}{2}}\dfrac{\ln\sin x}{\left(x-\frac{\pi}{2}\right)^2}$;

(7) $\lim\limits_{x\to+\infty}\dfrac{\ln\left(1+\frac{1}{x}\right)}{\operatorname{arccot} x}$;　(8) $\lim\limits_{x\to1}\left(\dfrac{2}{x^2-1}-\dfrac{1}{x-1}\right)$;

(9) $\lim\limits_{x\to0}x\cot 2x$;　(10) $\lim\limits_{x\to0^+}\left(\dfrac{1}{x}\right)^{\tan x}$;

(11) $\lim\limits_{x\to0^+}x^{\sin x}$;　(12) $\lim\limits_{x\to\infty}\left(1+\dfrac{a}{x}\right)^x$.

2. $\lim\limits_{x\to\infty}\dfrac{x+\sin x}{x-\sin x}$存在吗?能否用洛比达法则求其极限?

3. 当 a 与 b 为何值时,$\lim\limits_{x\to0}\left(\dfrac{\sin 3x}{x^3}+\dfrac{a}{x^2}+b\right)=0$.

2.8　函数的单调性与极值

本节将介绍利用导数判断函数单调性,确定函数极值的一般性方法.

一、函数的单调性及其判别法

设函数$f(x)$在$[a,b]$上连续，在(a,b)内可导. 如果函数$f(x)$在$[a,b]$上单调增加(或单调减少)，那么从几何直观上(图2.14)，它的图形是一条沿x轴正向上升(或下降)的曲线，曲线上各点处的切线斜率是非负的(或非正的)，即对任一$x\in(a,b)$，有$f'(x)\geqslant 0$(或$f'(x)\leqslant 0$).

由此可见，函数的单调性与导数的符号有着密切的联系. 反过来，能否用导数的符号来判定函数的单调性呢？利用拉格朗日中值定理可以得到以下判别函数单调性的定理.

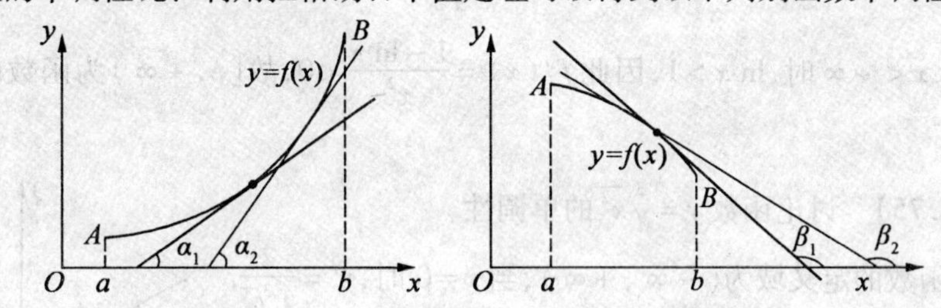

$\alpha_1,\alpha_2,\cdots$是锐角, $\tan\alpha_1>0$, $\tan\alpha_2>0$ $\beta_1,\beta_2,\cdots$是钝角, $\tan\beta_1<0$, $\tan\beta_2<0$

图2.14

定理2.12 设函数$f(x)$在$[a,b]$上连续，在(a,b)内可导.

(1)如果在(a,b)内恒有$f'(x)>0$，则函数$f(x)$在$[a,b]$上单调增加；

(2)如果在(a,b)内恒有$f'(x)<0$，则函数$f(x)$在$[a,b]$上单调减少.

证 任取$x_1,x_2\in[a,b]$，不妨设$x_1<x_2$，对$f(x)$在$[x_1,x_2]$上应用拉格朗日中值定理，可得

$$f(x_2)-f(x_1)=f'(\xi)(x_2-x_1),\quad x_1<\xi<x_2.$$

由于$f'(\xi)>0$，$x_2-x_1>0$，故$f(x_2)-f(x_1)>0$，即$f(x_2)>f(x_1)$，(1)得证. 类似可证(2).

定理中的闭区间$[a,b]$换成其他区间(包括无穷区间)，结论亦成立.

【例2.71】 判定函数$f(x)=x-\sin x$在$[0,2\pi]$的单调性.

解 $f(x)$在$[0,2\pi]$上连续，在$(0,2\pi)$内可导，$f'(x)=1-\cos x>0$，由定理2.12，函数在$[0,2\pi]$上单调增加.

定理2.12的条件可适当放宽. 如果$f'(x)$在某区间内的有限个点处为零，在其余各点处均为正(或负)时，那么$f(x)$在该区间上仍旧是单调增加(或单调减少)的.

【例2.72】 判定函数$f(x)=x+\cos x$在$[0,2\pi]$上的单调性.

解 $f(x)$在$[0,2\pi]$上连续，在$(0,2\pi)$内可导，$f'(x)=1-\sin x$，仅当$x=\dfrac{\pi}{2}$时$1-\sin x=0$，其余点处$f'(x)>0$. 所以$f(x)=x+\cos x$在$[0,2\pi]$上单调增加.

【例2.73】 证明：当$x>1$时，$2\sqrt{x}>3-\dfrac{1}{x}$.

证 令$f(x)=2\sqrt{x}-3+\dfrac{1}{x}$，$f(x)$在$[1,+\infty)$上连续，在$(1,+\infty)$内可导，且$f'(x)=\dfrac{1}{\sqrt{x}}-\dfrac{1}{x^2}>0$，故$f(x)$在$[1,+\infty)$上单调增加，从而对任意$x>1$，都有$f(x)=2\sqrt{x}-3+\dfrac{1}{x}>$

$f(1)=0$. 即当 $x>1$ 时, $2\sqrt{x}>3-\frac{1}{x}$.

【例 2.74】　求函数 $f(x)=\frac{\ln x}{x}$ 的单调区间.

解　函数的定义域为 $(0,+\infty)$, $f'(x)=\frac{1-\ln x}{x^2}$.

令 $f'(x)=0$, 即 $1-\ln x=0$, 得 $x=\mathrm{e}$. 这个根把 $(0,+\infty)$ 分成两个子区间 $(0,\mathrm{e})$, (e,∞).

当 $0<x<\mathrm{e}$ 时, $\ln x<1$, 因此 $f'(x)=\frac{1-\ln x}{x^2}>0$, 故 $(0,\mathrm{e}]$ 为函数的单调增加区间;

当 $\mathrm{e}<x<+\infty$ 时, $\ln x>1$, 因此 $f'(x)=\frac{1-\ln x}{x^2}<0$, 故 $[\mathrm{e},+\infty)$ 为函数的单调减少区间.

【例 2.75】　讨论函数 $y=\sqrt[3]{x^2}$ 的单调性.

解　函数的定义域为 $(-\infty,+\infty)$, 当 $x\neq 0$ 时, $y'=\frac{2}{3\sqrt[3]{x}}$.

当 $x<0$ 时, $y'<0$; 当 $x>0$ 时, $y'>0$. 故函数在 $(-\infty,0]$ 内单调减少, 在 $[0,+\infty)$ 内单调增加(图 2.15).

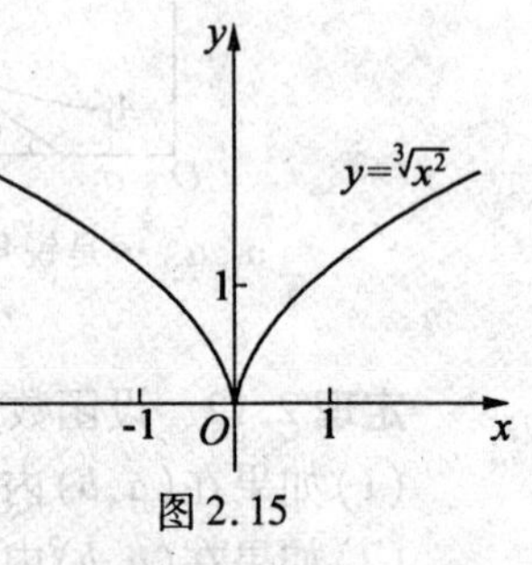

图 2.15

由上两例可以看出, 函数单调增减区间的分界点是驻点或导数不存在的点, 因此, 如果函数在定义域上连续, 且除去有限个导数不存在的点外可导, 那么只要用驻点和导数不存在的点将定义域分成若干子区间, 在每一区间上判断导数符号, 便可以求得函数单调区间.

【例 2.76】　求函数 $y=\frac{3}{8}x^{\frac{8}{3}}-\frac{3}{2}x^{\frac{2}{3}}$ 的单调区间.

解　函数的定义域为 $(-\infty,+\infty)$, 当 $x\neq 0$ 时

$$y'=x^{\frac{5}{3}}-x^{-\frac{1}{3}}=x^{-\frac{1}{3}}(x^2-1)=\frac{(x+1)(x-1)}{\sqrt[3]{x}}.$$

令 $f'(x)=0$, 得 $x_1=-1$, $x_2=1$.

各个子区间上导数的符号与函数的单调性见表 2.1(表中↗表示单增, ↘表示单减):

表 2.1

x	$(-\infty,-1)$	-1	$(-1,0)$	0	$(0,1)$	1	$(1,+\infty)$
y'	$-$	0	$+$	不存在	$-$	0	$+$
y	↘		↗		↘		↗

由表可知, 函数在 $(-\infty,-1]$ 和 $[0,1]$ 上单调减少, 在 $[-1,0]$ 和 $[1,+\infty)$ 上单调增加.

二、函数的极值

定义 2.7　设函数 $f(x)$ 在 x_0 的某邻域 $U(x_0)$ 内有定义, 若对任意 $x\in \mathring{U}(x_0)$ 有

$$f(x)<f(x_0)\ (\text{或}f(x)>f(x_0)),$$

则称 $f(x_0)$ 是函数 $f(x)$ 的一个极大值（或极小值），称 x_0 是函数 $f(x)$ 的一个极大值点（或极小值点）.

极大值与极小值统称为极值，极大值点与极小值点统称为极值点.

函数的极值是一个局部性概念. 如果 $f(x_0)$ 是 $f(x)$ 的一个极大值，只能说明在点 x_0 的一个局部范围内 $f(x_0)$ 是最大的函数值，但从整个定义域的范围看，$f(x_0)$ 不一定是最大的，更可能比一些极小值还要小. 在图 2.16 中极大值 $f(x_2)$ 比极小值 $f(x_6)$ 还小，就整个区间 $[a,b]$ 来说，极小值 $f(x_1)$ 同时也是最小值，没有一个极大值是最大值. 函数的极值不是唯一的，甚至在有限区间内也可能有无数个极值。比如函数 $\sin\dfrac{1}{x}$ 在 $(0,1)$ 内有无数多个极大值 1 和无数多个极小值 -1.

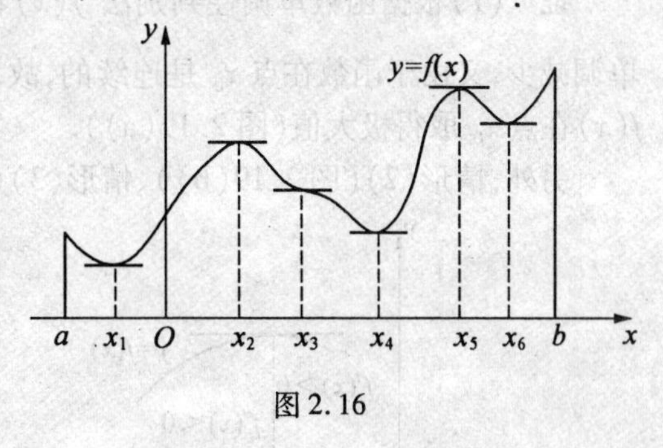

图 2.16

下面我们分析函数的极值点、驻点和导数不存在的点这三者之间的关系.

从图 2.16 中不难看出，在可导的极值点处存在一条平行于 x 轴的切线. 于是得到下面的结论：

定理 2.13（极值存在的必要条件）　设函数 $f(x)$ 在点 x_0 可导，且在点 x_0 处取得极值，那么 $f'(x_0)=0$.

定理 2.13 指出，可导的极值点都是驻点.

由例 2.76 可知，函数的极值点都在驻点和导数不存在的点处取得. 但反之却不一定. 如函数 $y=x^3$，$x=0$ 是其驻点却不是极值点（图 2.17）；又如函数 $y=\sqrt[3]{x}$，$x=0$ 是其导数不存在的点却不是极值点（图 2.18）. 因此，驻点和导数不存在的点只是可能的极值点，下面两个充分条件可以帮助我们从这两类点中"筛选"出极值点.

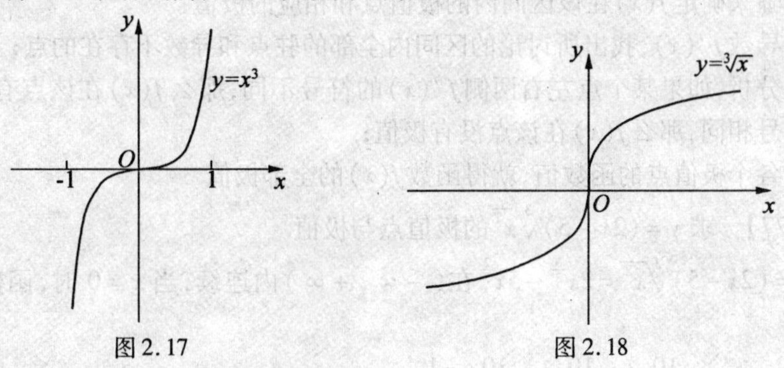

图 2.17　　　　图 2.18

定理 2.14（判别极值的第一充分条件）　设 $f(x)$ 在点 x_0 连续，且在 x_0 的 δ 去心邻域 $\mathring{U}(x_0,\delta)$ 内可导.

(1) 若 $x\in(x_0-\delta,x_0)$ 时，$f'(x)>0$，$x\in(x_0,x_0+\delta)$ 时，$f'(x)<0$，则 $f(x)$ 在点 x_0 取得极大值；

(2)若 $x\in(x_0-\delta,x_0)$ 时，$f'(x)<0$，$x\in(x_0,x_0+\delta)$ 时，$f'(x)>0$，则 $f(x)$ 在点 x_0 取得极小值；

(3)若对一切 $x\in\mathring{U}(x_0,\delta)$ 都有 $f'(x)>0$(或 $f'(x)<0$)，则 $f(x)$ 在点 x_0 没有极值.

证　(1)根据函数单调性判别法，$f(x)$ 在 $(x_0-\delta,x_0)$ 内单调增加，而在 $(x_0,x_0+\delta)$ 上单调减少，又由于函数在点 x_0 是连续的，故对任一 $x\in\mathring{U}(x_0,\delta)$，总有 $f(x)<f(x_0)$. 所以 $f(x)$ 在点 x_0 取得极大值(图 2.19(a)).

另外，情形(2)(图 2.19(b))、情形(3)(图 2.19(c)、(d))可以类似证明.

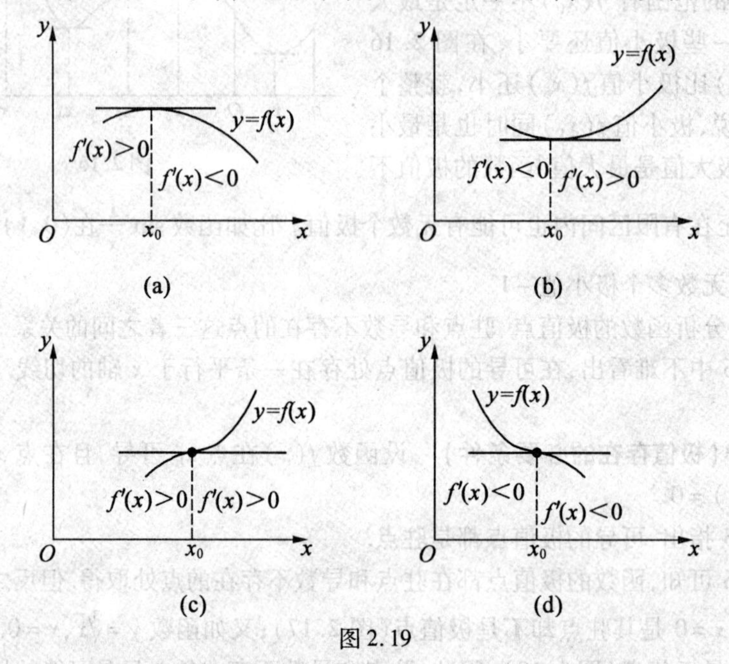

图 2.19

根据上面两个定理，如果函数 $f(x)$ 在所讨论的区间内连续，除有限个点外可导，那么就按以下步骤来确定 $f(x)$ 在该区间内的极值点和相应的极值：

①求出导数 $f'(x)$，找出所讨论的区间内全部的驻点和导数不存在的点；

②列表分析，如果某个点左右两侧 $f'(x)$ 的符号不同，那么 $f(x)$ 在该点有极值；如果左右两侧符号相同，那么 $f(x)$ 在该点没有极值；

③求出各个极值点的函数值，就得函数 $f(x)$ 的全部极值.

【例 2.77】　求 $y=(2x-5)\sqrt[3]{x^2}$ 的极值点与极值.

解　$y=(2x-5)\sqrt[3]{x^2}=2x^{\frac{5}{3}}-5x^{\frac{2}{3}}$ 在 $(-\infty,+\infty)$ 内连续，当 $x=0$ 时，函数的导数不存在；

当 $x\neq0$ 时，$y'=\frac{10}{3}x^{\frac{2}{3}}-\frac{10}{3}x^{\frac{1}{3}}=\frac{10x-1}{3\sqrt[3]{x}}$. 令 $y'=0$，得驻点 $x=1$.

列表讨论，见表 2.2.

表2.2

x	$(-\infty,0)$	0	$(0,1)$	1	$(1,+\infty)$
y'	+	不存在	−	0	+
y	↗	0 极大值	↘	−3 极小值	↗

得函数$f(x)$的极大值点$x=0$,极大值$f(0)=0$;极小值点$x=1$,极小值$f(1)=-3$.

当函数$f(x)$二阶可导时,我们也往往利用二阶导数的符号来判断$f(x)$的驻点是否为极值点.

定理2.15(判别极值的第二充分条件) 设函数$f(x)$在点x_0具有二阶导数且$f'(x_0)=0,f''(x_0)\neq 0$,那么

(1)当$f''(x_0)<0$时,$f(x)$在x_0取得极大值;

(2)当$f''(x_0)>0$时,$f(x)$在x_0取得极小值.

证 由于

$$f''(x_0)=\lim_{x\to x_0}\frac{f'(x)-f'(x_0)}{x-x_0}<0,$$

及$f'(x_0)=0$,故有

$$\lim_{x\to x_0}\frac{f'(x)}{x-x_0}<0.$$

根据极限的局部保号性,存在$\delta>0$,使得当$x\in \mathring{U}(x_0,\delta)$时有

$$\frac{f'(x)}{x-x_0}<0,$$

于是当$x\in(x_0-\delta,x_0)$时,$f'(x)>0$,当$x\in(x_0,x_0+\delta)$时,$f'(x)<0$. 由定理2.13,$f(x)$在x_0取得极大值. (1)得证. (2)的情形可以类似证明.

注 定理2.15只是从所有驻点中判别极值点,如果函数还存在导数不存在的点,就只能使用定理2.14来进行判别. 另外,当$f''(x_0)=0$时也不能使用定理2.15,因为当$f'(x_0)=0,f''(x_0)=0$时,函数在x_0可能有极值,也可能没有极值. 如$y=-x^4$在$x=0$处有极大值,$y=x^4$在$x=0$处有极小值,$y=x^3$在$x=0$处没有极值. 因此当$f'(x_0)=0,f''(x_0)=0$时也要用定理2.14来判别.

【例2.78】 求函数$y=(x^2-1)^3+1$的极值.

解 $y'=6x(x^2-1)^2$,令$y'=0$,得驻点$x_1=-1,x_2=0,x_3=1$.

$$y''=6(x^2-1)(5x^2-1),$$

因$f''(0)=6>0$,故$f(x)$在$x=0$处取得极小值,极小值为$f(0)=0$.

因$f''(-1)=f''(1)=0$,故用定理2.15无法判别. 列表分析,见表2.3.

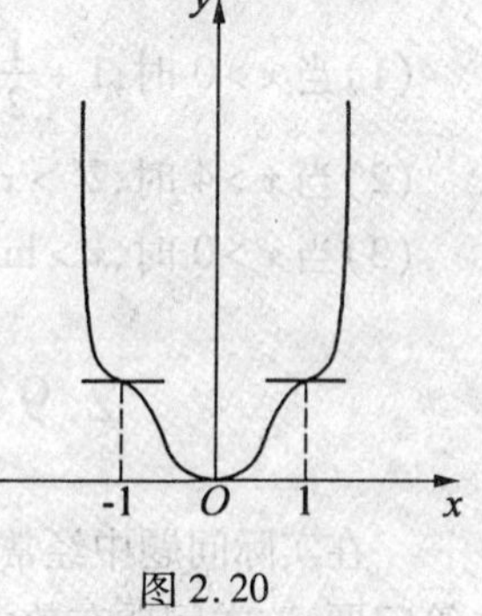

图2.20

表2.3

x	$(-\infty,-1)$	−1	$(-1,1)$	1	$(1,+\infty)$
y'	−	0	−	0	−
y	↘		↘		↘

因此,函数在 $x=-1$ 和 $x=1$ 处没有极值(图 2.20).

【例 2.79】　试问 a 为何值时,函数 $f(x)=a\sin x+\frac{1}{3}\sin 3x$ 在 $x=\frac{\pi}{3}$ 处取得极值?它是极大值还是极小值?求此极值.

解　函数 $f(x)=a\sin x+\frac{1}{3}\sin 3x$ 在 $(-\infty,+\infty)$ 可导,且 $f'(x)=a\cos x+\cos 3x$.

由函数在 $x=\frac{\pi}{3}$ 处取得极值知 $f'\left(\frac{\pi}{3}\right)=0$,从而有 $\frac{a}{2}-1=0$,即 $a=2$.

当 $a=2$ 时,$f''(x)=-2\sin x-3\sin 3x$,且 $f''\left(\frac{\pi}{3}\right)=-\sqrt{3}<0$.

所以 $f(x)=2\sin x+\frac{1}{3}\sin 3x$ 在 $x=\frac{\pi}{3}$ 处取得极大值,且极大值 $f\left(\frac{\pi}{3}\right)=\sqrt{3}$.

习题 2.8

1. 判定函数 $y=\arctan x-x$ 的单调性.
2. 确定下列函数的单调区间:

(1) $y=2x^2-13x-7$;　　(2) $y=2x+\frac{8}{x}$;

(3) $y=\frac{x}{1+x^2}$;　　(4) $y=(x^2-2x)e^x$.

3. 求下列函数的极值:

(1) $y=x+\sqrt{1-x}$;　　(2) $y=x-\ln(1+x)$;

(3) $y=e^x\cos x$;　　(4) $y=x^{\frac{1}{x}}$.

4. 证明下列不等式:

(1) 当 $x>0$ 时,$1+\frac{1}{2}x>\sqrt{1+x}$;

(2) 当 $x>4$ 时,$2^x>x^2$;

(3) 当 $x>0$ 时,$x>\ln(1+x)$.

2.9　最大值与最小值及其应用问题

在实际问题中经常遇到需要解决在一定条件下的最大、最小、最远、最近、最好、最优等问题,这类问题在数学上常可以归结为求函数在给定区间上的最大值或最小值问题,这里统称为最值问题.

首先比较一下函数极值和最值的概念,通过定义可以发现:

(1) 函数的极值概念是局部性的,而最值是函数的整体特征.

(2) 极值点都在区间内部取得,而最值点还可以取到端点.

(3) 当连续函数有唯一的极值点时,极值点就是最值点;当最值点在区间内部时,最值点也是极值点.

本节将分两种情形来讨论最值问题.

一、闭区间上连续函数的最值

根据闭区间上连续函数的性质,若函数 $f(x)$ 在 $[a,b]$ 上连续,则 $f(x)$ 在 $[a,b]$ 上必取得最大值和最小值.

若函数 $f(x)$ 在 $[a,b]$ 上连续,且在开区间 (a,b) 内只有有限个驻点和导数不存在的点,设其为 $x_1,x_2,\cdots,x_k$,那么函数 $f(x)$ 在 $[a,b]$ 上的最大值为

$$\max_{x\in[a,b]}\{f(a),f(x_1),\cdots,f(x_k),f(b)\};$$

最小值为

$$\min_{x\in[a,b]}\{f(a),f(x_1),\cdots,f(x_k),f(b)\}.$$

【例 2.80】　求函数 $f(x)=x^3-3x^2-9x+5$ 在 $[-2,4]$ 上的最大值与最小值.

解

$$f'(x)=3x^2-6x-9,$$

令 $f'(x)=0$,得驻点 $x_1=-1,x_2=3$,计算

$$f(-1)=10,\quad f(3)=-22,\quad f(-2)=3,\quad f(4)=-15,$$

可知 $f(x)$ 在 $x=-1$ 取得最大值 10,在 $x=3$ 取得最小值 -22.

【例 2.81】　设 $f(x)=xe^x$,求它在定义域上的最大值和最小值.

解　$f(x)$ 在定义域 $(-\infty,+\infty)$ 连续可导,且 $f'(x)=(x+1)e^x$,令 $f'(x)=0$,得驻点 $x=-1$.

当 $x\in(-\infty,-1)$ 时,$f'(x)<0$;当 $x\in(-1,+\infty)$ 时,$f'(x)>0$.故 $x=-1$ 为极小值点.因此 $f(-1)=-e^{-1}$ 为 $f(x)$ 的最小值,$f(x)$ 无最大值.

【例 2.82】　求数列 $\{\sqrt[n]{n}\}$ 的最大项.

解　设 $f(x)=x^{\frac{1}{x}}(x>0)$,则 $f'(x)=x^{\frac{1}{x}}\dfrac{1-\ln x}{x^2}$.

令 $f'(x)=0$,得 $x=e(\approx 2.718\ 28)$.

当 $x\in(0,e)$ 时 $f'(x)>0$;当 $x\in(e,+\infty)$ 时 $f'(x)<0$,所以 $f(x)$ 在 $x=e$ 时取得极大值.由于 $x=e$ 是唯一的驻点,故 $f(e)=e^{\frac{1}{e}}$ 为 $f(x)$ 在 $(0,+\infty)$ 内的最大值.

直接比较 $\sqrt{2}$ 与 $\sqrt[3]{3}$ 有 $\sqrt{2}<\sqrt[3]{3}$,从而推知 $\sqrt[3]{3}$ 是数列 $\{\sqrt[n]{n}\}$ 的最大项.

二、实际问题中的最值

如果遇到实际应用中的最大值或最小值问题,则首先应建立起目标函数(即欲求其最值的那个函数),并确定其定义区间,将它转化为函数的最值问题.特别地,如果根据实际问题断定目标函数确有最大值(或最小值),且在定义区间内部取得,则当目标函数有唯一的驻点或不可导点 x_0 时,$f(x_0)$ 必为所求的最大值(或最小值).

【例 2.83】　欲围一个面积为 150 m^2 的矩形场地,所用材料的造价其正面是每平方米6 元/m^2,其余三面是 3 元/m^2.问场地的长、宽为多少米时,才能使所用材料费最少?

解　设所围矩形场地正面长为 x m,另一边长为 y m,四面围墙高为 h m,则四面围墙

所使用材料的费用$f(x)$为

$$f(x)=6xh+3(2yh)+3xh=9h\left(x+\frac{100}{x}\right),x\in(0,+\infty)$$

令$f'(x)=9h\left(1-\frac{100}{x^2}\right)=0$,可得唯一驻点$x=10$.

根据问题的实际意义,材料费的最小值一定存在,而且在$(0,+\infty)$内取得,又因为该区间内只有唯一的驻点,因此$x=10$是最小值点,即正面长为10 m,侧面长为15 m时,所用材料费最少.

【例2.84】 某商店每天向工厂按出厂价每件3元购进一批商品.若零售价定为每件4元,估计销售量为400件,且单件售价每降低0.05元,可多销售40件.问从工厂购进多少件,每件售价定为多少时可获得最大利润?最大利润是多少?

解 设购进x件,售价为y元/件,则利润函数为

$$L=x(y-3),x\in(0,3\,600)$$

假定售后没有存货,由题设有

$$x-400=\frac{4-y}{0.05}40,$$

即
$$x=3\,600-800y.$$

所以
$$L=x(y-3)=(3\,600-800y)(y-3)=-800y^2+6\,000y-10\,800.$$
$$L'=-1\,600y+6\,000.$$

令$L'=0$,得$y=3.75$.当$y=3.75$时,$x=600$,$L=450$.

由于利润的最大值一定在$(0,3\,600)$内取得,并且该区间内只有唯一的驻点,因此,当共购进600件,每件定价为3.75元时,可获得最大利润450元.

【例2.85】 把一根直径为d的圆木锯成截面为矩形的梁(图2.21).问矩形截面的高h和宽b应如何选择才能使梁的抗弯截面模量最大?

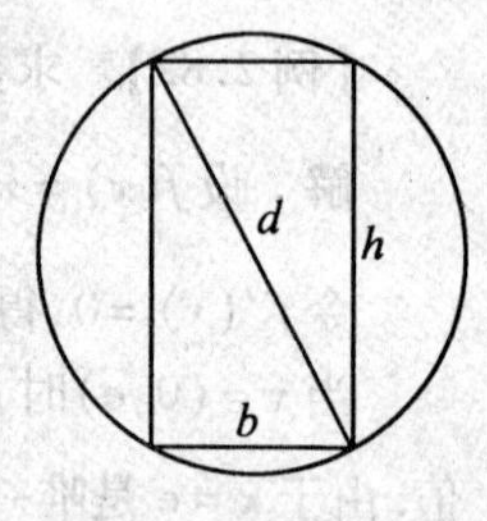

图2.21

解 由力学分析知道:矩形梁的抗弯截面模量为

$$W=\frac{1}{6}bh^2.$$

由图看出h与b的关系:$h^2=d^2-b^2$,因而$W=\frac{1}{6}(d^2b-b^3)\ b\in(0,d)$.求$W$对$b$的导数:$W'=\frac{1}{6}(d^2-3b^2)$.令$W'=0$,得$b=\sqrt{\frac{1}{3}}d$.由于梁的最大抗弯截面模量一定在$(0,d)$内取得,而该区间内只有唯一的驻点,所以当$b=\sqrt{\frac{1}{3}}d$时,$W$的值最大,这时,$h^2=d^2-b^2=d^2-\frac{1}{3}d^2=\frac{2}{3}d^2$,即$h=\sqrt{\frac{2}{3}}d$.

$$d:h:b=\sqrt{3}:\sqrt{2}:1$$

【例2.86】 注入人体血液的麻醉药浓度随注入时间的长短而变.据临床观测,某麻醉药在某人血液中的浓度C(mg)与时间t(s)的函数关系为$C(t)=0.294\,83t+0.042\,53t^2$

$-0.000\,35t^3$. 大夫为这位患者做手术，这种麻醉药从注入人体开始，过多长时间其血液含该麻醉药的浓度最大？

解　该问题就是要求出函数 $C(t)$ 当 $t>0$ 时的最大值. 为此令 $C'(t)=0.294\,83+0.085\,06t-0.001\,05t^2=0$，得 $t_0=84.34$. 又因为 $C''(t_0)=0.085\,06-0.177\,11<0$，所以当麻醉药注入人体 84.34s 时，其血液里麻醉药的浓度最大.

习题 2.9

1. 求下列函数在给定区间上的最大值和最小值：

   (1) $y=x^4-2x^2+5, x\in[-2,2]$；

   (2) $y=2x^2-\ln x, x\in\left[\frac{1}{3},3\right]$.

2. 求 $y=x^2-\dfrac{54}{x}$ 在 $(-\infty,0)$ 上的最值.

3. 将一个边长为 48 cm 的正方形铁皮四角各截去相同的小正方形，把四边折起来做成一个无盖的盒子，问截去的小正方形的边长为多少时，盒子的容积最大？

4. 要造一体积为 V 的圆柱形的油罐，问底半径 r 和高 h 各等于多少时，才能使表面积最小？

5. 设有质量为 5 kg 的物体，置于水平面上，受力 F 的作用而开始移动（图 2.22），设摩擦系数 $\mu=0.25$，问力与水平线的交角 α 为多少时，才可使力的大小为最小？

6. 从一块半径为 R 的圆铁片上挖去一个扇形做成一个漏斗（图 2.23）. 问留下的扇形的中心角 φ 取多大时，做成的漏斗的容积最大？

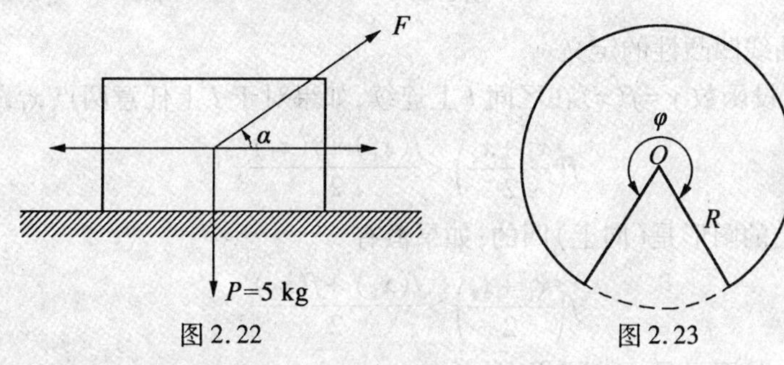

图 2.22　　　　图 2.23

7. 已知某厂生产 Q 件产品的成本为

$$C=25\,000+2\,000Q+\frac{1}{40}Q^2\text{（元）}.$$

问：(1) 要是平均成本最小，应生产多少件产品？

(2) 若产品以每件 5 000 元售出，要是利润最大，应生产多少件产品？

8. 一房地产公司有 50 套公寓要出租. 当月租金定为 1 000 元时，公寓会全部租出去. 当月租金每增加 50 元时，就会多一套公寓租不出去，而租出去的公寓每月需花费 100 元的维修费. 问房租定为多少时可获得最大收入？

2.10　曲线的凹凸性、拐点及渐近线

上面已经讨论了函数的极值，这对了解函数图形形态有很大作用，为了更精确地掌握函数图形形态，下面讨论函数图形的凹凸性。

一、曲线的凹凸性、拐点

前两节对函数的单调性、极值、最值进行了讨论，但这还不能准确描述函数的变化. 图2.24是两个单调增加的可导函数的图形，虽然从左到右曲线都在上升，但它们的弯曲方向却不同. 曲线的这种性质就是凹凸性.

从几何直观上看，在图2.25中，任取两点 x_1,x_2，连接这两点的弦总位于这两点间弧段的上方；而图2.26中，连接这两点的弦总位于这两点间弧段的下方.

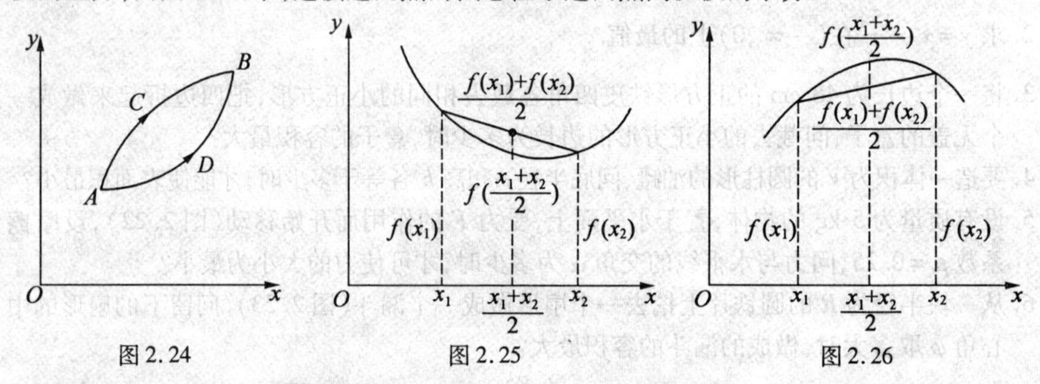

图2.24　　　　图2.25　　　　图2.26

下面给出曲线凹凸性的定义.

定义2.8　设函数 $y=f(x)$ 在区间 I 上连续，如果对于 I 上任意两点 x_1,x_2 恒有

$$f\left(\frac{x_1+x_2}{2}\right)<\frac{f(x_1)+f(x_2)}{2},$$

则称 $f(x)$ 在 I 上的图形是(向上)凹的；如果恒有

$$f\left(\frac{x_1+x_2}{2}\right)>\frac{f(x_1)+f(x_2)}{2},$$

则称 $f(x)$ 在 I 上的图形是(向上)凸的.

直接利用定义来判定函数的凸凹性是比较困难的. 从图上可以看出，凹的曲线的斜率 $\tan\alpha=f'(x)$（其中 α 为切线的倾角）随着 x 的增大而增大，即 $f'(x)$ 为单增函数；凸的曲线斜率 $f'(x)$ 随着 x 的增大而减小，即 $f'(x)$ 为单减函数. 又由于函数 $f'(x)$ 的单调性可由二阶导数 $f''(x)$ 来判定，因此有下述定理.

定理2.16　设函数 $f(x)$ 在 $[a,b]$ 上连续，在 (a,b) 内二阶可导，那么

(1)若对任一 $x\in(a,b)$ 有 $f''(x)>0$，则 $f(x)$ 在 $[a,b]$ 上的图形是凹的；

(2)若对任一 $x\in(a,b)$ 有 $f''(x)<0$，则 $f(x)$ 在 $[a,b]$ 上的图形是凸的.

定理中的闭区间 $[a,b]$ 换成其他区间(包括无穷区间)，结论亦成立. 如曲线 $y=\mathrm{e}^x$ 在 $(-\infty,+\infty)$ 上是凹的；另外定理的条件可适当放宽. 如果 $f''(x)$ 在某区间内的有限个点

处为零,在其余各点处均为正(或负)时,定理结论依然成立. 如曲线 $y=x^4$ 在 $x=0$ 处有 $f''(x)=0$,但它在 $(-\infty,+\infty)$ 上是凹的.

【例2.87】 讨论高斯曲线 $y=e^{-x^2}$ 的凹凸性.

解 $y'=-2xe^{-x^2}$, $y''=2(2x^2-1)e^{-x^2}$.

当 $2x^2-1>0$,即当 $x>\frac{1}{\sqrt{2}}$ 或 $x<-\frac{1}{\sqrt{2}}$ 时 $y''>0$;

当 $2x^2-1<0$,即当 $-\frac{1}{\sqrt{2}}<x<\frac{1}{\sqrt{2}}$ 时 $y''<0$.

因此在区间 $\left(-\infty,-\frac{1}{\sqrt{2}}\right]$ 与 $\left[\frac{1}{\sqrt{2}},+\infty\right)$ 上曲线是凹的,在区间 $\left[-\frac{1}{\sqrt{2}},\frac{1}{\sqrt{2}}\right]$ 上曲线是凸的.

利用曲线的凹凸性,可以证明一些不等式.

【例2.88】 已知 $x>0,y>0,x\neq y$,证明 $x\ln x+y\ln y>(x+y)\ln\frac{x+y}{2}$.

证 设 $f(u)=u\ln u(u>0)$,因为 $f'(u)=1+\ln u$, $f''(u)=\frac{1}{u}>0$,故曲线 $f(u)$ 在以 x,y 为端点的闭区间上是凹的,于是 $\frac{x\ln x+y\ln y}{2}>\frac{x+y}{2}\ln\frac{x+y}{2}$,得证.

定义2.9 设函数 $f(x)$ 在点 x_0 的某邻域内有定义,若曲线 $y=f(x)$ 在点 $(x_0,f(x_0))$ 的左右两侧凹凸性不同,则称点 $(x_0,f(x_0))$ 为该曲线的拐点.

根据例2.87的讨论,点 $\left(-\frac{1}{\sqrt{2}},\frac{1}{\sqrt{e}}\right)$ 与 $\left(\frac{1}{\sqrt{2}},\frac{1}{\sqrt{e}}\right)$ 都是高斯曲线 $y=e^{-x^2}$ 的拐点.

拐点一定是令 $f''(x)=0$ 的点或 $f''(x)$ 不存在的点,因此可以用以下步骤判断曲线的凹凸性和拐点:

(1)求 $f''(x)$,找出区间 I 内令 $f''(x)=0$ 和 $f''(x)$ 不存在的点,用这些点将区间 I 分成若干子区间;

(2)列表分析,判断 $f''(x)$ 在各个子区间上的符号,确定凹凸性;

(3)如果 $f''(x)$ 在某个点左右两侧邻近的符号不同,那么该点就是函数曲线的拐点. 反之该点就不是拐点.

【例2.89】 求曲线 $y=x^{\frac{1}{3}}$ 的凹凸区间及拐点.

解 $y=x^{\frac{1}{3}}$ 在 $(-\infty,+\infty)$ 内连续. 当 $x\neq0$ 时, $y'=\frac{1}{3}x^{-\frac{2}{3}}$, $y''=-\frac{2}{9}x^{-\frac{5}{3}}$.

当 $x=0$ 时, y' 和 y'' 都不存在. y'' 没有零点. $x=0$ 将 $(-\infty,+\infty)$ 分成两个子区间.

列表分析(∪表示凹,∩表示凸),见表2.4.

表2.4

x	$(-\infty,0)$	0	$(0,+\infty)$
y''	+	不存在	−
y	∪	拐点(0,0)	∩

可见,曲线在$(-\infty,0)$内是凹的,在$(0,+\infty)$内是凸的,$(0,0)$是曲线的拐点.(图2.17)

由例2.87、例2.89可以看出,曲线的拐点都在$f''(x)=0$和$f''(x)$不存在的点处取得,但反之却不一定. 如函数$y=x^3$,$x=0$是其驻点却不是极值点(图2.16);又如函数$y=\sqrt[3]{x}$,$x=0$是其导数不存在的点却不是极值点(图2.17).因此,驻点和导数不存在的点只是可能的极值点.

二、曲线的渐近线

当函数$y=f(x)$的定义域或值域含有无穷区间时,要在有限的平面上作出它的图形就必须指出x趋于无穷时或y趋于无穷时曲线的趋势,因此有必要讨论$y=f(x)$的渐近线.

1. 水平渐近线

定义2.10　设函数$y=f(x)$的定义域为无限区间,如果$\lim\limits_{\substack{x\to+\infty\\(x\to-\infty)}} f(x)=A$,则称直线$y=A$为曲线$y=f(x)$的一条水平渐近线.

例如,曲线$y=\arctan x$,因为$\lim\limits_{x\to+\infty}\arctan x=\dfrac{\pi}{2}$,$\lim\limits_{x\to-\infty}\arctan x=-\dfrac{\pi}{2}$,所以曲线$y=\arctan x$有水平渐近线$y=\dfrac{\pi}{2}$和$y=-\dfrac{\pi}{2}$.又如曲线$y=\mathrm{e}^x$,因为$\lim\limits_{x\to-\infty}\mathrm{e}^x=0$,所以$x$轴是曲线$y=\mathrm{e}^x$的水平渐近线.

2. 垂直渐近线

定义2.11　如果$\lim\limits_{\substack{x\to x_0^+\\(x\to x_0^-)}} f(x)=\infty$,则称直线$x=x_0$为曲线$y=f(x)$的垂直渐近线.

从定义上可以看出$x=x_0$是函数$y=f(x)$的无穷间断点.

【例2.90】　求曲线$y=\dfrac{2}{x^2-2x-3}$的垂直渐近线.

解　因为$y=\dfrac{2}{x^2-2x-3}=\dfrac{2}{(x-3)(x+1)}$有两个间断点$x_1=3$和$x_2=-1$.

又$\lim\limits_{x\to3}\dfrac{2}{(x-3)(x+1)}=\infty$,$\lim\limits_{x\to-1}\dfrac{2}{(x-3)(x+1)}=\infty$,所以曲线有垂直渐近线$x=3$和$x=-1$.

3. 斜渐近线

定义2.12　设函数$y=f(x)$的定义域为无限区间,如果$\lim\limits_{\substack{x\to+\infty\\(x\to-\infty)}}[f(x)-(kx+b)]=0$,其中$k\neq0$,则称直线$y=kx+b$是曲线$y=f(x)$的斜渐近线.

$$\lim_{\substack{x\to+\infty\\(x\to-\infty)}}[f(x)-(kx+b)]=0 \text{ 等价于 } \lim_{\substack{x\to+\infty\\(x\to-\infty)}}\frac{f(x)}{x}=k,\ \lim_{\substack{x\to+\infty\\(x\to-\infty)}}[f(x)-kx]=b.$$

【例2.91】　求下列曲线的渐近线:

(1)$y=\sqrt{x^2-x+1}$;　　　　(2)$y=\dfrac{\ln(1+x)}{x}$.

解　(1)$y=\sqrt{x^2-x+1}$的定义域为$(-\infty,+\infty)$,且

$$k_1=\lim_{x\to+\infty}\frac{\sqrt{x^2-x+1}}{x}=1,k_2=\lim_{x\to-\infty}\frac{\sqrt{x^2-x+1}}{x}=-1,$$

$$b_1=\lim_{x\to+\infty}(\sqrt{x^2-x+1}-x)=-\frac{1}{2},\ b_2=\lim_{x\to-\infty}(\sqrt{x^2-x+1}+x)=\frac{1}{2}.$$

所以$y=\sqrt{x^2-x+1}$在$x\to+\infty$时有斜渐近线$y=x-\frac{1}{2}$,在$x\to-\infty$时有斜渐近线$y=-x+\frac{1}{2}$(图2.27).

(2)$y=\frac{\ln(1+x)}{x}$的定义域是$(-1,0)\cup(0,+\infty)$.由于

$$\lim_{x\to+\infty}\frac{\ln(1+x)}{x}=0,\ \lim_{x\to-1^+}\frac{\ln(1+x)}{x}=+\infty$$

所以$y=\frac{\ln(1+x)}{x}$有水平渐近线$y=0$和垂直渐近线$x=-1$(图2.28).

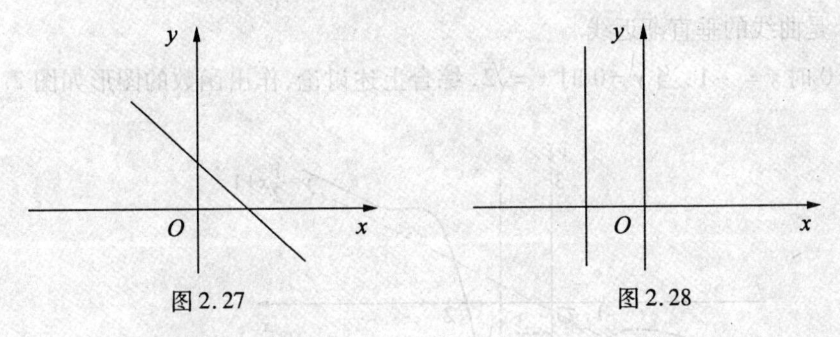

图2.27　　　　图2.28

三、函数图形的描绘

描绘函数图形的一般步骤是:

(1)确定函数的定义域,讨论函数的奇偶性与周期性;

(2)求出$f'(x)$和$f''(x)$的零点及不存在的点,用这些点将定义域分成若干子区间,列表讨论函数的单调性、极值点、凹凸性和拐点;

(3)确定曲线的渐近线;

(4)确定函数的某些特殊点,如与两坐标轴的交点等.根据上述讨论结果逐段描绘出函数的图形.

【例2.92】　描绘函数$y=\frac{x^3-2}{2(x-1)^2}$的图形.

解　(1)函数的定义域为$(-\infty,1)\cup(1,+\infty)$.函数非奇非偶,无周期性.

(2)$y'=\frac{(x-2)^2(x+1)}{2(x-1)^3},y''=\frac{3(x-2)}{(x-1)^4}$.

令$y'=0$,得$x_1=2,x_2=-1$;令$y''=0$,得$x_3=2$.

列表分析,见表2.5.

表 2.5

x	$(-\infty,-1)$	-1	$(-1,1)$	$(1,2)$	2	$(2,+\infty)$
y'	+	0	−	+	0	+
y''	−	−	−	−	0	+
y	↗	极大值 $-\frac{3}{8}$	↘	↗		↗
	∩	∩	∩	∩	拐点(2,3)	∪

(3)由于

$$\lim_{x\to\infty}\frac{y}{x}=\lim_{x\to\infty}\frac{x^3-2}{2x(x-1)^2}=\frac{1}{2},\ \lim_{x\to\infty}\left[\frac{x^3-2}{2(x-1)^2}-\frac{1}{2}x\right]=1,$$

故 $y=\frac{1}{2}x+1$ 是曲线的斜渐近线. 又因为

$$\lim_{x\to 1}\frac{x^3-2}{2(x-1)^2}=-\infty,$$

所以 $x=1$ 是曲线的垂直渐近线.

(4)当 $x=0$ 时 $y=-1$;当 $y=0$ 时 $x=\sqrt[3]{2}$. 综合上述讨论,作出函数的图形如图 2.29 所示.

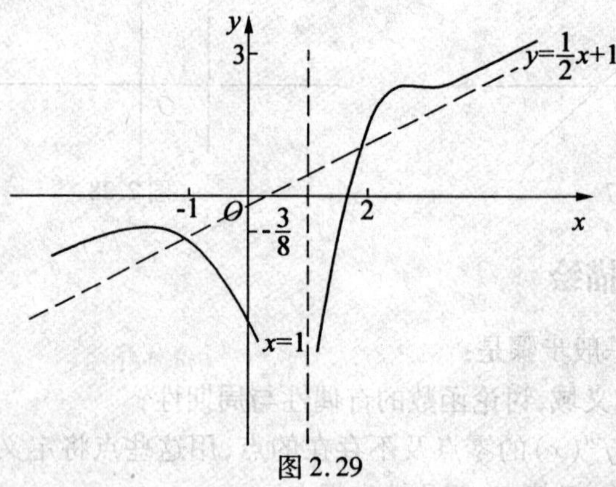

图 2.29

【例 2.93】 描绘函数 $y=\frac{1}{\sqrt{2\pi}}e^{-\frac{x^2}{2}}$ 的图形.

解　函数 $y=\frac{1}{\sqrt{2\pi}}e^{-\frac{x^2}{2}}$ 的定义域为 $(-\infty,+\infty)$. $y=\frac{1}{\sqrt{2\pi}}e^{-\frac{x^2}{2}}$ 是偶函数,因此只需讨论 $[0,+\infty)$ 上该函数的图形.

$$y'=\frac{1}{\sqrt{2\pi}}e^{-\frac{x^2}{2}}(-x)=-\frac{1}{\sqrt{2\pi}}xe^{-\frac{x^2}{2}},$$

$$y''=-\frac{1}{\sqrt{2\pi}}\left[e^{-\frac{x^2}{2}}+xe^{-\frac{x^2}{2}}(-x)\right]=\frac{1}{\sqrt{2\pi}}e^{-\frac{x^2}{2}}(x^2-1).$$

令 $y'=0$,得 $x_1=0$;令 $y''=0$,得 $x_2=1$.

列表分析,见表 2.6.

表 2.6

x	0	(0,1)	1	$(2,+\infty)$
y'	0	$-$	$-$	$-$
y''	$-$	$-$	0	$+$
y	极大值$\frac{1}{\sqrt{2\pi}}$	↘		↘
	$\cap$	$\cap$	拐点$\left(1,\frac{1}{\sqrt{2\pi e}}\right)$	$\cup$

由于 $\lim\limits_{x\to+\infty}f(x)=0$，所以图形有一条水平渐近线 $y=0$.

过 $M_1\left(0,\frac{1}{\sqrt{2\pi}}\right)$，$M_2\left(1,\frac{1}{\sqrt{2\pi e}}\right)$，$M_3\left(2,\frac{1}{\sqrt{2\pi e^2}}\right)$，结合上述讨论画出 $y=\frac{1}{\sqrt{2\pi}}e^{-\frac{x^2}{2}}$ 在 $[0,+\infty)$ 上的图形. 最后根据图形的对称性，得到函数在 $(-\infty,0]$ 上的图形（图 2.30）.

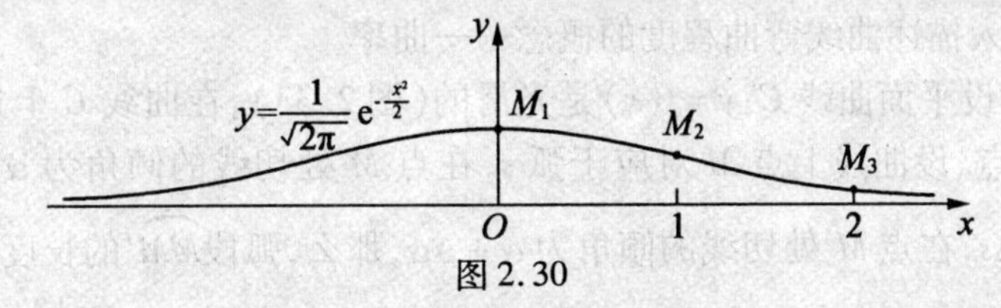

图 2.30

习题 2.10

1. 判定下列曲线的凹凸性：

(1) $y=4x-x^2$；　　(2) $y=x+\frac{1}{x}(x>0)$.

2. 求下列函数图形的拐点及凹凸区间：

(1) $y=xe^x$；　　(2) $y=\ln(1+x^2)$.

3. 利用函数的凹凸性证明不等式

$$\frac{e^x+e^y}{2}>e^{\frac{x+y}{2}}.$$

4. a,b 为何值时，点 (1,3) 为曲线 $y=ax^3+bx^2$ 的拐点.

5. 描述下列函数图形：

(1) $y=\frac{1}{5}(x^4-6x^2+8x+7)$；　　(2) $y=\frac{x}{1+x^2}$；

(3) $y=x^2+\frac{1}{x}$.

2.11　曲　　率

在工程技术中，有时需要研究曲线的弯曲程度. 例如，船体结构中的钢梁，机床的转轴等，它们在负荷作用下都要产生弯曲变形，在设计时对它们的弯曲必须有一定的限制，这就需要定量地研究它们的弯曲程度.

我们已经知道,函数的二阶导数的正负与函数图形的凹凸性有关,下面我们进一步指出,函数的一阶导数与二阶导数的绝对值可以决定曲线的弯曲程度。

一、曲率的概念

首先讨论如何用数量来描述曲线的弯曲程度.

在图 2.31 中可以看出弧段$\overset{\frown}{M_1M_2}$比较平直,当动点沿这段弧从 M_1 移动到 M_2 时,切线转过的角度 φ_1 不大,而弧段$\overset{\frown}{M_2M_3}$弯曲得比较厉害,角度就比较大.

在图 2.32 可以看出,两段曲线弧切线转过的角度是一样的,但弯曲程度并不同,短弧比长弧弯曲得更厉害. 可见,除了切线转过的角度的大小,曲线弧的弯曲程度还与弧段的长度有关.

下面我们引入描述曲线弯曲程度的概念——曲率.

定义 2.13 设平面曲线 $C:y=f(x)$ 是光滑的(图 2.33),在曲线 C 上选定一点 M_0 作为度量弧 s 的基点. 设曲线上点 M 对应于弧 s,在点 M 处切线的倾角为 α,曲线上另一点 M' 对应于弧 $s+\Delta s$,在点 M' 处切线的倾角为 $\alpha+\Delta\alpha$,那么,弧段$\overset{\frown}{MM'}$的长度为 $|\Delta s|$,当动点从 M 移动到 M' 时切线转过的角度为 $|\Delta\alpha|$. 称单位弧段上切线的转角$\dfrac{|\Delta\alpha|}{|\Delta s|}$为弧段$\overset{\frown}{MM'}$的平均曲率,记为$\overline{K}$. 当 $\Delta s\to 0$ 时,平均曲率的极限叫作曲线 C 在点 M 处的曲率,记为 K,在$\lim\limits_{\Delta s\to 0}\dfrac{\Delta\alpha}{\Delta s}=\dfrac{\mathrm{d}\alpha}{\mathrm{d}s}$存在的条件下有

$$K=\lim_{\Delta s\to 0}\left|\frac{\Delta\alpha}{\Delta s}\right|=\left|\frac{\mathrm{d}\alpha}{\mathrm{d}s}\right| \qquad ①$$

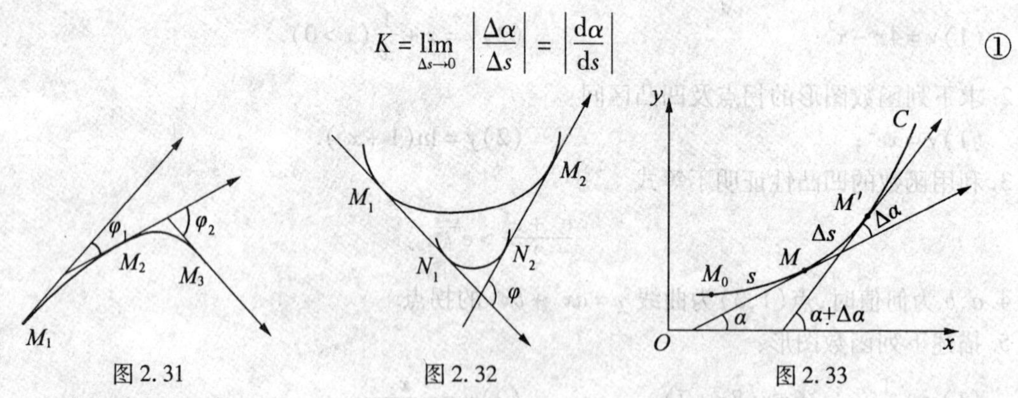

图 2.31　　图 2.32　　图 2.33

这表明曲线的曲率是曲线切线倾角对弧长的变化率的绝对值.

容易验证,对于直线来说,$\Delta\alpha=0$,从而 $K=0$(图 2.34).

对于半径为 a 的圆,$\Delta\alpha=\dfrac{\Delta s}{a}$,从而 $K=\dfrac{1}{a}$,可见圆上各点处的曲率都等于半径的倒数,因此半径越小的圆曲率越大(图 2.35).

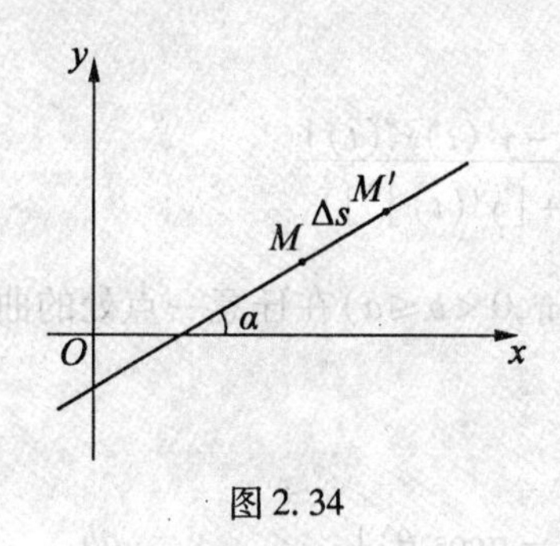

图 2.34

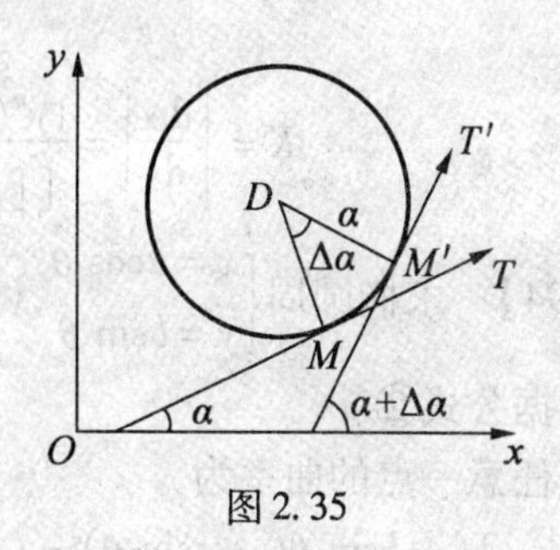

图 2.35

二、曲率的计算公式

为了求曲率,我们分别介绍切线倾角的微分 $\mathrm{d}\alpha$ 与弧微分 $\mathrm{d}s$ 的表达式.

设平面上给定一条曲线弧(图 2.36),它的参数方程为

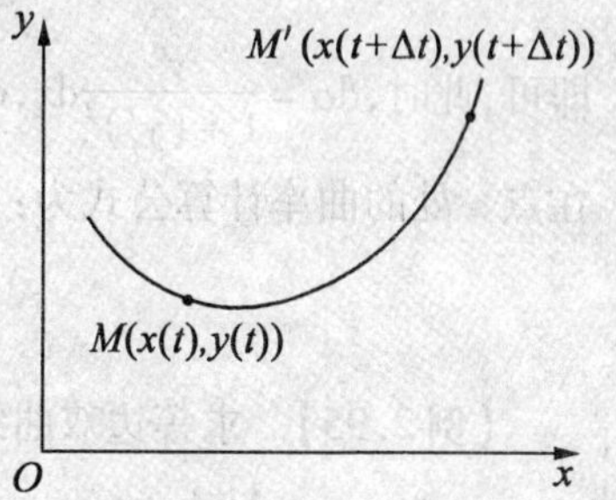

$$\begin{cases} x = x(t) \\ y = y(t) \end{cases},(\alpha \leqslant t \leqslant \beta),$$

其中 $x(t)$ 和 $y(t)$ 在 (α,β) 内有二阶导数。

图 2.36

首先计算切线倾角的微分 $\mathrm{d}\alpha$.

由导数定义知道,$\frac{\mathrm{d}y}{\mathrm{d}x} = \tan\alpha$,同时,根据参数方程确定的函数的导数公式可得 $\frac{\mathrm{d}y}{\mathrm{d}x} = \frac{y'(t)}{x'(t)}$,因此 $\alpha = \arctan\frac{y'(t)}{x'(t)}$.

所以

$$\frac{\mathrm{d}\alpha}{\mathrm{d}t} = \frac{1}{1+\left[\frac{y'(t)}{x'(t)}\right]^2} \cdot \frac{y''(t)x'(t) - y'(t)x''(t)}{[x'(t)]^2} = \frac{y''(t)x'(t) - y'(t)x''(t)}{[x'(t)]^2 + [y'(t)]^2}.$$

然后计算弧微分 $\mathrm{d}s$。

设 $(x(t),y(t))$ 为点 M,$(x(t+\Delta t),y(t+\Delta t))$ 为点 M'.

$$\Delta s = \overset{\frown}{MM'} \approx |MM'| = \sqrt{[x(t+\Delta t) - x(t)]^2 + [y(t+\Delta t) - y(t)]^2},$$

根据微分的定义,当 $|\Delta t|$ 很小时,

$$x(t+\Delta t) - x(t) \approx x'(t)\Delta t,$$
$$y(t+\Delta t) - y(t) \approx y'(t)\Delta t,$$

于是

$$\Delta s \approx \sqrt{[x'(x)\Delta t]^2 + [y'(t)\Delta t]^2} = \sqrt{[x'(t)]^2 + [y'(t)]^2}\,|\Delta t|,$$

当 $|\Delta t| \to 0$ 时,

$$\mathrm{d}s = \lim_{\Delta t\to 0}\Delta s \approx \lim_{\Delta t\to 0}\sqrt{[x'(t)]^2 + [y'(t)]^2}\,|\Delta t| = \sqrt{[x'(t)]^2 + [y'(t)]^2}\,\mathrm{d}t$$

把求得的 $\mathrm{d}\alpha$ 和 $\mathrm{d}s$ 代入公式①,得到曲线弧 $\begin{cases} x = x(t) \\ y = y(t) \end{cases},(\alpha \leqslant t \leqslant \beta)$ 在 t 处的曲率计算

公式为：

$$K=\left|\frac{\mathrm{d}\alpha}{\mathrm{d}s}\right|=\frac{|y''(t)x'(t)-y'(t)x''(t)|}{[[x'(t)]^2+[y'(t)]^2]^{\frac{3}{2}}}. \qquad ②$$

【例 2.94】　求椭圆周$\begin{cases}x=a\cos\theta\\ y=b\sin\theta\end{cases}$，$(0\leqslant\theta\leqslant2\pi,0<b\leqslant a)$在任意一点处的曲率.

解　根据公式②

椭圆上任意一点的曲率为

$$K=\left|\frac{\mathrm{d}\alpha}{\mathrm{d}s}\right|=\frac{|(-b\sin\theta(-a\sin\theta)-(b\cos\theta)(-a\cos\theta)|}{(a^2\sin^2\theta+b^2\cos^2\theta)^{\frac{3}{2}}}=\frac{ab}{[b^2+(a^2-b^2)\sin^2\theta]^{\frac{3}{2}}}.$$

当曲线不是由参数方程给出，而是由 $y=f(x)\ (a\leqslant x\leqslant b)$ 给出时只要看作$\begin{cases}x=x\\ y=y(x)\end{cases}$，即可，此时，$\mathrm{d}\alpha=\dfrac{y''}{1+(y')^2}\mathrm{d}x$，$\mathrm{d}s=\sqrt{1+(y')^2}\,\mathrm{d}x$. 这样可以得到曲线弧 $y=f(x)\ (a\leqslant x\leqslant b)$ 在点 x 处的曲率计算公式为：

$$K=\left|\frac{\mathrm{d}\alpha}{\mathrm{d}s}\right|=\frac{|y''|}{(1+y'^2)^{\frac{3}{2}}} \qquad ③$$

【例 2.95】　求等边双曲线 $xy=1$ 在点 $(1,1)$ 处的曲率.

解　由 $y=\dfrac{1}{x}$，得

$$y'=-\frac{1}{x^2}.$$

当 $x=1$ 时，$y'|_{x=1}=-1$，$y''|_{x=1}=2$.

代入公式③，得双曲线 $xy=1$ 在点 $(1,1)$ 处的曲率为 $K=\dfrac{2}{[1+(-1)^2]^{\frac{3}{2}}}=\dfrac{\sqrt{2}}{2}$.

三、曲率圆与曲率半径

定义 2.14　设曲线 $y=f(x)$ 在点 $M(x,y)$ 处的曲率为 $K(K\neq0)$. 在点 M 处的曲线的法线上，在凹的一侧取一点 D，使 $|DM|=\dfrac{1}{K}=\rho$. 以 D 为圆心，ρ 为半径作圆（图 2.37），这个圆叫作曲线在点 M 处的曲率圆，曲率圆的圆心 D 叫作曲线在点 M 处的曲率中心，曲率圆的半径 ρ 叫作曲线在点 M 处的曲率半径.

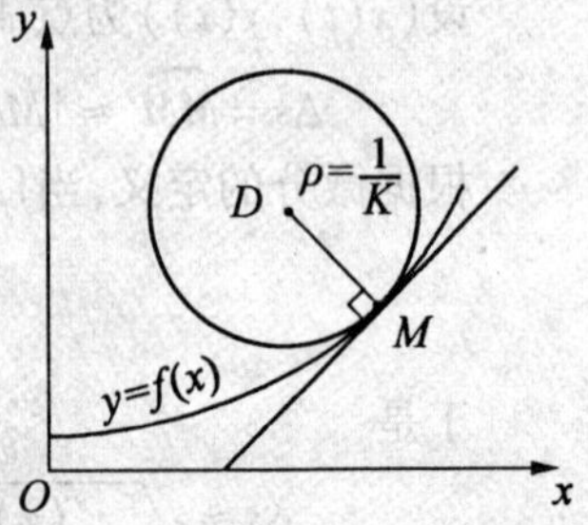

图 2.37

曲率圆与曲线在点 M 有相同的切线和曲率，且在点 M 邻近有相同的凹向. 因此，在实际问题中，常常用曲率圆在点 M 邻近的一段圆弧来近似代替曲线弧，以简化问题.

【例 2.96】　设工件内表面的截线为抛物线 $y=0.4x^2$（图 2.38），现在要用砂轮磨削其内表面，问用直径多大的砂轮比较合适？

解　为了不使工件磨去太多，砂轮半径应不大于抛物线上各点处曲率半径中的最小

值. 因为抛物线在其顶点处的曲率最大,即在其顶点处的曲率半径最小,所以下面求抛物线 $y=0.4x^2$ 在其顶点 $O(0,0)$ 处的曲率半径,由

$$y'=0.8x,y''=0.8,$$

有 $$y'|_{x=0}=0,y''|_{x=0}=0.8,$$

代入公式①,得 $$K=0.8.$$

因此抛物线顶点处的曲率半径

$$\rho=\frac{1}{K}=1.25.$$

故选用砂轮的半径不得超过 1.25 单位.

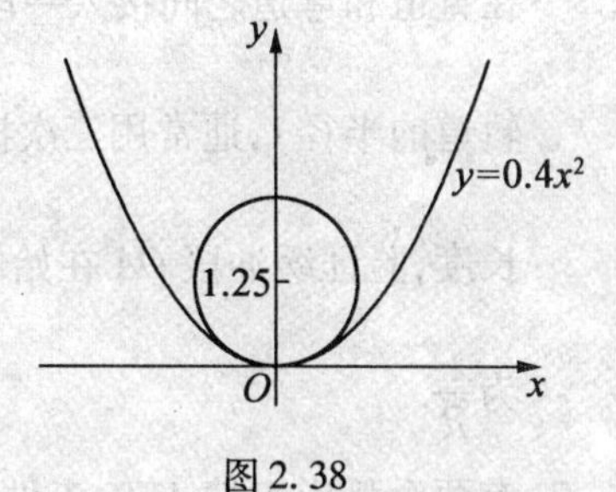

图 2.38

【例 2.97】　汽车连同载重共 5 t,在抛物线拱桥上行驶,速度为 21.6 km/h,桥的跨度为 10 m,拱的矢高为 0.25 m(图 2.39),求汽车越过桥顶时对桥的压力.

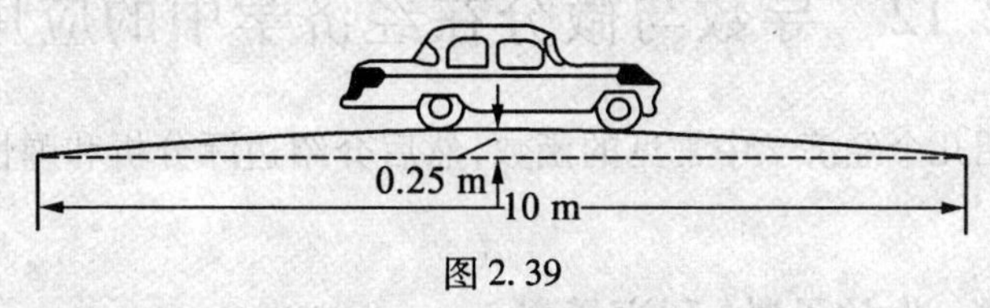

图 2.39

解　设立直角坐标系如图 2.39 所示,设抛物线拱桥方程为

$$y=ax^2$$

由于抛物线过点(5,0.25),代入方程得

$$a=\frac{0.25}{25}=0.01.$$

$$y'=2ax,y''=2a,$$

因此 $$y'|_{x=0},y''|_{x=0}=0.02,$$

$$\rho|_{x=0}=\frac{1}{K}\bigg|_{x=0}=\frac{(1+y'^2)^{\frac{3}{2}}}{|y''|}\bigg|_{x=0}=50.$$

汽车越过桥顶点时对桥的压力为

$$F=mg-\frac{mv^2}{\rho}=5\times10^3\times9.8-\frac{5\times10^3\times\left(\frac{21.6\times10^3}{3\ 600}\right)^2}{50}=45\ 400(\mathrm{N}).$$

习题 2.11

1. 求椭圆 $4x^2+y^2=4$ 在点(0,2)处的曲率.
2. 抛物线 $y=ax^2+bx+c$ 在哪一点处的曲率最大?
3. 曲线 $y=\ln x$ 上哪一点处的曲率半径最小? 并求出该点处的曲率半径.
4. 求曲线 $\begin{cases}x=a\cos^3t,\\y=a\sin^3t\end{cases}$ 在 $t=t_0$ 处的曲率.
5. 若某一桥梁的桥面设计为抛物线,其方程为 $y=x^2$,那么它在点(1,1)处的曲率是多少?

6. 铁轨由直道转入圆弧弯道时,若接头处的曲率突然改变,容易发生事故,为了安全,往往在直道和弯道之间接入一段缓冲段(图 2.39),使曲率连续地由零过渡到$\frac{1}{R}$(R 为圆弧轨道的半径),通常用三次抛物线 $y=\frac{1}{6Rl}x^3$, $x\in(0,x_0)$ 作为缓冲段 OA,其中 l 为 OA 的长度,验证缓冲段 OA 在始端 O 的曲率为零,并且当$\frac{l}{R}$很小时,在终端 A 处的曲率近似为$\frac{1}{R}$.
7. 有两个弧形工件 A, B,工件 A 满足曲线方程 $y=x^3$,工件 B 满足曲线方程 $y=x^2$,比较这两个工件在 $x=1$ 处的弯曲程度.

2.12 导数与微分在经济学中的应用

本节首先介绍几个经济学中常见的函数,然后介绍边际分析和弹性分析在经济学中的作用.

一、成本函数、收益函数、利润函数

1. 成本函数

在生产经营活动中,总成本是厂商在短期内为生产一定数量的产品对全部生产要素所支出的总费用,我们将它看作产量 Q 的函数,记为 $TC(Q)$. 一般情况下它由总固定成本(TFC)和总可变成本($TVC(Q)$)两部分组成,其中固定成本是厂商对不变生产要素所支出的总费用,如厂房、设备、管理费等. 显然,固定成本是一个常数,即使产量为零,固定成本也依然存在. 可变成本是厂商对可变生产要素所支出的总费用,如原材料、燃料动力、工人工资等. 可变成本是产量 Q 的单调增加函数.

平均总成本 $AC(Q)$:厂商在短期内平均每生产一单位产品所消耗的全部成本. 类似有平均固定成本(AFC)和平均可变成本($AVC(Q)$).

有定义式:

$$TC(Q)=TFC+TVC(Q);$$

$$AFC(Q)=\frac{TFC}{Q};$$

$$AFC(Q)=\frac{TVC(Q)}{Q};$$

$$AC(Q)=\frac{TC(Q)}{Q}=AFC(Q)+AVC(Q).$$

2. 收益函数

总收益(TR)指厂商按一定价格出售一定量产品时所获得的全部收入. 以 P 表示既定的市场价格,则 $TR(Q)=PQ$.

平均收益($AR(Q)$)指厂商在平均每一单位产品销售上所获得的收入,也是销售单位

商品的收益,即 $AR(Q)=\dfrac{TR(Q)}{Q}=P$.

3. 利润函数

总利润函数为总收益函数与总成本函数之差,即 $L(Q)=TR(Q)-TC(Q)$.

二、需求函数、供给函数

1. 需求函数

一种商品的需求是指消费者在一定时期内在各种可能的价格水平愿意而且能够购买的商品的数量.

所谓需求函数是用来表示一种商品的需求数量和影响该需求数量的各种因素之间的相互关系的.一种商品的需求数量是由许多因素共同决定的,其中主要因素有:该商品的价格、消费者的收入水平、相关商品的价格、消费者的偏好和消费者对该商品的价格预期等.在这里,由于一种商品的价格是决定需求量的最基本的因素,所以假定其他因素保持不变,仅仅分析价格 P 对需求量 Q_d 的影响,有定义 $Q_d=f_d(P)$,通常情况下,Q_d 是 P 的单调减少函数,其中最简单的是线性需求函数 $Q_d=a-bP$(a,b 为正常数).

2. 供给函数

一种商品的供给是指生产者在一定时期内在各种可能的价格下愿意而且能够提供出售的该种商品的数量.

与需求函数一样,为了简化问题,我们也假定其他因素保持不变,仅仅分析价格 P 对供给量 Q_s 的影响,有 $Q_s=f_s(P)$,通常情况下,Q_s 是 P 的单调增加函数,其中最简单的是线性供给函数 $Q_s=-c+dP$(c,d 为正常数).

使商品的市场供给量与需求量相等的价格称为该商品的均衡价格,记作 $\overline{P}$.

三、边际与边际分析

在经济学中,如果经济函数 $y=f(x)$ 在点 x_0 可导,则称 $f'(x_0)=\lim\limits_{\Delta x\to 0}\dfrac{\Delta y}{\Delta x}$ 为 $f(x)$ 在点 x_0 处的边际.

例如,总成本函数、总收益函数、总利润函数的导数分别称为边际成本 C'、边际收益 R'、边际利润 L'.

下面分析边际函数的经济含义:

因为

$$f(x_0+\Delta x)-f(x_0)=\Delta y\approx \mathrm{d}y=f'(x_0)\Delta x,$$

当 $\Delta x=1$ 时,

$$f'(x_0)\approx\Delta y=f(x_0+1)-f(x_0).$$

即边际的经济含义为:它近似表示当函数 $f(x)$ 的自变量在 x_0 增加一个单位时,函数值的相应增量.这里的 $f'(x_0)$ 可正可负,表明了经济函数随自变量变化的方向与速度.

【例2.98】 设生产某商品 x 个单位的成本函数为 $C(x)=100+6x+\dfrac{x^2}{4}$,求当 $x=10$

时的总成本、平均成本、边际成本,并解释边际成本的经济含义.

解　总成本为 $C(10)=185$,平均成本为

$$\overline{C}(10)=\frac{C(10)}{10}=18.5$$

边际成本为

$$C'(10)=(C'(x))\Big|_{x=10}=\left(6+\frac{x}{2}\right)\Big|_{x=10}=11.$$

$C'(10)$表示当产量为 10 个单位时,再生产一个单位产品的追加成本的近似值为 11(单位).

【例 2.99】　已知某产品的需求函数为 $P=10-\frac{Q}{5}$,成本函数为 $C=50+2Q$,求产量为多少时总利润最大?

解

$$R(Q)=P(Q)Q=10Q-\frac{Q^2}{5},$$

$$L(Q)=R(Q)-C(Q)=8Q-\frac{Q^2}{5}-50,$$

$$L'(Q)=R'(Q)-C'(Q)=8-\frac{2}{5}Q,$$

令 $L'(Q)=0$,得 $Q=20$,$L''(20)<0$,所以当 $Q=20$ 时,总利润 L 最大.

下面讨论最大利润原则:

$L(Q)$取得最大值的必要条件是:$L'(Q)=0$,即 $R'(Q)=C'(Q)$. 于是取得最大利润的必要条件是:边际收益等于边际成本.

$L(Q)$取得最大值的充分条件是:$L''(Q)<0$,即 $R''(Q)<C''(Q)$. 于是取得最大利润的充分条件是:边际收益的变化率小于边际成本的变化率.

四、弹性与弹性分析

前面所谈的函数的改变量和函数的变化率都是绝对改变量和绝对变化率,在实践中我们感到这种讨论还不够,例如,同样涨价 1 元,对于单价 10 元的商品,涨幅为 10%,对于单价 100 元的商品,涨幅为 1%,因此我们还要讨论相对改变量和相对变化率.

设函数 $y=f(x)$在 x_0 的某邻域有定义,Δx 和 Δy 分别为自变量与因变量的改变量,我们称$\frac{\Delta x}{x_0}$为自变量在 x_0 的相对改变量,$\frac{\Delta y}{y_0}$为因变量在 y_0 的相对改变量. 它们的比值$\frac{\Delta y/y_0}{\Delta x/x_0}=\frac{\Delta y}{\Delta x}\cdot\frac{x_0}{y_0}$为函数$f(x)$在区间$[x_0,x_0+\Delta x]$上的相对变化率,称为弧弹性. 若函数在点 x_0 可导,则称$\lim\limits_{\Delta x\to 0}\frac{\Delta y/y_0}{\Delta x/x_0}=\lim\limits_{\Delta x\to 0}\frac{\Delta y}{\Delta x}\frac{x_0}{y_0}=\frac{\mathrm{d}y}{\mathrm{d}x}\frac{x_0}{y_0}$为$f(x)$在点 x_0 处的点弹性,记为$\frac{Ey}{Ex}\Big|_{x=x_0}$.

如果两个经济变量之间存在着函数关系,就可用弹性来表示因变量对自变量的反应的敏感程度. 具体地说,它告诉我们当一个经济变量发生的变动时,由它引起的另一个经济变量变动的百分比. 利用弹性分析经济现象的方法称为弹性分析法.

如果函数 $y=f(x)$在某区间内可导,则称$\frac{Ey}{Ex}=\frac{\mathrm{d}y}{\mathrm{d}x}\frac{x}{y}$为$f(x)$在该区间上的弹性函数.

【例 2.100】 求下列函数的弹性函数:

(1) $y=e^{ax}$;(2) $y=kx^{\alpha}(k\neq 0,\alpha\in\mathbf{R})$.

解 (1) $\frac{Ey}{Ex}=\frac{dy}{dx}\frac{x}{y}=ae^{ax}\frac{x}{e^{ax}}=ax$;

(2) $\frac{Ey}{Ex}=\frac{dy}{dx}\frac{x}{y}=\alpha kx^{\alpha-1}\frac{x}{kx^{\alpha}}=\alpha$.

在经济学中作弹性分析时通常取弹性的绝对值,且

(1)若 $\left|\frac{Ey}{Ex}\right|>1$,则称函数 $y=f(x)$ 富有弹性(强弹性),即函数对自变量的变化反应的灵敏程度高;

(2)若 $\left|\frac{Ey}{Ex}\right|<1$,则称函数 $y=f(x)$ 缺乏弹性(低弹性),即函数对自变量的变化反应的灵敏程度低;

(3)若 $\left|\frac{Ey}{Ex}\right|=1$,则称函数 $y=f(x)$ 有单位弹性,即函数对自变量的变化的反应是同幅度的.

下面介绍需求弹性.

需求弹性是刻画当商品价格变动时需求变动的强弱,由于需求函数 $Q_d=f_d(P)$ 是单调减少函数,为了用正数表示需求弹性,采用需求函数相对变化率的相反数来定义.

某商品需求函数 $Q=f(P)$ 在 $P=P_0$ 处可导,称 $-\frac{\Delta Q/Q_0}{\Delta P/P_0}$ 为该商品在 P_0 与 $P_0+\Delta P$ 两点间的需求弹性,记作 $\bar{\eta}|_{(P_0,P_0+\Delta P)}$,称 $\lim\limits_{\Delta P\to 0}\left(-\frac{\Delta Q/Q_0}{\Delta P/P_0}\right)=f'(P_0)\cdot\frac{P_0}{f(P_0)}$ 为该商品在 $P=P_0$ 处的需求弹性,记为 $\eta|_{P=P_0}$.

【例 2.101】 已知某商品需求函数为 $Q=\frac{1\,200}{P}$,求:

(1)从 30 到 25 这两点间的需求弹性;

(2)30 处的需求弹性.

解 (1)

$$\frac{\Delta Q}{Q_0}=\frac{Q(25)-Q(30)}{Q(30)}=\frac{48-40}{40}=0.2,$$

$$\frac{\Delta P}{P_0}=\frac{25-30}{30}\approx -0.17,$$

$$\bar{\eta}|_{(30,25)}=\frac{0.2}{0.17}=1.2.$$

其经济意义为:当商品价格 P 从 30 降到 25 时,在(25,30)这个区间内,P 从 30 每降低 1%,需求从 40 平均增加 1.2%.

(2)

$$Q'=-\frac{1\,200}{P^2},\eta|_{P=30}=\frac{1\,200}{P^2}\frac{P}{\frac{1\,200}{P}}=1.$$

其经济意义为:当商品价格 P 为 30 时,价格增加 1%,需求则下降 1%;价格下降

1%，需求则增加1%.

因为弹性不含度量单位，不同类型不同度量单位下的商品均可相互比较该属性，因此弹性分析法具有广泛应用.

习题 2.12

1. 生产 x 单位某产品的总成本 C 为 x 的函数：

$$C=C(x)=1\,100+\frac{1}{1\,200}x^2$$

求：(1)生产900单位时的总成本和平均单位成本；

(2)生产900单位到1 000单位时总成本的平均变化率；

(3)生产900单位和1 000单位时的边际成本，并解释边际成本的经济含义.

2. 某厂每批生产某种商品 x 单位的费用为

$$C(x)=5x+200$$

得到的收益是

$$R(x)=10x-0.01x^2$$

问每批生产多少单位时才能使利润最大？

3. 求下列初等函数的边际函数和弹性（其中 $a,b\in\mathbf{R},a\neq0$）.

(1) $y=ax+b$；　　(2) $y=a\mathrm{e}^{bx}$；

(3) $y=x^a$.

4. 设某种商品的需求弹性为0.8，则当价格分别提高10%、20%时，需求量将如何变化？

总习题二

1. 选择题

(1)下列条件中，当 $\Delta x\to0$ 时，使 $f(x)$ 在点 $x=x_0$ 处不可导的条件是　（　　）

A. Δy 与 Δx 是等价无穷小量　　B. Δy 与 Δx 是同阶无穷小量

C. Δy 是比 Δx 较高阶的无穷小量　　D. Δy 是比 Δx 较低阶的无穷小量

(2)曲线 $y=x^2+2x-3$ 上切线斜率为6的点是　（　　）

A. $(1,0)$　　B. $(-3,0)$

C. $(2,5)$　　D. $(-2,-3)$

(3)若曲线 $y=x^2+ax+b$ 和 $y=x^3+x$ 在点 $(1,2)$ 处相切（其中 a,b 是常数），则 a,b 的值是　（　　）

A. $a=2,b=-1$　　B. $a=1,b=-3$

C. $a=0,b=-2$　　D. $a=-3,b=1$

(4)下列结论错误的是　（　　）

A. 如果函数 $f(x)$ 在点 $x=x_0$ 处连续,则 $f(x)$ 在点 $x=x_0$ 处可导

B. 如果函数 $f(x)$ 在点 $x=x_0$ 处不连续,则 $f(x)$ 在点 $x=x_0$ 处不可导

C. 如果函数 $f(x)$ 在点 $x=x_0$ 处可导,则 $f(x)$ 在点 $x=x_0$ 处连续

D. 如果函数 $f(x)$ 在点 $x=x_0$ 处不可导,则 $f(x)$ 在点 $x=x_0$ 处也可能连续

(5) 在区间 $[-1,1]$ 上满足拉格朗日中值定理条件的函数是　　(　　)

A. $y=\sqrt[5]{x^4}$　　B. $y=\ln(1+x^2)$

C. $y=\dfrac{\cos x}{x}$　　D. $y=\dfrac{1}{1-x^2}$

(6) 方程 $x^3-3x+1=0$ 在 $(0,1)$ 内　　(　　)

A. 无实根　　B. 有唯一实根

C. 有两个实根　　D. 有三个实根

(7) 若函数 $y=f(x)$ 在点 $x=x_0$ 处取得极大值,则必有　　(　　)

A. $f'(x_0)=0$　　B. $f'(x_0)=0$ 且 $f''(x_0)<0$

C. $f''(x_0)<0$　　D. $f'(x_0)=0$ 或 $f'(x_0)$ 不存在

(8) 设函数 $y=\dfrac{2x}{1+x^2}$,则下列结论中错误的是　　(　　)

A. y 是奇函数且是有界函数　　B. y 有两个极值点

C. y 只有一个拐点　　D. y 只有一条水平渐近线

2. 填空题

(1) 在抛物线 $y=x^2$ 上横坐标为 3 的点的切线方程为________.

(2) x 取________或________时,$y=x^2$ 与 $y=x^3$ 的切线平行.

(3) 设 $f(x)$ 二阶可导,$y=f(\ln x)$,则 $y''=$________.

(4) $f(x)$ 在点 $x=x_0$ 处可微是函数 $f(x)$ 在点 $x=x_0$ 处连续的________条件.

3. 求下列各函数的导数:

(1) $y=2\sqrt{x}-\dfrac{1}{x}+\sqrt{3}\mathrm{e}^x$;　　(2) $y=\dfrac{x^2}{2}+\dfrac{2}{x^2}+\dfrac{1}{2}$;

(3) $y=\dfrac{1-x^3}{\sqrt{x}}$;　　(4) $y=x\ln x$;

(5) $y=\dfrac{1}{2+3x^n}$;　　(6) $y=\dfrac{1-\ln x}{1+\ln x}$;

(7) $y=x\sin x+\cos x$;　　(8) $y=\dfrac{\sin x}{1+5\cos x}$.

4. 求下列各函数的导数:

(1) $y=\log_a(1+x^2)$;　　(2) $y=\ln(a^2-x^2)$;

(3) $y=\ln\sqrt{x}+\sqrt{\ln x}$;　　(4) $y=\sin x^n$;

(5) $y=\sin^n x$;　　(6) $y=\cos^3\dfrac{x}{2}$;

(7) $y=x^2\sin\dfrac{1}{x}$;　　(8) $y=\ln\ln x$;

(9) $y=\dfrac{\sin x-x\cos x}{\cos x+x\sin x}$;　　(10) $y=\sec^2\dfrac{x}{a}+\csc^2\dfrac{x}{a}$;

(11) $y=\arccos^2\dfrac{x}{2}$;　　(12) $y=x\sqrt{1-x^2}+\arcsin x$.

5. 求下列各函数的导数(其中 f 可导):

(1) $y=f(e^x)e^{f(x)}$,求 y'_x;　　(2) $y=f\left(\arcsin\dfrac{1}{x}\right)$,求 y'_x;

(3) $y=f(\sin^2 x)+f(\cos^2 x)$,求 y'_x;　　(4)已知 $f\left(\dfrac{1}{x}\right)=\dfrac{x}{1+x}$,求 $f'(x)$.

6. 下列各题中的方程确定 y 是 x 的函数,求 y':

(1) $x^2+y^2-xy=1$;　　(2) $y^2-2axy+b=0$;

(3) $y=x+\ln y$;　　(4) $y=1+xe^y$.

7. 利用取对数求导法求下列函数的导数:

(1) $y=(x-a_1)^{a_1}(x-a_2)^{a_2}\cdots(x-a_n)^{a_n}$;

(2) $y=(\sin x)^{\tan x}$.

8. 求下列函数的导数:

(1)已知 $\begin{cases}x=a\sin 3\theta\cos\theta\\ y=a\sin 3\theta\sin\theta\end{cases}$(其中 a 为常数),求 $\left.\dfrac{dy}{dx}\right|_{\theta=\frac{\pi}{3}}$;

(2)已知 $\begin{cases}x=1-t^2,\\ y=t-t^3,\end{cases}$ 求 $\dfrac{d^2y}{dx^2}$.

9. 求下列各函数的二阶导数:

(1) $y=\ln(1+x^2)$;　　(2) $y=xe^{x^2}$.

10. 求下列各函数的微分:

(1) $y=3x^3$;　　(2) $y=\dfrac{x}{1-x^2}$;

(3) $y=(e^x+e^{-x})^2$;　　(4) $y=\tan\dfrac{x}{2}$.

11. 求下列各式的近似值:

(1) $\sqrt[5]{0.95}$;　　(2) $\cos 60°20'$.

12. 函数 $f(x)=\begin{cases}x^2\sin\dfrac{1}{x}, & x\neq 0\\ 0, & x=0\end{cases}$ 在点 $x=0$ 处是否连续?是否可导?

13. 讨论函数 $f(x)=\begin{cases}1, & x\leqslant 0\\ 2x+1, & 0<x\leqslant 1\\ x^2+2, & 1<x\leqslant 2\\ x, & 2<x\end{cases}$ 在点 $x=0,x=1,x=2$ 处的连续性和可导性.

14. 证明:

(1)可导的奇函数的导数是偶函数.

(2)可导的偶函数的导数是奇函数.

15. 证明不等式：$2\sqrt{x} > 3 - \frac{1}{x}(x > 0, x \neq 1)$.

16. 利用洛必达法则求下列极限：

(1) $\lim\limits_{x \to 0} \frac{e^x - e^{-x}}{x}$;　　(2) $\lim\limits_{x \to 1} \frac{\ln x}{x - 1}$;

(3) $\lim\limits_{x \to 1} \frac{x^3 - 3x^2 + 2}{x^2 - x^3 - x + 1}$;　　(4) $\lim\limits_{x \to 0}\left(\frac{1}{x} - \frac{1}{e^x - 1}\right)$;

(5) $\lim\limits_{x \to 0}(1 + \sin x)^{\frac{1}{x}}$;　　(6) $\lim\limits_{x \to 0^+}\left(\ln \frac{1}{x}\right)^x$.

17. 求下列函数的单调区间：

(1) $y = 3x^2 + 6x + 5$;　　(2) $y = \frac{x^2}{1 + x}$;

(3) $y = 2x^2 - \ln x$.

18. 证明：函数 $y = \sin x - x$ 单调减少.

19. 求下列函数的极值：

(1) $y = x^2 e^{-x}$;　　(2) $y = (x + 1)^{\frac{3}{2}}(x - 5)^2$.

20. 利用二阶导数，判定下列函数的极值：

(1) $y = x^3 - 3x^2 - 9x - 5$;　　(2) $y = 2e^x + e^{-x}$.

21. 求下列函数在给定区间上的最大值和最小值：

(1) $y = \ln(x^2 + 1)$　$[-1, 2]$;　　(2) $y = x + \sqrt{x}$　$[0, 4]$.

22. 甲船以 20 km/h 的速度向东行驶，同一时间乙船在甲船正北 82 km 处以 16 km/h 的速度向南行驶，问经过多长时间两船距离最近？

23. 确定下列曲线的凹向及拐点：

(1) $y = x^2 - x^3$;　　(2) $y = \frac{2x}{1 + x^2}$.

24. 描绘下列函数图形：

(1) $y = 3x - x^2$;　　(2) $y = x\sqrt{3 - x}$.

25. 求椭圆 $\begin{cases} x = a\cos t \\ y = b\sin t \end{cases}(a \geqslant b > 0, 2\pi \geqslant t \geqslant 0)$ 上曲率最大和最小的点.

26. 设生产 x 单位某产品，总收益 R 为 x 的函数：

$$R = R(x) = 200x - 0.01x^2$$

求生产 50 单位产品时的总收益、平均收益和边际收益.

27. 某商品的价格 P 与需求量 Q 的关系为 $P = 10 - \frac{Q}{5}$.

(1) 需求量为 20 及 30 时的总收益 R、平均收益 $\overline{R}$ 及边际收益 R';

(2) Q 为多少时总收益最大？

第3章 一元函数积分学

在第2章中，我们讨论了如何求一个函数的导函数问题，但是在实际问题中，常常会遇到它的反问题，即已知函数的导数如何求原来的函数. 这是积分学的基本问题之一.

本章介绍不定积分与定积分，以及一些简单的应用.

3.1 不定积分的概念与性质

一、原函数

定义3.1 如果在区间 I 上，可导函数 $F(x)$ 的导函数为 $f(x)$，即对区间 I 内任意一点 x，都有

$$F'(x)=f(x) \text{或} \mathrm{d}F(x)=f(x)\mathrm{d}x,$$

则称 $F(x)$ 为 $f(x)$ 在区间 I 内的一个原函数.

例如，因为在 $(-\infty,+\infty)$ 内，$(x^2)'=2x$，故在 $(-\infty,+\infty)$ 内，x^2 是 $2x$ 的一个原函数. 同理，x^2-2，$x^2-\sqrt{5}$ 都是 $2x$ 的原函数.

定理3.1 原函数存在定理 如果函数 $f(x)$ 在区间 I 上连续，那么在区间 I 上存在可导函数 $F(x)$，使对区间 I 内任意一点 x，都有

$$F'(x)=f(x).$$

即连续函数一定存在原函数.

因为初等函数在定义域区间上连续，因而初等函数在定义域区间上存在原函数.

由原函数的定义，若 $F(x)$ 为 $f(x)$ 在区间 I 内的一个原函数，那么 $F(x)+1$，$F(x)-5$ 等都是 $f(x)$ 的原函数，可见原函数是不唯一的. 在原函数存在的条件下，有如下的性质：

性质1 原函数的不唯一性.

设 $F(x)$ 是 $f(x)$ 在区间 I 上的一个原函数，$G(x)$ 也是函数 $f(x)$ 在区间 I 上的一个原函数，则 $F(x)$ 与 $G(x)$ 只差一个常数. 即

$$F(x)-G(x)=C, C \text{为任意常数}.$$

证 由于 $F(x)$ 和 $G(x)$ 都是 $f(x)$ 的原函数，则有

$$[F(x)-G(x)]'=F'(x)-G'(x)=f(x)-f(x)=0.$$

第 2 章中我们已经知道,在一个区间上导数恒为零的函数必为常数,所以有

$$F(x)-G(x)=C, C\text{ 为任意常数}.$$

性质 2　原函数有无数多个.

设 $F(x)$ 是 $f(x)$ 在区间 I 上的一个原函数,那么 $F(x)+C$(C 为任意常数)是 $f(x)$ 在区间 I 上的全体原函数,我们称为原函数族.

二、不定积分的概念

定义 3.2　在区间 I 上,函数 $f(x)$ 的全体原函数称为 $f(x)$ 在区间 I 上的不定积分,记作

$$\int f(x)\,\mathrm{d}x.$$

如果 $F(x)$ 是 $f(x)$ 在区间 I 上的一个原函数,那么

$$\int f(x)\,\mathrm{d}x = F(x)+C.$$

其中 $\int$ 称为不定积分号,$f(x)$ 称为被积函数,$f(x)\,\mathrm{d}x$ 称为被积表达式,x 称为积分变量.

由定义知,不定积分的运算与微分运算互为逆运算.

$$\mathrm{d}F(x)=f(x)\,\mathrm{d}x \Leftrightarrow \int f(x)\,\mathrm{d}x = F(x)+C,$$

当记号 d 与 $\int$ 连在一起时或者抵消,或者抵消后相差一个常数,即

$$\left(\int f(x)\,\mathrm{d}x\right)'=f(x)\text{ 或 }\mathrm{d}\int f(x)\,\mathrm{d}x=f(x)\,\mathrm{d}x,$$

$$\int F'(x)\,\mathrm{d}x=\int \mathrm{d}F(x)=F(x)+C.$$

【例 3.1】　求 $\int \frac{\mathrm{d}x}{1+x^2}$.

解　因为 $(\arctan x)'=\frac{1}{1+x^2}$,所以 $\int \frac{\mathrm{d}x}{1+x^2}=\arctan x+C$.

【例 3.2】　求 $\int \frac{1}{x}\mathrm{d}x$.

解　当 $x>0$ 时,由于 $(\ln x)'=\frac{1}{x}$,所以

$$\int \frac{1}{x}\mathrm{d}x=\ln x+C,$$

当 $x<0$ 时,由于 $[\ln(-x)]'=\frac{1}{-x}\cdot(-1)=\frac{1}{x}$,所以

$$\int \frac{1}{x}\mathrm{d}x=\ln(-x)+C,$$

综上可得

$$\int \frac{1}{x}\mathrm{d}x=\ln|x|+C.$$

三、不定积分的几何意义

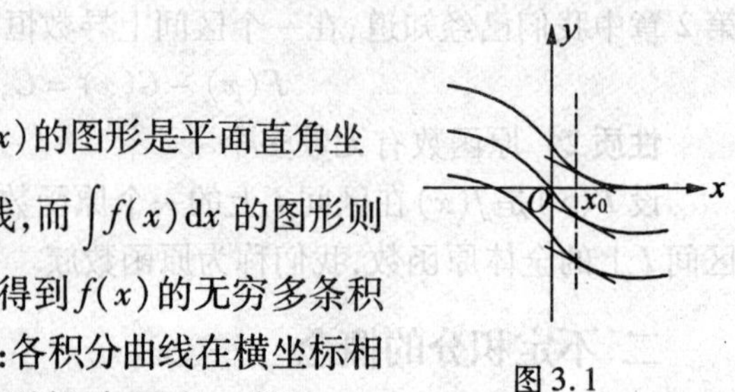

图 3.1

设 $F(x)$ 是 $f(x)$ 的一个原函数，则 $y=F(x)$ 的图形是平面直角坐标系中的一条曲线，称为 $f(x)$ 的一条积分曲线，而 $\int f(x)\mathrm{d}x$ 的图形则是上述积分曲线沿着 y 轴方向任意平行移动得到 $f(x)$ 的无穷多条积分曲线，称为 $f(x)$ 的积分曲线族. 它的特点是：各积分曲线在横坐标相同的点切线斜率相等，即相应点处各切线相互平行，如图 3.1 所示.

【例 3.3】 求经过点(1,3)，且在 x 点处切线斜率为 $3x^2$ 的曲线方程.

解 由 $\int 3x^2\mathrm{d}x=x^3+C$ 得曲线族 $y=x^3+C$. 将 $x=1,y=3$ 代入，得 $C=2$，所以

$$y=x^3+2$$

为所得曲线.

四、不定积分的基本性质

在以下性质中假设 $f(x),g(x)$ 的原函数都是存在的.

性质 1 两个函数代数和的不定积分等于每个函数不定积分的代数和，即

$$\int[f(x)\pm g(x)]\mathrm{d}x=\int f(x)\mathrm{d}x\pm\int g(x)\mathrm{d}x.$$

上式可推广到有限个函数.

性质 2 被积函数中的非零常数因子可以提到积分号外面，即

$$\int kf(x)\mathrm{d}x=k\int f(x)\mathrm{d}x, k\neq 0.$$

我们常把一个函数分解成若干个简单函数之和，即 $f(x)=k_1f_1(x)+k_2f_2(x)+\cdots+k_nf_n(x)$，$k_1,k_2\cdots,k_n$ 为常数，其中 $\int f_1(x)\mathrm{d}x,\int f_2(x)\mathrm{d}x,\cdots,\int f_n(x)\mathrm{d}x$ 易求，则利用上述性质可知：$\int f(x)\mathrm{d}x=k_1\int f_1(x)\mathrm{d}x+k_2\int f_2(x)\mathrm{d}x+\cdots+k_n\int f_n(x)\mathrm{d}x$，也称为分项积分法.

五、基本积分公式

因为微分运算与积分运算互为逆运算，所以由基本导数公式或基本微分公式，立即可得基本积分公式. 这些公式是计算不定积分的基础，必须熟练掌握.

(1) $\int k\mathrm{d}x=kx+C$(k 为常数)， (2) $\int x^\mu\mathrm{d}x=\dfrac{x^{\mu+1}}{\mu+1}+C(\mu\neq-1)$，

(3) $\int\dfrac{\mathrm{d}x}{x}=\ln|x|+C$， (4) $\int\dfrac{\mathrm{d}x}{1+x^2}=\arctan x+C$，

(5) $\int\dfrac{\mathrm{d}x}{\sqrt{1-x^2}}=\arcsin x+C$， (6) $\int\cos x\mathrm{d}x=\sin x+C$，

(7) $\int\sin x\mathrm{d}x=-\cos x+C$， (8) $\int\dfrac{\mathrm{d}x}{\cos^2x}=\int\sec^2x\mathrm{d}x=\tan x+C$，

(9) $\int \frac{dx}{\sin^2 x} = \int \csc^2 x dx = -\cot x + C$, (10) $\int \sec x \tan x dx = \sec x + C$,

(11) $\int \csc x \cot x dx = -\csc x + C$,　　(12) $\int e^x dx = e^x + C$,

(13) $\int a^x dx = \frac{a^x}{\ln a} + C$.

基本积分公式是不定积分计算的基础.解决不定积分的计算问题时,可以将不定积分的性质与基本积分公式结合使用,这种方法,通常称为直接积分法.

【例3.4】 求$\int (3x^2 - 2x + 1) dx$.

解 $$\int (3x^2 - 2x + 1) dx = \int 3x^2 dx - \int 2x dx + \int dx = 3\int x^2 dx - 2\int x dx + \int dx$$
$$= x^3 - x^2 + x + C.$$

因为各个不定积分中的任意常数可以合并,因此,求代数和的不定积分时,只需在最后给出一个常数 C 即可.

【例3.5】 求$\int \sqrt[3]{x}(x^2 - 4) dx$.

解 $$\int \sqrt[3]{x}(x^2 - 4) dx = \int (x^{\frac{7}{3}} - 4x^{\frac{1}{3}}) dx = \int x^{\frac{7}{3}} dx - 4\int x^{\frac{1}{3}} dx = \frac{3}{10}x^{\frac{10}{3}} - 3x^{\frac{4}{3}} + C.$$

【例3.6】 求$\int 3^x(e^x - 1) dx$.

解 $$\int 3^x(e^x - 1) dx = \int (3e)^x dx - \int 3^x dx = \frac{(3e)^x}{1 + \ln 3} - \frac{3^x}{\ln 3} + C.$$

有些不定积分在计算时,可以将一项拆成两项或多项,然后用分项积分法.

【例3.7】 求$\int \frac{x^2}{1 + x^2} dx$.

解 $$\int \frac{x^2}{1 + x^2} dx = \int \frac{1 + x^2 - 1}{1 + x^2} dx = \int (1 - \frac{1}{1 + x^2}) dx = x - \arctan x + C.$$

【例3.8】 求$\int \frac{1 + x + x^2}{x(1 + x^2)} dx$.

解 $$\int \frac{1 + x + x^2}{x(1 + x^2)} dx = \int (\frac{1}{x} + \frac{1}{1 + x^2}) dx = \ln|x| + \arctan x + C.$$

被积函数含三角函数时,常常用三角函数恒等式进行分项,如利用公式 $\sin^2 x + \cos^2 x = 1$,倍角公式,积化和差或和差化积公式等.

【例3.9】 求$\int \cos^2 \frac{x}{2} dx$.

解 $$\int \cos^2 \frac{x}{2} dx = \frac{1}{2}\int (1 + \cos x) dx = \frac{1}{2}\int dx + \frac{1}{2}\int \cos x dx = \frac{1}{2}(x + \sin x) + C.$$

【例3.10】 求$\int \frac{1}{\sin^2 x \cos^2 x} dx$.

解 $$\int \frac{1}{\sin^2 x \cos^2 x} dx = \int \frac{\sin^2 x + \cos^2 x}{\sin^2 x \cos^2 x} dx = \int (\frac{1}{\cos^2 x} + \frac{1}{\sin^2 x}) dx = \int (\sec^2 x + \csc^2 x) dx$$

$$= \tan x - \cot x + C.$$

六、不定积分在经济与物理学中的应用

【例 3.11】 某化工厂生产某种产品，每日生产的产品的总成本 y 的变化率（即边际成本）是日产量 x 的函数 $y' = 7 + \frac{25}{\sqrt{x}}$，已知固定成本为 1 000 元，求总成本与日产量的函数关系．

解 因为总成本是总成本变化率 y' 的原函数，所以有

$$y = \int \left(7 + \frac{25}{\sqrt{x}}\right) \mathrm{d}x = 7x + 50\sqrt{x} + C.$$

已知固定成本为 1 000 元，即当 $x = 0$ 时，$y = 1\,000$，因此有 $C = 1\,000$，于是可得

$$y = 7x + 50\sqrt{x} + 1\,000,$$

所以，总成本 y 与日产量 x 之间的函数关系为

$$y = 7x + 50\sqrt{x} + 1\,000.$$

【例 3.12】 设质点沿 x 轴作直线运动，任意时刻 t 的加速度 $a(t) = 12t^2 - 3\sin t$. 已知初速度 $v(0) = 5$，初始位移 $s(0) = -3$，求质点的速度 $v(t)$ 及位移 $s(t)$．

解 因为质点运动的速度是加速度的原函数，所以有

$$v(t) = \int (12t^2 - 3\sin t)\,\mathrm{d}t = 4t^3 + 3\cos t + C_1,$$

初速度 $v(0) = 5$，因此有 $C_1 = 2$，即 $v(t) = 4t^3 + 3\cos t + 2$.

因为质点运动的位移是速度的原函数，所以有

$$s(t) = \int v(t)\,\mathrm{d}t = \int (4t^3 + 3\cos t + 2)\,\mathrm{d}t = t^4 + 3\sin t + 2t + C_2.$$

初始位移 $s(0) = -3$，解得 $C_2 = -3$，即 $s(t) = t^4 + 3\sin t + 2t - 3$.

习题 3.1

1. 下列等式是否正确？为什么？

(1) $\int 0\,\mathrm{d}x = 0$；

(2) $\int x^\alpha \mathrm{d}x = \frac{1}{\alpha + 1} x^{\alpha + 1} + C$；

(3) 设 $\int f(x)\,\mathrm{d}x = F(x) + C, x \in (-\infty, +\infty)$，常数 $\alpha \neq 0$，则 $\int f(ax)\,\mathrm{d}x = F(ax) + C$；

(4) 设 $\int f(x)\,\mathrm{d}x = F(x) + C, x \in (-\infty, +\infty)$，则 $\int f(\tan x)\frac{1}{\cos^2 x}\mathrm{d}x = F(\tan x) + C$，$x \in \left(-\frac{\pi}{2}, +\frac{\pi}{2}\right)$.

2. 根据已知条件，试求函数 $f(x)$ 的表达式.

(1) 已知 $f'(\ln x)=1+x$，试求 $f(x)$；

(2) 已知 $\int f(x)\,\mathrm{d}x=\arcsin(2x)+C$，试求 $f(x)$.

3. 设 $f(x)=\begin{cases}\mathrm{e}^x, & x\geqslant 0\\ 1+x, & x<0\end{cases}$，求 $f(x)$ 在 $(-\infty,+\infty)$ 上的一个原函数.

4. 一曲线通过点 $(\mathrm{e}^2,3)$，且在任一点处的切线的斜率等于该点横坐标的倒数，求该曲线的方程.

5. 计算下列不定积分：

(1) $\int (x^2-1)^2\,\mathrm{d}x$；　(2) $\int (10^x+\cot^2 x)\,\mathrm{d}x$；

(3) $\int \sqrt{x\sqrt{x}}\,\mathrm{d}x$；　(4) $\int x^2\sqrt{x}\,\mathrm{d}x$；

(5) $\int \dfrac{x^4}{x^2+1}\mathrm{d}x$；　(6) $\int \dfrac{x^2+1}{\sqrt{x}}\mathrm{d}x$；

(7) $\int \dfrac{\mathrm{e}^{3x}+1}{\mathrm{e}^x+1}\mathrm{d}x$；　(8) $\int (\sqrt{x}+1)\left(x-\dfrac{1}{\sqrt{x}}\right)\mathrm{d}x$；

(9) $\int \dfrac{3^x+5^x}{2^x}\mathrm{d}x$；　(10) $\int \dfrac{1+2x^2}{x^2(1+x^2)}\mathrm{d}x$；

(11) $\int \dfrac{\mathrm{e}^x(x-\mathrm{e}^{-x})}{x}\mathrm{d}x$；　(12) $\int \sec x(\sec x-\tan x)\,\mathrm{d}x$；

(13) $\int \dfrac{1+\sin 2x}{\sin x+\cos x}\mathrm{d}x$；　(14) $\int \dfrac{1}{1-\cos x}\mathrm{d}x$.

3.2　换元积分法

利用基本积分表和积分的性质，所能计算的不定积分是非常有限的. 因此，有必要进一步来研究不定积分的计算方法. 本节把复合函数的微分法反过来用于求不定积分，利用中间变量的代换，得到复合函数的积分方法——换元积分法，简称换元法. 换元法通常分成两类：第一类换元法和第二类换元法.

一、第一类换元法（凑微分法）

定理 3.2　设函数 $f(u)$ 具有原函数 $F(u)$，即 $\int f(u)\,\mathrm{d}u=F(u)+C$，若 $u=\varphi(x)$ 为可导函数，则有换元公式

$$\int f[\varphi(x)]\varphi'(x)\,\mathrm{d}x=\int f[\varphi(x)]\,\mathrm{d}\varphi(x)=\int f(u)\,\mathrm{d}u=F(u)+C=F[\varphi(x)]+C.$$

称为第一类换元积分法，也称凑微分法.

证　由 $F(u)$ 是 $f(u)$ 的原函数知，$F'(u)=f(u)$. 于是由复合函数求导法则有

$$\{F[\varphi(x)]\}'=\frac{\mathrm{d}F}{\mathrm{d}u}\cdot\frac{\mathrm{d}u}{\mathrm{d}x}=f(u)\varphi'(x)=f[\varphi(x)]\varphi'(x).$$

因此 $F[\varphi(x)]$ 是函数 $f[\varphi(x)]\varphi'(x)$ 的原函数,公式成立.

注 利用第一换元法求不定积分 $\int\Phi(x)\mathrm{d}x$ 的关键是:根据被积函数 $\Phi(x)$ 的特点,从中分出一部分与 $\mathrm{d}x$ 凑成中间变量 $u=\varphi(x)$ 的微分式 $\mathrm{d}\varphi(x)$,余下的是 $\varphi(x)$ 的函数,即将 $\Phi(x)\mathrm{d}x$ 表示成 $\Phi(x)\mathrm{d}x=f[\varphi(x)]\mathrm{d}\varphi(x)$. 从而将积分 $\int\Phi(x)\mathrm{d}x$ 化成 $\int f(u)\mathrm{d}u$,若它是积分公式表中的情形或可进一步求出,则也就求出了积分 $\int\Phi(x)\mathrm{d}x$. 因此,第一换元法又称凑微分法.

应用第一换元法必须熟悉怎样将某些函数移进微分号内,这是微分运算的相反过程,即凑微分. 常用的凑微分法有以下形式:

1. $\mathrm{d}x=\frac{1}{a}\mathrm{d}(ax+b)$ ($a\neq0$,b 为常数)

$$\int f(ax+b)\mathrm{d}x=\frac{1}{a}\int f(ax+b)\mathrm{d}(ax+b)\xlongequal{u=ax+b}\frac{1}{a}F(ax+b)+C(a\neq0).$$

2. $x^{\mu-1}\mathrm{d}x=\frac{1}{\mu}\mathrm{d}x^{\mu}$ ($\mu\neq0$)

$$\int f(x^{\mu})x^{\mu-1}\mathrm{d}x=\frac{1}{\mu}\int f(x^{\mu})\mathrm{d}x^{\mu}\xlongequal{u=x^{\mu}}\frac{1}{\mu}F(x^{\mu})+C(\mu\neq0).$$

3. $\frac{1}{x}\mathrm{d}x=\mathrm{d}\ln|x|$,$\mathrm{e}^x\mathrm{d}x=\mathrm{d}\mathrm{e}^x$

$$\int f(\ln x)\frac{1}{x}\mathrm{d}x=\int f(\ln x)\mathrm{d}\ln x\xlongequal{u=\ln x}F(\ln x)+C,$$

$$\int f(\mathrm{e}^x)\mathrm{e}^x\mathrm{d}x=\int f(\mathrm{e}^x)\mathrm{d}\mathrm{e}^x\xlongequal{u=\mathrm{e}^x}F(\mathrm{e}^x)+C.$$

4. $\sin x\mathrm{d}x=-\mathrm{d}\cos x$,$\cos x\mathrm{d}x=\mathrm{d}\sin x$,$\sec^2x\mathrm{d}x=\mathrm{d}\tan x$,$\csc^2x\mathrm{d}x=-\mathrm{d}\cot x$

$$\int f(\cos x)\sin x\mathrm{d}x=-\int f(\cos x)\mathrm{d}\cos x\xlongequal{u=\cos x}-F(\cos x)+C,$$

$$\int f(\sin x)\cos x\mathrm{d}x=\int f(\sin x)\mathrm{d}\sin x\xlongequal{u=\sin x}F(\sin x)+C,$$

$$\int f(\tan x)\sec^2x\mathrm{d}x=\int f(\tan x)\mathrm{d}\tan x\xlongequal{u=\tan x}F(\tan x)+C,$$

$$\int f(\cot x)\csc^2x\mathrm{d}x=-\int f(\cot x)\mathrm{d}\cot x\xlongequal{u=\cot x}-F(\cot x)+C.$$

5. $\frac{1}{\sqrt{1-x^2}}\mathrm{d}x=\mathrm{d}\arcsin x$,$\frac{1}{1+x^2}\mathrm{d}x=\mathrm{d}\arctan x$

$$\int f(\arcsin x)\frac{1}{\sqrt{1-x^2}}\mathrm{d}x=\int f(\arcsin x)\mathrm{d}\arcsin x\xlongequal{u=\arcsin x}F(\arcsin x)+C,$$

$$\int f(\arccos x)\frac{1}{\sqrt{1-x^2}}\mathrm{d}x=-\int f(\arccos x)\mathrm{d}\arccos x\xlongequal{u=\arccos x}-F(\arccos x)+C$$

$$\int f(\arctan x)\frac{1}{1+x^2}\mathrm{d}x=\int f(\arctan x)\mathrm{d}\arctan x\xlongequal{u=\arctan x}F(\arctan x)+C,$$

$$\int f(\operatorname{arccot} x)\frac{1}{1+x^2}\mathrm{d}x = -\int f(\operatorname{arccot} x)\,\mathrm{d}\operatorname{arccot} x \xlongequal{u\,=\,\operatorname{arccot} x} -F(\operatorname{arccot} x)+C.$$

【例 3.13】 求 $\int \sin 3x\mathrm{d}x$.

解　$\int \sin 3x\mathrm{d}x = \frac{1}{3}\int \sin 3x\mathrm{d}3x = -\frac{1}{3}\cos 3x + C.$

【例 3.14】 求 $\int \frac{1}{3-2x}\mathrm{d}x$.

解　$\int \frac{1}{3-2x}\mathrm{d}x = -\frac{1}{2}\int \frac{1}{3-2x}\mathrm{d}(3-2x) = -\frac{1}{2}\ln|3-2x| + C.$

【例 3.15】 求 $\int x\mathrm{e}^{x^2}\mathrm{d}x$.

解　$\int x\mathrm{e}^{x^2}\mathrm{d}x = \frac{1}{2}\int \mathrm{e}^{x^2}\mathrm{d}x^2 = \frac{1}{2}\mathrm{e}^{x^2} + C.$

【例 3.16】 求 $\int \tan x\mathrm{d}x$.

解　$\int \tan x\mathrm{d}x = \int \frac{\sin x}{\cos x}\mathrm{d}x = -\int \frac{d(\cos x)}{\cos x} = -\ln|\cos x| + C.$

同理得

$$\int \cot x\mathrm{d}x = \int \frac{\cos x}{\sin x}\mathrm{d}x = \int \frac{d(\sin x)}{\sin x} = \ln|\sin x| + C.$$

【例 3.17】 求 $\int \frac{1}{a^2+x^2}\mathrm{d}x\ (a\neq 0)$.

解　$\int \frac{1}{a^2+x^2}\mathrm{d}x = \frac{1}{a^2}\int \frac{1}{1+\left(\frac{x}{a}\right)^2}\mathrm{d}x = \frac{1}{a}\int \frac{1}{1+\left(\frac{x}{a}\right)^2}\mathrm{d}\left(\frac{x}{a}\right) = \frac{1}{a}\arctan\frac{x}{a} + C.$

【例 3.18】 求 $\int \frac{\mathrm{d}x}{\sqrt{a^2-x^2}}\ (a>0)$.

解　$\int \frac{\mathrm{d}x}{\sqrt{a^2-x^2}} = \frac{1}{a}\int \frac{\mathrm{d}x}{\sqrt{1-\left(\frac{x}{a}\right)^2}} = \int \frac{\mathrm{d}\,\frac{x}{a}}{\sqrt{1-\left(\frac{x}{a}\right)^2}} = \arcsin\frac{x}{a} + C.$

【例 3.19】 求 $\int \frac{1}{x^2-a^2}\mathrm{d}x\ (a\neq 0)$.

解　由于

$$\frac{1}{x^2-a^2} = \frac{1}{2a}\left(\frac{1}{x-a} - \frac{1}{x+a}\right),$$

所以

$$\begin{aligned}\int \frac{1}{x^2-a^2}\mathrm{d}x &= \frac{1}{2a}\int\left(\frac{1}{x-a} - \frac{1}{x+a}\right)\mathrm{d}x = \frac{1}{2a}\left(\int \frac{1}{x-a}\mathrm{d}x - \int \frac{1}{x+a}\mathrm{d}x\right)\\ &= \frac{1}{2a}\left[\int \frac{1}{x-a}\mathrm{d}(x-a) - \int \frac{1}{x+a}\mathrm{d}(x+a)\right] = \frac{1}{2a}(\ln|x-a| - \ln|x+a|) + C\end{aligned}$$

$$=\frac{1}{2a}\ln\left|\frac{x-a}{x+a}\right|+C.$$

【例 3.20】 求$\int\cos^2x\mathrm{d}x$.

解 $$\int\cos^2x\mathrm{d}x=\frac{1}{2}\int(1+\cos 2x)\mathrm{d}x=\frac{1}{2}\left(\int\mathrm{d}x+\int\cos 2x\mathrm{d}x\right)$$
$$=\frac{1}{2}\int\mathrm{d}x+\frac{1}{4}\int\cos 2x\mathrm{d}2x=\frac{x}{2}+\frac{\sin 2x}{4}+C.$$

同理可得

$$\int\sin^2x\mathrm{d}x=\frac{x}{2}-\frac{\sin 2x}{4}+C.$$

【例 3.21】 求$\int\cos^3x\mathrm{d}x$.

解 $$\int\cos^3x\mathrm{d}x=\int\cos^2x\mathrm{d}\sin x=\int(1-\sin^2x)\mathrm{d}\sin x=\int\mathrm{d}\sin x-\int\sin^2x\mathrm{d}\sin x$$
$$=\sin x-\frac{\sin^3x}{3}+C.$$

【例 3.22】 求$\int\sin^2x\cos^5x\mathrm{d}x$.

解 $$\int\sin^2x\cos^5\mathrm{d}x=\int\sin^2x\cos^4x\cos x\mathrm{d}x=\int\sin^2x(1-\sin^2x)^2\mathrm{d}\sin x$$
$$=\int(\sin^2x-2\sin^4x+\sin^6x)\mathrm{d}\sin x$$
$$=\frac{1}{3}\sin^3x-\frac{2}{5}\sin^5x+\frac{1}{7}\sin^7x+C.$$

一般地,若被积函数为$\sin^m x\cos^n x$型,则当m或n中有一个为正奇数时,拆开奇数项凑微分;当m与n都是偶数时,则常用半角公式通过降低幂次来计算.

【例 3.23】 求$\int\csc x\mathrm{d}x$.

解 $$\int\csc x\mathrm{d}x=\int\frac{\mathrm{d}x}{\sin x}=\int\frac{\mathrm{d}x}{2\sin\frac{x}{2}\cos\frac{x}{2}}=\int\frac{\mathrm{d}\frac{x}{2}}{\tan\frac{x}{2}\cos^2\frac{x}{2}}=\int\frac{\mathrm{d}\tan\frac{x}{2}}{\tan\frac{x}{2}}$$
$$=\ln\left|\tan\frac{x}{2}\right|+C.$$

因为

$$\tan\frac{x}{2}=\frac{\sin\frac{x}{2}}{\cos\frac{x}{2}}=\frac{2\sin^2\frac{x}{2}}{\sin x}=\frac{1-\cos x}{\sin x}=\csc x-\cot x,$$

所以上述不定积分可以表示为

$$\int\csc x\mathrm{d}x=\ln|\csc x-\cot x|+C.$$

类似可求得

$$\int \sec x \mathrm{d}x = \ln|\sec x + \tan x| + C.$$

【例 3.24】 求 $\int \frac{2^{\arcsin x}}{\sqrt{1-x^2}}\mathrm{d}x$.

解
$$\int \frac{2^{\arcsin x}}{\sqrt{1-x^2}}\mathrm{d}x = \int 2^{\arcsin x}\mathrm{d}\arcsin x = \frac{2^{\arcsin x}}{\ln 2} + C.$$

【例 3.25】 求 $\int \sec^4 x\tan^2 x\mathrm{d}x$.

解
$$\int \sec^4 x\tan^2 x\mathrm{d}x = \int \sec^2 x\tan^2 x\mathrm{d}\tan x = \int (\tan^2 x + 1)\tan^2 x\mathrm{d}\tan x$$
$$= \frac{1}{5}\tan^5 x + \frac{1}{3}\tan^3 x + C.$$

【例 3.26】 求 $\int \sec^4 x\tan^3 x\mathrm{d}x$.

解
$$\int \sec^4 x\tan^3 x\mathrm{d}x = \int \sec^3 x\tan^2 x\mathrm{d}\sec x = \int \sec^3 x(\sec^2 x - 1)\mathrm{d}\sec x$$
$$= \int (\sec^5 x - \sec^3 x)\mathrm{d}\sec x = \frac{1}{6}\sec^6 x - \frac{1}{4}\sec^4 x + C.$$

二、第二类换元法(变量代换法)

第一类换元积分法是通过代换 $u=\varphi(x)$，将积分 $\int f[\varphi(x)]\varphi'(x)\mathrm{d}x$ 化为积分 $\int f(u)\mathrm{d}u$. 而第二类换元法的思路是若积分 $\int f(x)\mathrm{d}x$ 不易计算，则可作适当的变量代换 $x=\varphi(t)$，把原积分化为 $\int f[\varphi(t)]\varphi'(t)\mathrm{d}t$，从而简化积分计算.

定理 3.3　设 $x=\varphi(t)$ 是单调可导函数，且有反函数 $t=\varphi^{-1}(x)$ 与 $\varphi'(t)\neq 0$. 又设 $f[\varphi(t)]\varphi'(t)$ 具有原函数 $\Phi(t)$，即 $\int f[\varphi(t)]\varphi'(t)\mathrm{d}t=\Phi(t)+C$，则有换元公式

$$\int f(x)\mathrm{d}x = \int f[\varphi(t)]\varphi'(t)\mathrm{d}t = \Phi(t) + C = \Phi[\varphi^{-1}(x)] + C.$$

称为第二类换元积分法，也称变量代换法.

证　令 $F(x)=\Phi[\varphi^{-1}(x)]$，由复合函数与反函数求导法则有

$$F'(x) = \frac{\mathrm{d}\Phi(t)}{\mathrm{d}t}\cdot\frac{\mathrm{d}t}{\mathrm{d}x} = f[\varphi(t)]\varphi'(t)\cdot\frac{1}{\varphi'(t)} = f[\varphi(t)] = f(x),$$

即 $F(x)$ 是函数 $f(x)$ 的原函数，所以等式成立.

利用第二换元法求不定积分 $\int f(x)\mathrm{d}x$ 的步骤是：选择变量代换 $x=\varphi(t)$；求 $\int f[\varphi(t)]\varphi'(t)\mathrm{d}t=\Phi(t)+C$；求 $x=\varphi(t)$ 的反函数 $t=\varphi^{-1}(x)$，代入得 $\int f(x)\mathrm{d}x = \Phi[\varphi^{-1}(x)]+C$. 关键步骤是选择变量代换，常用以下代换：

1. 幂函数代换

当被积函数是 x 与 $\sqrt[n]{ax+b}$ 的有理式,时常选用幂函数代换 $t=\sqrt[n]{ax+b}$,此时 $x=\dfrac{t^n-b}{a}$,$\mathrm{d}x=\dfrac{nt^{n-1}}{a}\mathrm{d}t$,因而可以去根号.

【例 3.27】　求 $\int \dfrac{1}{1+\sqrt{x}}\mathrm{d}x$.

解　设 $t=\sqrt{x}$,那么 $x=t^2$,$\mathrm{d}x=2t\mathrm{d}t$. 于是

$$\int \frac{1}{1+\sqrt{x}}\mathrm{d}x=\int \frac{2t}{1+t}\mathrm{d}t=\int \frac{2(t+1)-2}{1+t}\mathrm{d}t=\int \left(2-\frac{2}{1+t}\right)\mathrm{d}t=2t-2\ln|1+t|+C$$

$$=2\sqrt{x}-2\ln(1+\sqrt{x})+C.$$

【例 3.28】　求 $\int \dfrac{\mathrm{d}x}{\sqrt{x}+\sqrt[3]{x}}$.

解　设 $t=\sqrt[6]{x}$,那么 $x=t^6$,$\mathrm{d}x=6t^5\mathrm{d}t$. 于是

$$\int \frac{\mathrm{d}x}{\sqrt{x}+\sqrt[3]{x}}=\int \frac{6t^5\mathrm{d}t}{t^3+t^2}=6\int \frac{t^3}{1+t}\mathrm{d}t=6\int \left(t^2-t+1-\frac{1}{t+1}\right)\mathrm{d}t$$

$$=2t^3-3t^2+6t-6\ln|t+1|+C=2\sqrt{x}-3\sqrt[3]{x}+6\sqrt[6]{x}-6\ln|\sqrt[6]{x}+1|+C.$$

【例 3.29】　求 $\int x\sqrt[3]{(2+x)^2}\mathrm{d}x$.

解　设 $t=\sqrt[3]{2+x}$,那么 $x=t^3-2$, $\mathrm{d}x=3t^2\mathrm{d}t$. 于是

$$\int x\sqrt[3]{(2+x)^2}\mathrm{d}x=\int (t^3-2)t^2\cdot 3t^2\mathrm{d}t=3\int (t^7-2t^4)\mathrm{d}t$$

$$=\frac{3}{8}t^8-6\cdot\frac{1}{5}t^5+C=\frac{3}{8}(x+2)^{\frac{8}{3}}-\frac{6}{5}(x+2)^{\frac{5}{3}}+C.$$

【例 3.30】　求 $\int \dfrac{\mathrm{d}x}{1+\sqrt{\mathrm{e}^x}}$.

解　设 $\sqrt{\mathrm{e}^x}=t$,于是 $x=\ln t^2=2\ln t$,$\mathrm{d}x=\dfrac{2}{t}\mathrm{d}t$. 那么

$$\int \frac{\mathrm{d}x}{1+\sqrt{\mathrm{e}^x}}=\int \frac{2}{t(1+t)}\mathrm{d}t=2\int \left(\frac{1}{t}-\frac{1}{t+1}\right)\mathrm{d}t=2[\ln|t|-\ln|1+t|]+C$$

$$=\ln\left(\frac{t}{1+t}\right)^2+C.$$

将 $t=\sqrt{\mathrm{e}^x}$ 回代得

$$\int \frac{\mathrm{d}x}{1+\sqrt{\mathrm{e}^x}}=\ln\left(\frac{\sqrt{\mathrm{e}^x}}{1+\sqrt{\mathrm{e}^x}}\right)^2+C.$$

2. 三角函数代换

对于含根式的积分,选择变量代换化为不含根式的积分,三角代换常常是有效的,特别是下述三种类型的根式:$\sqrt{a^2+x^2}$,$\sqrt{a^2-x^2}$,$\sqrt{x^2-a^2}$,一般使用如下代换:

若被积函数中含有 $\sqrt{a^2-x^2}$,则设 $x=a\sin t$ 或 $x=a\cos t$;

若被积函数中含有 $\sqrt{a^2+x^2}$,则设 $x=a\tan t$ 或 $x=a\cot t$;

若被积函数中含有 $\sqrt{x^2-a^2}$,则设 $x=a\sec t$ 或 $x=a\csc t$.

由于 t 是引入的新变量,在最后的计算结果中必须还原为原来的变量,利用三角形示意图对变量还原是十分方便的.

【例3.31】 求 $\int\sqrt{a^2-x^2}\,dx\ (a>0)$.

解 设 $x=a\sin t\left(t\in\left[-\frac{\pi}{2},\frac{\pi}{2}\right]\right)$,则 $dx=a\cos t\,dt$,有

$$\sqrt{a^2-x^2}=\sqrt{a^2-a^2\sin^2 t}=a\cos t,$$

于是

$$\begin{aligned}\int\sqrt{a^2-x^2}\,dx&=\int a\cos t\cdot a\cos t\,dt=a^2\int\cos^2 t\,dt=a^2\int\frac{1+\cos 2t}{2}dt=\frac{a^2}{2}\left(t+\frac{1}{2}\sin 2t\right)+C\\&=\frac{a^2}{2}(t+\sin t\cdot\cos t)+C=\frac{a^2}{2}(t+\sin t\cdot\sqrt{1-\sin^2 t})+C\\&=\frac{a^2}{2}\left[\frac{x}{a}\cdot\sqrt{1-\left(\frac{x}{a}\right)^2}+\arcsin\frac{x}{a}\right]+C\\&=\frac{x}{2}\cdot\sqrt{a^2-x^2}+\frac{a^2}{2}\arcsin\frac{x}{a}+C.\end{aligned}$$

【例3.32】 求 $\int\frac{dx}{\sqrt{x^2+a^2}}\ (a>0)$.

解 设 $x=a\tan t\left(t\in\left(-\frac{\pi}{2},\frac{\pi}{2}\right)\right)$,则 $dx=a\sec^2 t\,dt$. 有

$$\sqrt{x^2+a^2}=\sqrt{a^2\tan^2 t+a^2}=a\sec t,$$

于是

$$\int\frac{dx}{\sqrt{x^2+a^2}}=\int\frac{a\sec^2 t}{a\sec t}dt=\int\sec t\,dt=\ln|\sec t+\tan t|+C_1.$$

由于 $\tan t=\frac{x}{a}$,如图3.2所示,便得 $\sec t=\frac{\sqrt{x^2+a^2}}{a}$,因此

$$\int\frac{dx}{\sqrt{x^2+a^2}}=\ln\left|\frac{x}{a}+\frac{\sqrt{a^2+x^2}}{a}\right|+C_1=\ln\left|x+\sqrt{x^2+a^2}\right|+C.$$

其中 $C=C_1-\ln a$.

【例3.33】 求 $\int\frac{dx}{\sqrt{x^2-a^2}}\ (a>0)$.

解 设 $x=a\sec t\left(t\in\left(0,\frac{\pi}{2}\right)\right)$,则 $dx=a\sec t\cdot\tan t\,dt$,有

$$\sqrt{x^2-a^2}=\sqrt{a^2\sec^2 t-a^2}=a\tan t$$

于是

$$\int \frac{\mathrm{d}x}{\sqrt{x^2-a^2}} = \int \frac{a\sec t\tan t}{a\tan t}\mathrm{d}t = \int \sec t\mathrm{d}t = \ln|\sec t+\tan t| + C_1.$$

由于 $\sec t = \frac{x}{a}$,如图 3.3 所示,便得 $\tan t = \frac{\sqrt{x^2-a^2}}{a}$,因此

$$\int \frac{\mathrm{d}x}{\sqrt{x^2-a^2}} = \ln\left|\frac{x}{a}+\frac{\sqrt{x^2-a^2}}{a}\right| + C_1 = \ln\left|x+\sqrt{x^2-a^2}\right| + C,$$

其中 $C = C_1 - \ln a$.

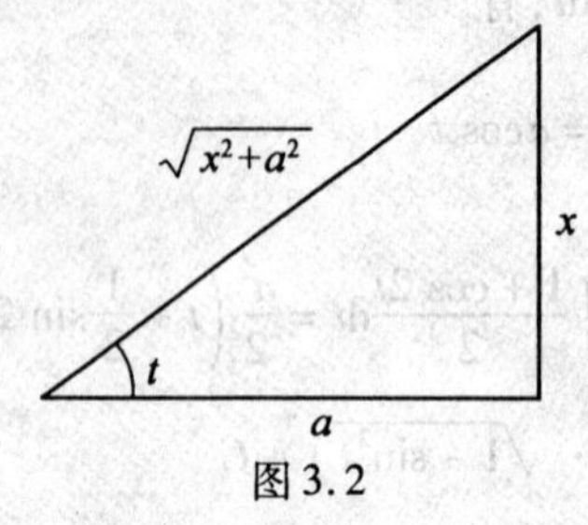

图 3.2

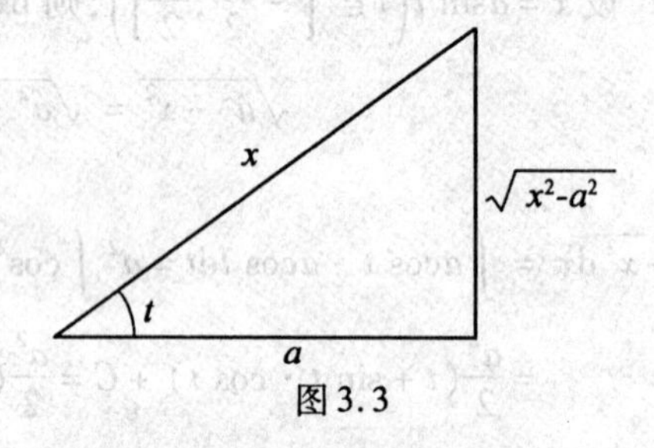

图 3.3

当被积函数与含根式 $\sqrt{ax^2+bx+c}$ 时,可通过配方法化为上述三种情形.

【例 3.34】 求 $\int \frac{x}{\sqrt{1+2x-x^2}}\mathrm{d}x$.

解　由于 $\sqrt{1+2x-x^2} = \sqrt{2-(x-1)^2}$,设 $x-1=\sqrt{2}\sin t, t\in\left[-\frac{\pi}{2},\frac{\pi}{2}\right]$,则

$$\sqrt{1+2x-x^2} = \sqrt{2}\cos t, \mathrm{d}x = \sqrt{2}\cos t\mathrm{d}t,$$

于是

$$\int \frac{x}{\sqrt{1+2x-x^2}}\mathrm{d}x = \int \frac{\sqrt{2}\sin t+1}{\sqrt{2}\cos t}\sqrt{2}\cos t\mathrm{d}t = \int (\sqrt{2}\sin t+1)\mathrm{d}t = -\sqrt{2}\cos t + t + C,$$

由于 $\sin t = \frac{x-1}{\sqrt{2}}$,如图 3.4 所示,便得

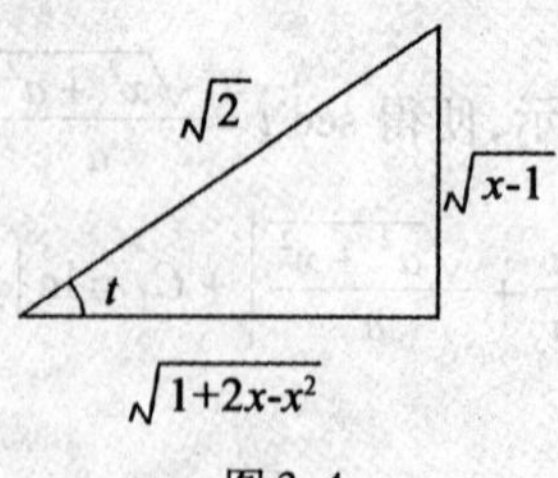

图 3.4

$$\cos t = \sqrt{\frac{1+2x-x^2}{2}},$$

因此

$$\int \frac{x}{\sqrt{1+2x-x^2}}\mathrm{d}x = -\sqrt{1+2x-x^2} + \arcsin\frac{x-1}{\sqrt{2}} + C.$$

最后,为了以后计算方便,将几个常用的不定积分公式补充到基本积分公式中(其中

设 $a>0$)：

(14) $\int \tan x\mathrm{d}x = -\ln|\cos x| + C$,

(15) $\int \cot x\mathrm{d}x = \ln|\sin x| + C$,

(16) $\int \sec x\mathrm{d}x = \ln|\sec x + \tan x| + C$,

(17) $\int \csc x\mathrm{d}x = \ln|\csc x - \cot x| + C$,

(18) $\int \frac{1}{a^2 + x^2}\mathrm{d}x = \frac{1}{a}\arctan\frac{x}{a} + C$,

(19) $\int \frac{1}{x^2 - a^2}\mathrm{d}x = \frac{1}{2a}\ln\left|\frac{x-a}{x+a}\right| + C$,

(20) $\int \frac{1}{\sqrt{a^2 - x^2}}\mathrm{d}x = \arcsin\frac{x}{a} + C$,

(21) $\int \frac{1}{\sqrt{x^2 \pm a^2}}\mathrm{d}x = \ln|x + \sqrt{x^2 \pm a^2}| + C$.

【例 3.35】 求 $\int \frac{\mathrm{d}x}{x^2 + 2x + 3}$.

解

$$\int \frac{\mathrm{d}x}{x^2 + 2x + 3} = \int \frac{1}{(x+1)^2 + (\sqrt{2})^2}\mathrm{d}(x+1),$$

利用公式(18)，便得

$$\int \frac{\mathrm{d}x}{x^2 + 2x + 3} = \frac{1}{\sqrt{2}}\arctan\frac{x+1}{\sqrt{2}} + C.$$

【例 3.36】 求 $\int \frac{\mathrm{d}x}{\sqrt{4x^2 + 9}}$.

解

$$\int \frac{\mathrm{d}x}{\sqrt{4x^2 + 9}} = \int \frac{\mathrm{d}x}{\sqrt{(2x)^2 + 3^3}} = \frac{1}{2}\int \frac{d(2x)}{\sqrt{(2x)^2 + 3^2}},$$

利用公式(21)，便得

$$\int \frac{\mathrm{d}x}{\sqrt{4x^2 + 9}} = \frac{1}{2}\ln|2x + \sqrt{4x^2 + 9}| + C.$$

习题 3.2

1. 求下列不定积分：

(1) $\int \frac{1}{2x-3}\mathrm{d}x$;　　(2) $\int \frac{x}{\sqrt{1-x^2}}\mathrm{d}x$;

(3) $\int \frac{\sqrt{2+\ln x}}{x}\mathrm{d}x$;　　(4) $\int \mathrm{e}^{-\frac{x}{2}}\mathrm{d}x$;

(5) $\int \frac{1}{\sqrt{2-3x}}\mathrm{d}x$;　　(6) $\int \frac{(\arctan x)^3}{1+x^2}\mathrm{d}x$;

(7) $\int \frac{1}{1-4x^2}\mathrm{d}x$;　　(8) $\int \frac{x}{(1+3x^2)^2}\mathrm{d}x$;

(9) $\int \frac{2x-3}{x^2-3x+8}\mathrm{d}x$;　　(10) $\int \frac{\mathrm{e}^x}{\sqrt{1-\mathrm{e}^{2x}}}\mathrm{d}x$;

(11) $\int \frac{\mathrm{d}t}{t\ln t}$;　　(12) $\int \frac{1}{1+\sin x}\mathrm{d}x$;

(13) $\int \frac{1}{x^2-x-2}\mathrm{d}x$;　　(14) $\int \frac{\mathrm{d}x}{4x^2+4x+5}$;

(15) $\int \frac{\mathrm{d}x}{\sqrt{5-2x-x^2}}$;　　(16) $\int \frac{1+\ln x}{(x\ln x)^2}\mathrm{d}x$;

(17) $\int \frac{\arctan\sqrt{x}}{\sqrt{x}(1+x)}\mathrm{d}x$;　　(18) $\int \frac{\ln\tan x}{\sin x\cos x}\mathrm{d}x$;

(19) $\int \frac{\tan x}{\sqrt{\cos x}}\mathrm{d}x$;　　(20) $\int \sin 5x\cos x\mathrm{d}x$.

2. 求下列不定积分:

(1) $\int \frac{\sqrt{x+2}}{1+\sqrt{x+2}}\mathrm{d}x$;　　(2) $\int \frac{1}{\sqrt{x+1}+\sqrt[4]{x+1}}\mathrm{d}x$;

(3) $\int \sqrt{\frac{x}{1-x\sqrt{x}}}\mathrm{d}x$;　　(4) $\int x\sqrt[4]{2x+3}\,\mathrm{d}x$.

3. 求下列不定积分:

(1) $\int \frac{x^2}{\sqrt{4-x^2}}\mathrm{d}x$;　　(2) $\int \frac{\mathrm{d}x}{x\sqrt{x^2+4}}$;

(3) $\int \frac{\mathrm{d}x}{x+\sqrt{1-x^2}}$;　　(4) $\int \frac{\sqrt{x^2-1}}{x}\mathrm{d}x$.

3.3　分部积分法

分部积分法建立在导数(或微分)的乘积法则的基础之上,先来回顾乘积的微分法则.

设函数 $u=u(x)$, $v=v(x)$ 具有连续导数,则

$$\mathrm{d}(uv)=u\mathrm{d}v+v\mathrm{d}u,$$

两边同时取不定积分有

$$\int \mathrm{d}(uv)=\int u\mathrm{d}v+\int v\mathrm{d}u,$$

即

$$uv=\int u\mathrm{d}v+\int v\mathrm{d}u,$$

移项,有

$$\int u\mathrm{d}v = uv - \int v\mathrm{d}u. \qquad ①$$

这个公式我们称为分部积分公式,分部积分法的作用是,把求 $\int u\mathrm{d}v$ 转化为求 $\int v\mathrm{d}u$. 当 $v\mathrm{d}u$ 容易积分而 $u\mathrm{d}v$ 较难积分时,使用公式①就可以化难为易了,因此,关键是将 $f(x)\mathrm{d}x$ 改写成 $u\mathrm{d}v$ 的形式.

利用分部积分法求 $\int f(x)\mathrm{d}x$ 的基本步骤是:

第一步:把 $f(x)$ 分为两个函数的乘积形式 uv';

第二步:把 $v'\mathrm{d}x$ 凑成微分 $\mathrm{d}v$,得到 v;

第三步:带入分部积分公式,把求 $\int uv'\mathrm{d}x$ 转化为求 $\int u'v\mathrm{d}x$;

第四步,求不定积分 $\int u'v\mathrm{d}x$.

【例 3.37】　求 $\int x\sin x\mathrm{d}x$.

解　设 $u=x$, $\mathrm{d}v=\sin x\mathrm{d}x=d(-\cos x)$,则 $\mathrm{d}u=\mathrm{d}x$, $v=-\cos x$.

于是应用分部积分公式,得

$$\int x\sin x\mathrm{d}x=\int x\mathrm{d}(-\cos x)=-x\cos x-\int(-\cos x)\mathrm{d}x=-x\cos x+\sin x+C.$$

本题若设 $u=\sin x$, $\mathrm{d}v=x\mathrm{d}x$,则 $\mathrm{d}u=\cos x\mathrm{d}x$, $v=\frac{1}{2}x^2$. 代入公式后得到

$$\int x\sin x\mathrm{d}x=\frac{1}{2}x^2\sin x-\frac{1}{2}\int x^2\cos x\mathrm{d}x.$$

新得到的积分 $\int x^2\cos x\mathrm{d}x$ 比原积分更难求,说明这样选取 u, $\mathrm{d}v$ 是不恰当的. 由此可见,利用分部积分法关键是选择合适的 $u(x)$, $v(x)$,然后利用公式.

一般要考虑如下两点:

① v 要容易求得(可用凑微分法求出);

② $\int v\mathrm{d}u$ 要比 $\int u\mathrm{d}v$ 容易求出.

【例 3.38】　求 $\int x\mathrm{e}^{-x}\mathrm{d}x$.

解　设 $u=x$, $\mathrm{d}v=\mathrm{e}^{-x}\mathrm{d}x=\mathrm{d}(-\mathrm{e}^{-x})$,则 $\mathrm{d}u=\mathrm{d}x$, $v=-\mathrm{e}^{-x}$.

应用分部积分公式,得

$$\int x\mathrm{e}^{-x}\mathrm{d}x=\int x\mathrm{d}(-\mathrm{e}^{-x})=-x\mathrm{e}^{-x}-\int\mathrm{e}^{-x}\mathrm{d}(-x)=-x\mathrm{e}^{-x}-\mathrm{e}^{-x}+C.$$

当分部积分公式使用熟练后,函数 u 和 $\mathrm{d}v$ 选取的过程可以不必写出来.

【例 3.39】　求 $\int\ln x\mathrm{d}x$.

解　$$\int\ln x\mathrm{d}x=x\ln x-\int x\mathrm{d}\ln x=x\ln x-\int x\cdot\frac{1}{x}\mathrm{d}x=x\ln x-x+C.$$

【例 3.40】 求 $\int x^3 \ln x dx$.

解 $\int x^3 \ln x dx = \int \ln x d\left(\frac{1}{4}x^4\right) = \frac{x^4}{4}\ln x - \int \frac{1}{4}x^4 d\ln x = \frac{x^4}{4}\ln x - \frac{1}{4}\int x^4 \cdot \frac{1}{x}dx$

$= \frac{1}{4}x^4 \ln x - \frac{1}{16}x^4 + C.$

在利用分部积分法进行计算时,也要注意与分项积分法、换元法等其他积分方法的结合使用.

【例 3.41】 求 $\int x\operatorname{arccot} x dx$.

解 $\int x\operatorname{arccot} x dx = \frac{1}{2}\int \operatorname{arccot} x dx^2 = \frac{1}{2}(x^2 \operatorname{arccot} x - \int x^2 d\operatorname{arccot} x)$

$= \frac{1}{2}x^2 \operatorname{arccot} x + \frac{1}{2}\int \frac{x^2}{1+x^2}dx = \frac{1}{2}x^2 \operatorname{arccot} x + \frac{1}{2}\int (1 - \frac{1}{1+x^2})dx$

$= \frac{1}{2}x^2 \operatorname{arccot} x + \frac{1}{2}x - \frac{1}{2}\arctan x + C.$

【例 3.42】 求 $\int e^{\sqrt{x}} dx$.

解 设 $\sqrt{x} = t$,则 $x = t^2$, $dx = 2tdt$. 于是

$\int e^{\sqrt{x}} dx = 2\int te^t dt = 2\int tde^t = 2(te^t - \int e^t dt) = 2(te^t - t^t) + C = 2e^{\sqrt{x}}(\sqrt{x} - 1) + C.$

在上述不定积分的计算过程中,利用一次分部积分法即可. 但是有些问题中,利用分部积分公式得到新的不定积分,仍不易直接求出,常常接着对新的不定积分再利用分部积分公式,经过逐次分部积分才能得到易求的不定积分.

【例 3.43】 求 $\int x^2 \cos 2x dx$.

解 $\int x^2 \cos 2x dx = \frac{1}{2}\int x^2 d\sin 2x = \frac{1}{2}(x^2 \sin 2x - \int \sin 2x dx^2)$

$= \frac{1}{2}(x^2 \sin 2x - 2\int x\sin 2x dx) = \frac{1}{2}x^2 \sin 2x + \frac{1}{2}\int x d\cos 2x$

$= \frac{1}{2}x^2 \sin 2x + \frac{1}{2}(x\cos 2x - \int \cos 2x dx)$

$= \frac{1}{2}x^2 \sin 2x + \frac{1}{2}x\cos 2x - \frac{1}{4}\sin 2x + C.$

【例 3.44】 求 $\int e^x \sin x dx$.

解 $\int e^x \sin x dx = \int \sin x de^x = e^x \sin x - \int e^x \cos x dx = e^x \sin x - \int \cos x de^x$

$= e^x \sin x - (e^x \cos x + \int e^x \sin x dx) = e^x \sin x - e^x \cos x - \int e^x \sin x dx,$

移项,得

$$2\int e^x \sin x\,dx = e^x(\sin x - \cos x) + 2C,$$

所以

$$\int e^x \sin x\,dx = \frac{1}{2}e^x(\sin x - \cos x) + C.$$

【例3.45】 求 $\int \sec^3 x\,dx$.

解 $\int \sec^3 x\,dx = \int \sec x \cdot \sec^2 x\,dx = \int \sec x\,d\tan x = \sec x\tan x - \int \sec x\tan^2 x\,dx$

$$= \sec x\tan x - \int \sec x(\sec^2 x - 1)\,dx = \sec x\tan x - \int \sec^3 x\,dx + \int \sec x\,dx$$

$$= \sec x\tan x + \ln|\sec x + \tan x| - \int \sec^3 x\,dx,$$

移项同时并除以2得

$$\int \sec^3 x\,dx = \frac{1}{2}[\sec x\tan x + \ln|\sec x + \tan x|] + C.$$

习题3.3

1. 求下列不定积分：

(1) $\int x^2 \ln x\,dx$；　(2) $\int \frac{\ln x}{(1-x)^2}dx$；

(3) $\int \ln(1+x^2)\,dx$；　(4) $\int x\sin 2x\,dx$；

(5) $\int x\cos^2 x\,dx$；　(6) $\int x\sec^2 x\,dx$；

(7) $\int \arccos x\,dx$；　(8) $\int x\cos x\,dx$；

(9) $\int \cos(\ln x)\,dx$；　(10) $\int x\tan^2 x\,dx$；

(11) $\int \arctan\sqrt{x}\,dx$；　(12) $\int e^x \sin^2 x\,dx$.

2. 设 $F(x)$ 为 $f(x)$ 的原函数，且当 $x \geqslant 0$ 时，$f(x)F(x) = \frac{xe^x}{2(1+x)^2}$，已知 $F(0)=1$，$F(x)>0$，试求 $f(x)$.

3. 已知 $\frac{\sin x}{x}$ 是 $f(x)$ 的一个原函数，求 $\int x^3 f(x)\,dx$.

3.4　几种特殊类型函数的积分

对于有理函数、三角函数有理式和某些特殊的无理式,原则上讲,我们总可以通过选择适当的变量替换、分部积分法和分项积分法求出它的不定积分.下面讨论几种比较简单的特殊类型函数的积分.

一、有理函数的积分

有理函数是指由两个多项式的商所表示的函数,即具有如下形式的函数:

$$\frac{P(x)}{Q(x)}=\frac{a_0x^n+a_1x^{n-1}+\cdots+a_{n-1}x+a_n}{b_0x^m+b_1x^{m-1}+\cdots+b_{m-1}x+b_m}, \quad ①$$

其中 m 和 n 都是非负整数;$a_0,a_1,\cdots,a_n$ 及 $b_0,b_1,\cdots,b_m$ 都是实数,且 $a_0\neq0,b_0\neq0$.

在式①中,当 $n\geqslant m$ 时,称这个有理函数是假分式,而当 $n<m$ 时,则称之为真分式.

利用多项式的除法,总可以将一个假分式化成一个多项式和一个真分式之和的形式,多项式的积分很容易,下面要解决有理真分式的不定积分问题.

根据代数学的有关理论可知,任何实系数多项式 $Q(x)$ 在实数范围内可唯一地分解成若干个一次因式乘幂和若干个二次因式乘幂的积,即

$$Q(x)=b_0(x-a)^k\cdots(x-c)^l(x^2+px+q)^\lambda\cdots(x^2+rx+s)^\mu,$$

其中 $b_0\neq0,k,\cdots,l,\lambda,\cdots,\mu$ 为正整数,$k+\cdots+l+2(\lambda+\cdots+\mu)=m,p^2-4q<0,\cdots,r^2-4s<0$.

若有理真分式$\frac{P(x)}{Q(x)}$分母中含有因式$(x-a)^n(n\geqslant2)$,那么分式中含有

$$\frac{A_1}{(x-a)}+\frac{A_2}{(x-a)^2}+\cdots+\frac{A_n}{(x-a)^n};$$

若有理真分式$\frac{P(x)}{Q(x)}$分母中含有因式$(x^2+px+q)^n(n\geqslant2,p^2-4q<0)$,那么分式中含有

$$\frac{A_1x+B_1}{x^2+px+q}+\frac{A_2x+B_2}{(x^2+px+q)^2}+\cdots+\frac{A_nx+B_n}{(x^2+px+q)^n}.$$

其中,$A_1,A_2,\cdots,A_n;B_1,B_2,\cdots,B_n$ 都为实数.

【例3.46】　求$\int\frac{5x+1}{x^2-3x+2}\mathrm{d}x$.

解　因为$\frac{5x+1}{x^2-3x+2}=\frac{5x+1}{(x-1)(x-2)}$可分解为

$$\frac{5x+1}{(x-1)(x-2)}=\frac{A}{x-1}+\frac{B}{x-2}.$$

其中 A,B 为待定系数,通过待定系数方法可求得.

上式两端去分母后,得

$$5x+1=A(x-2)+B(x-1),$$

$$5x+1=(A+B)x-(2A+B).$$

因为这是恒等式,等式两端 x 的系数和常数项必须分别相等,于是有

$$\begin{cases} A+B=5, \\ -(2A+B)=1, \end{cases}$$

从而解得 $A=-6,B=11$. 于是

$$\frac{5x+1}{(x-1)(x-2)}=\frac{-6}{x-1}+\frac{11}{x-2}.$$

所以

$$\int\frac{5x+1}{x^2-3x+2}dx=\int\left(\frac{-6}{x-1}+\frac{11}{x-2}\right)dx=-6\ln|x-1|+11\ln|x-2|+C.$$

【例 3.47】 求 $\int\frac{2x+2}{(x-1)(x^2+1)^2}dx$.

解　因为 $\frac{2x+2}{(x-1)(x^2+1)^2}$ 可分解为

$$\frac{2x+2}{(x-1)(x^2+1)^2}=\frac{A}{x-1}+\frac{B_1x+C_1}{x^2+1}+\frac{B_2x+C_2}{(x^2+1)^2},$$

其中 A,B_1,B_2,C_1,C_2 可用待定系数法求得,两端去分母后,再比较两端分子中 x 的不同次幂的系数,得方程组

$$\begin{cases} A+B_1=0, \\ C_1-B_1=0, \\ 2A+B_2+B_1-C_1=0, \\ C_2+C_1-B_2-B_1=2, \\ A-C_2-C_1=2, \end{cases}$$

解得 $A=1,B_1=-1,C_1=-1,B_2=-2,C_2=0$. 所以

$$\begin{aligned}
\int\frac{2x+2}{(x-1)(x^2+1)^2}dx &= \int\frac{1}{x-1}dx-\int\frac{x+1}{x^2+1}dx-\int\frac{2x}{(x^2+1)^2}dx \\
&= \ln|x-1|-\int\frac{x}{x^2+1}dx-\int\frac{1}{x^2+1}dx-\int\frac{d(x^2+1)}{(x^2+1)^2} \\
&= \ln|x-1|-\frac{1}{2}\int\frac{1}{x^2+1}d(x^2+1)-\arctan x+\frac{1}{x^2+1} \\
&= \ln|x-1|-\frac{1}{2}\ln(x^2+1)-\arctan x+\frac{1}{x^2+1}+C.
\end{aligned}$$

二、三角函数有理式的积分

由变量 u,v 与实数经过有限次四则运算所得到的式子记为 $R(u,v)$,称为 u,v 的有理式,$R(\sin x,\cos x)$ 称为三角函数有理式. 求 $\int R(\sin x,\cos x)dx$ 的基本方法是通过三角替换化成有理函数的积分. 如何选择三角替换,一般有以下情形:

情形一 一般情形与万能替换 $t=\tan\frac{x}{2}$

令 $t=\tan\frac{x}{2}$,则三角函数有理式的积分可化为有理函数的积分

$$\int R(\sin x,\cos x)\,dx \xlongequal{t=\tan\frac{x}{2}} \int R\left(\frac{2t}{1+t^2},\frac{1-t^2}{1+t^2}\right)\frac{2}{1+t^2}dt$$

【例 3.48】 求 $\int\frac{1+\sin x}{\sin x(1+\cos x)}dx$.

解 利用三角函数公式可知 $\sin x$ 与 $\cos x$ 都可以用 $\tan\frac{x}{2}$ 的有理式表示,即

$$\sin x=2\sin\frac{x}{2}\cos\frac{x}{2}=\frac{2\tan\frac{x}{2}}{\sec^2\frac{x}{2}}=\frac{2\tan\frac{x}{2}}{1+\tan^2\frac{x}{2}},$$

$$\cos x=\cos^2\frac{x}{2}-\sin^2\frac{x}{2}=\frac{1-\tan^2\frac{x}{2}}{\sec^2\frac{x}{2}}=\frac{1-\tan^2\frac{x}{2}}{1+\tan^2\frac{x}{2}}.$$

作变换 $u=\tan\frac{x}{2}$,则有

$$\sin x=\frac{2u}{1+u^2},\cos x=\frac{1-u^2}{1+u^2},$$

而 $x=2\arctan u$,从而 $dx=\frac{2}{1+u^2}du$. 于是

$$\int\frac{1+\sin x}{\sin x(1+\cos x)}dx=\int\frac{\left(1+\frac{2u}{1+u^2}\right)\frac{2du}{1+u^2}}{\frac{2u}{1+u^2}\left(1+\frac{1-u^2}{1+u^2}\right)}=\frac{1}{2}\int\left(u+2+\frac{1}{u}\right)du$$

$$=\frac{1}{2}\left(\frac{u^2}{2}+2u+\ln|u|\right)+C=\frac{1}{4}\tan^2\frac{x}{2}+\tan\frac{x}{2}+\frac{1}{2}\ln\left|\tan\frac{x}{2}\right|+C.$$

情形二 一些特殊情形与三角替换

万能替换对三角函数有理式原则上都是可行的,但有时显得很复杂,对某些特殊情形做别的三角替换更为简便,常见的有:

令 $t=\cos x$, $\int R_1(\sin^2x,\cos x)\sin x\,dx \xlongequal{t=\cos x} -\int R_1(1-t^2,t)\,dt$, 其中 $R(u,v)$ 是 u, v 的有理式。

若 $R(-\sin x,\cos x)=-R(\sin x,\cos x)$,即 $R(\sin x,\cos x)$ 对 $\sin x$ 为奇函数,则可化为这种情形。

令 $t=\sin x$, $\int R_1(\sin x,\cos^2x)\cos x\,dx \xlongequal{t=\sin x} \int R_1(t,1-t^2)\,dt$

若 $R(\sin x,-\cos x)=-R(\sin x,\cos x)$, 即 $R(\sin x,\cos x)$ 对 $\cos x$ 为奇函数,则可

化为这种情形.

令 $t=\tan x$，$\int R_1(\tan x)\mathrm{d}x \xlongequal{t=\tan x} \int R_1(t)\frac{1}{1+t^2}\mathrm{d}t$，其中 $R_1(u)$ 为有理式.

若 $R(-\sin x,-\cos x)=R(\sin x,\cos x)$，则 $R(\sin x,\cos x)$ 可化为 $\tan x$ 的有理函数.

所谓三角函数有理式，是指三角函数和常数经过有限次四则运算所构成的函数. 由于各种三角函数都可用 $\sin x$ 及 $\cos x$ 的有理式表示，故三角函数有理式也就是 $\sin x,\cos x$ 的有理式，记作 $R(\sin x,\cos x)$. 下面举例说明.

【例 3.49】　求 $I=\int\frac{\sin x\cos x}{1+\sin^4 x}\mathrm{d}x$.

解　被积函数中 $\sin x,\cos x$ 均为奇函数，是属于可作替换 $t=\cos x$ 或 $t=\sin x$ 的类型，被积函数中 $\sin x,\cos x$ 分别换成 $-\sin x$ 与 $-\cos x$ 后不变，也属于可作替换 $t=\tan x$ 的类型. 万能替换总是可以用的，选择方便的有：

方法 1：令 $t=\sin x$，则

$$I=\int\frac{\sin x\mathrm{d}\sin x}{1+\sin^4 x}=\frac{1}{2}\int\frac{\mathrm{d}\sin^2 x}{1+(\sin^2 x)^2}=\frac{1}{2}\arctan(\sin^2 x)+C.$$

这里用了凑微分法，省略了变量替换的过程.

方法 2：令 $t=\cos x$，则

$$I=-\int\frac{\cos x\mathrm{d}\cos x}{1+(1-\cos^2 x)^2}=-\frac{1}{2}\int\frac{\mathrm{d}\cos^2 x}{1+(1-\cos^2 x)^2}=\frac{1}{2}\int\frac{\mathrm{d}(1-\cos^2 x)}{1+(1-\cos^2 x)^2}$$

$$=\frac{1}{2}\arctan(1-\cos^2 x)+C.$$

方法 3：令 $t=\tan x$，分子、分母同乘 $\frac{1}{\cos^4 x}$ 得

$$I=\int\frac{\tan x\mathrm{d}\tan x}{(1+\tan^2 x)^2+\tan^4 x}=\frac{1}{2}\int\frac{\mathrm{d}\tan^2 x}{2(\tan^2 x+\frac{1}{2})^2+\frac{1}{2}}=\frac{1}{2}\int\frac{\mathrm{d}(2\tan^2 x+1)}{(2\tan^2 x+1)^2+1}$$

$$=\frac{1}{2}\arctan(2\tan^2 x+1)+C.$$

三、求无理式的积分

【例 3.50】　求下列无理函数的不定积分：

(1) $I=\int\frac{1}{x}\sqrt{\frac{1+x}{x}}\mathrm{d}x$.　　　　(2) $I=\int\frac{\sqrt{x}}{1+\sqrt[4]{x^3}}\mathrm{d}x$；

解　(1) 令 $t=\sqrt{\frac{1+x}{x}}$，解出 x，得 $x=\frac{1}{t^2-1}$，于是 $\mathrm{d}x=\frac{-2t}{(t^2-1)^2}\mathrm{d}t$，则

$$I=\int R(t^2-1)\cdot t\frac{-2t}{(t^2-1)^2}\mathrm{d}t=-2\int\frac{t^2-1+1}{t^2-1}\mathrm{d}t=-2t-\int(\frac{1}{t-1}-\frac{1}{t+1})\mathrm{d}t$$

$$= -2t - \ln\left|\frac{t-1}{t+1}\right| + C = -2\sqrt{\frac{1+x}{x}} - \ln\frac{\sqrt{\frac{1+x}{x}}-1}{\sqrt{\frac{1+x}{x}}+1} + C$$

$$= -2\sqrt{\frac{1+x}{x}} - \ln\left[x\left(\sqrt{\frac{1+x}{x}}-1\right)^2\right] + C.$$

(2)令 $t = x^{\frac{1}{4}}$,即 $x = t^4$,于是 $\mathrm{d}x = 4t^3\mathrm{d}t$,则

$$I = \int \frac{t^2}{1+t^3}4t^3\mathrm{d}t = \frac{4}{3}\int\frac{t^3+1-1}{1+t^3}\mathrm{d}t^3 = \frac{4}{3}t^3 - \frac{4}{3}\ln(1+t^3) + C$$

$$= \frac{4}{3}x^{\frac{3}{4}} - \frac{4}{3}\ln(1+x^{\frac{3}{4}}) + C.$$

习题 3.4

求下列不定积分：

(1) $\int\frac{2x+8}{x^2-2x+4}\mathrm{d}x$;

(2) $\int\frac{x+4}{(x^2-1)(x+2)}\mathrm{d}x$;

(3) $\int\frac{x^2+1}{(x+1)^2(x-1)}\mathrm{d}x$;

(4) $\int\frac{x(2-x^2)}{1-x^4}\mathrm{d}x$;

(5) $\int\frac{x}{x^3-x^2+x-1}\mathrm{d}x$;

(6) $\int\frac{x^2+2x-1}{(x^2-x+1)(x-1)}\mathrm{d}x$;

(7) $\int\frac{\mathrm{d}x}{2+\sin x}$;

(8) $\int\frac{\mathrm{d}x}{1+\sin x+\cos x}$;

(9) $\int\frac{1+\tan x}{\sin 2x}\mathrm{d}x$;

(10) $\int\frac{\sqrt{2x-1}}{1+\sqrt[3]{2x-1}}\mathrm{d}x$.

3.5　定积分的概念和性质

前面我们讨论了积分学中的不定积分问题,下面我们将讨论积分学中另一个重要的问题——定积分.我们将从实际问题出发引出定积分的概念,然后讨论定积分的有关性质、计算方法及其在几何、物理、经济等领域的应用.

一、概念引例

1.曲边梯形的面积

设函数 $f(x)$ 在区间 $[a,b]$ $(a<b)$ 上非负、连续.由曲线 $y=f(x)$,直线 $x=a$,$x=b$ 及 x 轴所围成的图形称为曲边梯形,如图 3.5 所示,其中曲线 $y=f(x)$ 称为曲边.下面我们来求此曲边梯形的面积 A.

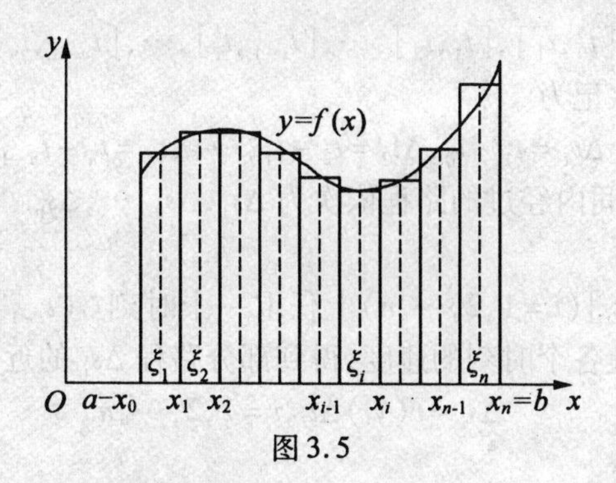

图3.5

(1)分割.

如图3.5,在区间$[a,b]$中插入$n-1$个分点

$$a=x_0<x_1<x_2<\cdots<x_{n-1}<x_n=b,$$

把区间$[a,b]$分成n个小区间

$$[x_0,x_1],[x_1,x_2],\cdots,[x_{i-1},x_i],\cdots,[x_{n-1},x_n].$$

记第i个小区间的长度是$\Delta x_i=x_i-x_{i-1}(i=1,2,\cdots,n)$.然后过每个分点作$x$轴的垂线,把曲边梯形分成$n$个小曲边梯形,第$i$个曲边梯形的面积记为$\Delta A_i(i=1,2,\cdots,n)$.

(2)近似代替.

在第i个小区间$[x_{i-1},x_i](i=1,2,\cdots,n)$上任取一点$\xi_i(x_{i-1}\leqslant\xi_i\leqslant x_i)$,用以$\Delta x_i$为底边,以$f(\xi_i)$为高的小矩形的面积来近似代替小曲边梯形的面积,即

$$\Delta A_i\approx f(\xi_i)\Delta x_i,i=1,2,\cdots,n.$$

(3)求和.

n个小矩形面积之和$\sum\limits_{i=1}^{n}f(\xi_i)\Delta x_i$是曲边梯形面积$A$的一个近似值,即

$$A=\sum_{i=1}^{n}\Delta A_i\approx\sum_{i=1}^{n}f(\xi_i)\Delta x_i.$$

(4)取极限.

用$\lambda=\max\limits_{i}\{\Delta x_i\}$表示所有小区间中最大区间的长度,当分点数$n$无限增大而$\lambda$趋于0时,和式$\sum\limits_{i=1}^{n}f(\xi_i)\Delta x_i$的极限若存在,则将其极限值定义为曲边梯形的面积$A$,即

$$A=\lim_{\lambda\to0}\sum_{i=1}^{n}f(\xi_i)\Delta x_i.$$

2.变速直线运动的路程

设某物体作直线运动,已知速度$v=v(t)$是时间间隔$[T_1,T_2]$上t的连续函数,且$v(t)\geqslant0$,计算在这段时间内物体所经过的路程s.

具体做法如下:

(1)分割.

在时间间隔$[T_1,T_2]$内插入$n-1$个分点

$$T_1=t_0<t_1<t_2<\cdots<t_{n-1}<t_n=T_2,$$

把区间$[T_1,T_2]$分成n个小区间

$$[t_0,t_1],[t_1,t_2],\cdots,[t_{i-1},t_i],\cdots,[t_{n-1},t_n],$$

每个小区间的长度依次记为

$$\Delta t_1=t_1-t_0,\Delta t_2=t_2-t_1,\cdots,\Delta t_n=t_n-t_{n-1}.$$

相应地,在各段时间区间内经过的路程依次为 $\Delta s_1,\Delta s_2,\cdots,\Delta s_n$.

(2)近似代替.

在时间间隔$[t_{i-1},t_i]$$(i=1,2,\cdots,n)$上任取一个时刻$\tau_i$$(t_{i-1}\leqslant\tau_i\leqslant t_i)$,以$\tau_i$ 时的速度$v(\tau_i)$来代替$[t_{i-1},t_i]$上各个时刻的速度,得到部分路程 Δs_i 的近似值,即

$$\Delta s_i\approx v(\tau_i)\Delta t_i,i=1,2,\cdots,n.$$

(3)求和.

n 个匀速运动小段的路程之和 $\sum_{i=1}^{n}v(\tau_i)\Delta t_i$ 可以作为变速直线运动的物体在整个时间段$[T_1,T_2]$上所走过的路程的近似值,即

$$s=\sum_{i=1}^{n}\Delta s_i\approx\sum_{i=1}^{n}v(\tau_i)\Delta t_i.$$

(4)取极限.

当分点数 n 无限增大而小时间区间中最大的长度 $\lambda=\max_i\{\Delta t_i\}$ 趋于 0 时,和式 $\sum_{i=1}^{n}v(\tau_i)\Delta t_i$ 的极限若存在,则有

$$s=\lim_{\lambda\to 0}\sum_{i=1}^{n}v(\tau_i)\Delta t_i.$$

以上两个实际问题,一个是几何上的面积问题,一个是物理上的路程问题,这两个问题的实际意义虽然不同,但解决问题的思想和方法却相同,都是采用分割、近似代替、求和、取极限的方法,而最后都归结为同一结构形式的和式极限. 事实上很多实际问题的解决都可以采用这种方法,并且都归结为这种结构形式的和式的极限. 因此把这种方法加以概括和抽象,便得到定积分的定义.

二、定积分的定义

定义 3.3 设函数$f(x)$在区间$[a,b]$上有界,在$[a,b]$中任意插入 $n-1$ 个分点

$$a=x_0<x_1<x_2<\cdots<x_{n-1}<x_n=b,$$

把区间$[a,b]$分成 n 个小区间

$$[x_0,x_1],[x_1,x_2],\cdots,[x_{i-1},x_i],\cdots,[x_{n-1},x_n].$$

每个小区间的长度依次记为

$$\Delta x_1=x_1-x_0,\Delta x_2=x_2-x_1,\cdots,\Delta x_n=x_n-x_{n-1}.$$

在每个小区间$[x_{i-1},x_i]$$(i=1,2,\cdots,n)$上任取一点 $\xi_i$$(x_{i-1}\leqslant\xi_i\leqslant x_i)$,作函数$f(\xi_i)$与小区间长度 Δx_i 的乘积$f(\xi_i)\Delta x_i$$(i=1,2,\cdots,n)$,并作和

$$\sum_{i=1}^{n}f(\xi_i)\Delta x_i,$$

称为积分和. 如果当 n 无限增大,$\lambda=\max_i\{\Delta x_i\}$趋于 0 时,和式 $\sum_{i=1}^{n}f(\xi_i)\Delta x_i$ 的极限存在,

且此极限值与$[a,b]$的分法以及点ξ_i的取法无关,则称函数$f(x)$在区间$[a,b]$上是可积的,并称此极限值为函数$f(x)$在区间$[a,b]$上的定积分,记为$\int_a^b f(x)\mathrm{d}x$,即

$$\int_a^b f(x)\mathrm{d}x=\lim_{\lambda\to 0}\sum_{i=1}^{n} f(\xi_i)\Delta x_i,$$

其中$f(x)$叫作被积函数,$f(x)\mathrm{d}x$叫作被积表达式,x叫作积分变量,a叫作积分下限,b叫作积分上限,$[a,b]$叫作积分区间.

按定积分的定义,可知曲边梯形的面积A是曲边$y=f(x)$在区间$[a,b]$上的定积分,即$A=\int_a^b f(x)\mathrm{d}x$;物体作变速直线运动所经过的距离$s$是速度函数$v=v(t)$在时间区间$[T_1,T_2]$上的定积分,即$s=\int_{T_1}^{T_2} v(t)dt$.

关于定积分概念的几点说明:

(1)定积分$\int_a^b f(x)\mathrm{d}x$是一种和式的极限,是一个数值,这与不定积分不同.

(2)定积分的值只与被积函数$f(x)$和积分区间$[a,b]$有关,而与积分变量的记号无关,即有

$$\int_a^b f(x)\mathrm{d}x=\int_a^b f(t)\mathrm{d}t=\int_a^b f(u)\mathrm{d}u.$$

(3)在定义中,总是假定$a<b$,为了今后使用方便,对$a=b$,$a>b$的情况,作如下补充规定:

当$a=b$时,$\int_a^b f(x)\mathrm{d}x=0$;

当$a>b$时,$\int_a^b f(x)\mathrm{d}x=-\int_b^a f(x)\mathrm{d}x$.

函数$f(x)$在$[a,b]$上满足什么条件一定可积呢?这里不作深入讨论,我们只给出下面两个结论:

(1)若函数$f(x)$在区间$[a,b]$上连续,则$f(x)$在$[a,b]$上可积.

(2)若函数$f(x)$在区间$[a,b]$上有界,且只有有限个间断点,则$f(x)$在$[a,b]$上可积.

结合曲边梯形的面积,易知定积分具有如下几何意义:

(1)当连续函数$f(x)\geqslant 0$时,定积分$\int_a^b f(x)\mathrm{d}x$表示由曲线$y=f(x)$,两条直线$x=a$,$x=b$以及x轴所围成的曲边梯形的面积.

(2)当连续函数$f(x)\leqslant 0$时,定积分$\int_a^b f(x)\mathrm{d}x$表示由曲线$y=f(x)$,两条直线$x=a$,$x=b$以及x轴所围成的曲边梯形的面积的负值.

(3)当连续函数$f(x)$在区间$[a,b]$上既有正值又有负值,此时定积分$\int_a^b f(x)\mathrm{d}x$表示由曲线$y=f(x)$,两条直线$x=a$,$x=b$以及x轴所围成的图形中,位于x轴上方图形的面积之和减去位于x轴下方图形的面积之和.

【例3.51】 根据定积分的几何意义求定积分$I=\int_a^b x\mathrm{d}x$,$(a<b)$的值.

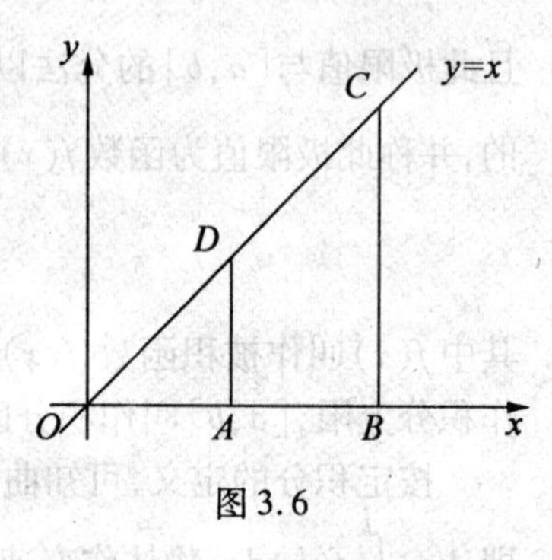

图 3.6

解　设 $0 \leqslant a < b$，则 $I = \int_a^b x\mathrm{d}x$ 表示图 3.6 中梯形 $ABCD$（当 $a=0$ 时，A,D 重合为三角形）的面积，梯形的高为 $b-a$，两个边长分别为 a 与 b，于是

$$I = \frac{1}{2}(b+a)(b-a) = \frac{1}{2}(b^2-a^2),$$

设 $a<0<b$，则 I 表示图中 $\triangle OBC$ 面积减去 $\triangle OAD$ 面积，于是

$$I = \frac{1}{2}b\cdot b - \frac{1}{2}a\cdot a = \frac{1}{2}(b^2-a^2).$$

三、定积分的性质

假设以下性质涉及的函数均是可积的.

性质 1　代数和的积分等于积分的代数和，即

$$\int_a^b [f(x) \pm g(x)]\mathrm{d}x = \int_a^b f(x)\mathrm{d}x \pm \int_a^b g(x)\mathrm{d}x.$$

此性质可推广到有限个函数的情形.

性质 2　常数因子可以提到积分号前，即

$$\int_a^b kf(x)\mathrm{d}x = k\int_a^b f(x)\mathrm{d}x, k \text{ 为常数}.$$

性质 3（定积分的区间可加性）

$$\int_a^b f(x)\mathrm{d}x = \int_a^c f(x)\mathrm{d}x + \int_c^b f(x)\mathrm{d}x, c\in[a,b].$$

事实上，不论 a,b,c 相对位置如何，总有等式

$$\int_a^b f(x)\mathrm{d}x = \int_a^c f(x)\mathrm{d}x + \int_c^b f(x)\mathrm{d}x.$$

例如，当 $a<b<c$ 时，由于

$$\int_a^c f(x)\mathrm{d}x = \int_a^b f(x)\mathrm{d}x + \int_b^c f(x)\mathrm{d}x,$$

于是得

$$\int_a^b f(x)\mathrm{d}x = \int_a^c f(x)\mathrm{d}x - \int_b^c f(x)\mathrm{d}x = \int_a^c f(x)\mathrm{d}x + \int_c^b f(x)\mathrm{d}x.$$

性质 4　如果在区间 $[a,b]$ 上 $f(x)\equiv 1$，则

$$\int_a^b 1\mathrm{d}x = \int_a^b \mathrm{d}x = b-a.$$

性质 5　如果在区间 $[a,b]$ 上 $f(x)\geqslant 0$，则

$$\int_a^b f(x)\mathrm{d}x \geqslant 0 \quad (a<b).$$

推论 1　如果在区间 $[a,b]$ 上总满足条件 $f(x)\leqslant g(x)$，则有

$$\int_a^b f(x)\mathrm{d}x \leqslant \int_a^b g(x)\mathrm{d}x, a<b.$$

推论 2　$\left|\int_a^b f(x)\,\mathrm{d}x\right| \leqslant \int_a^b |f(x)|\,\mathrm{d}x, a<b.$

性质 6　设 M 及 m 分别是函数 $f(x)$ 在区间 $[a,b]$ 上的最大值及最小值，则

$$m(b-a) \leqslant \int_a^b f(x)\,\mathrm{d}x \leqslant M(b-a), a<b.$$

证　因为 $m \leqslant f(x) \leqslant M$，由推论 1 可得

$$\int_a^b m\,\mathrm{d}x \leqslant \int_a^b f(x)\,\mathrm{d}x \leqslant \int_a^b M\,\mathrm{d}x.$$

由性质 2 及性质 4，得

$$m(b-a) \leqslant \int_a^b f(x)\,\mathrm{d}x \leqslant M(b-a).$$

这个性质说明，由被积函数在积分区间上的最大值和最小值可估计积分值的大致范围.

性质 7（积分中值定理）　如果函数 $f(x)$ 在闭区间 $[a,b]$ 上连续，则在积分区间 $[a,b]$ 上至少存在一点 ξ，使下式成立：

$$\int_a^b f(x)\,\mathrm{d}x = f(\xi)(b-a), a \leqslant \xi \leqslant b.$$

证　因为 $f(x)$ 在闭区间 $[a,b]$ 上连续，所以 $f(x)$ 在区间 $[a,b]$ 上有最大值 M 和最小值 m，根据性质 6，得

$$m(b-a) \leqslant \int_a^b f(x)\,\mathrm{d}x \leqslant M(b-a).$$

从而

$$m \leqslant \frac{1}{b-a}\int_a^b f(x)\,\mathrm{d}x \leqslant M.$$

这表明，确定的数值 $\frac{1}{b-a}\int_a^b f(x)\,\mathrm{d}x$ 介于函数 $f(x)$ 的最小值 m 及最大值 M 之间，因为函数 $f(x)$ 在 $[a,b]$ 内连续，由闭区间上连续函数的介值定理知，至少存在一点 $\xi \in [a,b]$，使得

$$\frac{1}{b-a}\int_a^b f(x)\,\mathrm{d}x = f(\xi), a \leqslant \xi \leqslant b.$$

即

$$\int_a^b f(x)\,\mathrm{d}x = f(\xi)(b-a), a \leqslant \xi \leqslant b.$$

积分中值定理的几何意义是：在区间 $[a,b]$ 上至少存在一点 ξ，使得以区间 $[a,b]$ 为底边、以曲线 $y=f(x)$ 为曲边的曲边梯形的面积等于同一底边而高为 $f(\xi)$ 的一个矩形的面积（图 3.7）.

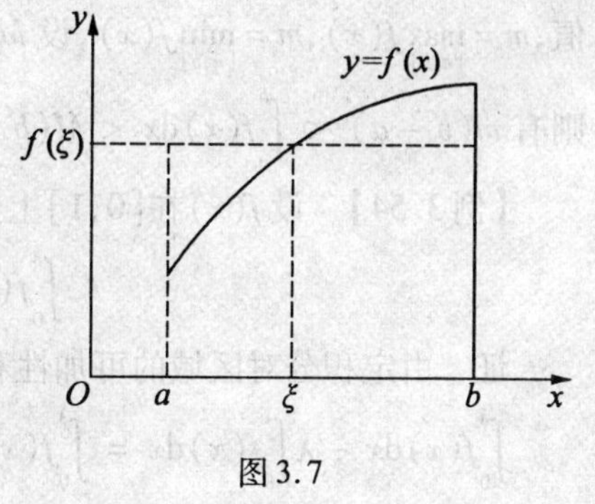

图 3.7

通常称 $\frac{1}{b-a}\int_a^b f(x)\,\mathrm{d}x$ 为函数 $f(x)$ 在区间 $[a,b]$ 上的平均值.

【例 3.52】　试比较下列各题中定积分值的大小.

(1) $\int_0^{\frac{\pi}{2}} \sin^3 x\,\mathrm{d}x$ 与 $\int_0^{\frac{\pi}{2}} \sin^6 x\,\mathrm{d}x$；

(2) $\int_0^{\frac{\pi}{2}}\sin^2 x\mathrm{d}x$ 与 $\int_0^{\frac{\pi}{2}}x^2\mathrm{d}x$.

解　(1) $0\leqslant\sin x\leqslant 1\Rightarrow\sin^6 x\leqslant\sin^3 x, x\in\left[0,\frac{\pi}{2}\right]$，有

$$\int_0^{\frac{\pi}{2}}\sin^6 x\mathrm{d}x\leqslant\int_0^{\frac{\pi}{2}}\sin^3 x\mathrm{d}x$$

(2) 当 $0\leqslant x\leqslant\frac{\pi}{2}$，时 $0\leqslant\sin x\leqslant x\Rightarrow\sin^2 x\leqslant x^2$，有

$$\int_0^{\frac{\pi}{2}}\sin^2 x\mathrm{d}x\leqslant\int_0^{\frac{\pi}{2}}x^2\mathrm{d}x$$

【例3.53】　不计算定积分的值，证明下列不等式

$$0\leqslant\int_0^1 x^2(1-x)^2\mathrm{d}x\leqslant\frac{1}{16}.$$

证　设 $f(x)=x^2(1-x)^2=x^4-2x^3+x^2$，则

$$f'(x)=4x^3-6x^2+2x=2x(x-1)(2x-1).$$

令 $f'(x)=0$，得 $(0,1)$ 内唯一驻点 $x=\frac{1}{2}$.

比较 $f(0)=0, f(1)=0, f\left(\frac{1}{2}\right)=\frac{1}{16}$ 的值，得 $f(x)$ 在 $[0,1]$ 上的最大值 $M=\frac{1}{16}$，最小值 $m=0$.

根据性质6，有

$$0\leqslant\int_0^1 x^2(1-x)^2\mathrm{d}x\leqslant\frac{1}{16}.$$

估计连续函数积分值 $\int_a^b f(x)\mathrm{d}x$ 的一个方法是：先确定 $f(x)$ 在 $[a,b]$ 的最大值与最小值，$m=\max\limits_{[a,b]}f(x)$，$m=\min\limits_{[a,b]}f(x)$，设 $M\neq m$（即 $f(x)$ 不恒为常数），利用定积分的几何意义则有 $m(b-a)<\int_a^b f(x)\mathrm{d}x<M(b-a)$.

【例3.54】　设 $f(x)$ 在 $[0,1]$ 上连续且单调递减，证明：当 $0<\lambda<1$ 时，

$$\int_0^\lambda f(x)\mathrm{d}x\geqslant\lambda\int_0^1 f(x)\mathrm{d}x.$$

证　由定积分对区域的可加性和中值定理有

$$\begin{aligned}\int_0^\lambda f(x)\mathrm{d}x-\lambda\int_0^1 f(x)\mathrm{d}x&=\int_0^\lambda f(x)\mathrm{d}x-\lambda\int_0^\lambda f(x)\mathrm{d}x-\lambda\int_\lambda^1 f(x)\mathrm{d}x\\&=(1-\lambda)f(\xi_1)\lambda-\lambda(1-\lambda)f(\xi_2)\\&=\lambda(1-\lambda)[f(\xi_1)-f(\xi_2)]\geqslant 0\quad(0\leqslant\xi_1\leqslant\lambda\leqslant\xi_2\leqslant 1).\end{aligned}$$

习题3.5

1. 利用定积分的几何意义，证明下列等式：

(1) $\int_0^1 \sqrt{1-x^2}\,dx = \frac{\pi}{4}$;　　　(2) $\int_0^{\pi} \cos x dx = 0$.

2. 设 $\int_{-1}^1 f(x)\,dx = 2$, $\int_{-1}^2 f(x)\,dx = 5$, $\int_1^2 g(x)\,dx = -2$. 求

(1) $\int_1^2 f(x)\,dx$;　　　(2) $\int_1^2 [2f(x) + 3g(x)]\,dx$.

3. 利用定积分的性质,比较下列各组积分值的大小:

(1) $\int_0^1 x^3 dx$ 与 $\int_0^1 x^2 dx$;　　　(2) $\int_1^2 \frac{1}{x} dx$ 与 $\int_1^2 \frac{1}{x^2} dx$.

4. 估计下列各积分的值:

(1) $\int_0^1 e^{x^2} dx$;　　　(2) $\int_0^1 (1+x^2)\,dx$;

(3) $\int_{\frac{1}{\sqrt{3}}}^{\sqrt{3}} x\arctan x dx$;　　　(4) $\int_{-1}^1 e^{-x^2} dx$.

5. 证明:$2e^{-\frac{1}{4}} \leqslant \int_0^2 e^{x^2-x} dx \leqslant 2e^2$.

6. 设 $f(x)$ 在 $[a,b]$ 恒正, $f'(x) > 0$, $f''(x) < 0$, 将下列积分值按大小排序

$$\int_a^b \left[f(a) + \frac{f(b)-f(a)}{b-a}(x-a)\right]dx,\quad \int_a^b f(x)\,dx,\quad \int_a^b f(a)\,dx.$$

7. (平均速度)某公路管理处在城市高速公路出口处,记录了几个星期内车辆平均行驶速度.数据统计表明,一个普通工作日的下午1:00至6:00之间,此出口在 t 时刻的车辆行驶速度为 $v(t) = 2t^3 - 21t^2 + 60t + 40t$(km/h)左右.试计算下午1:00至6:00内车辆的平均行驶速度.

3.6　微积分基本定理

本节通过揭示导数与定积分的关系,引出计算定积分的基本公式:把求定积分的问题转化为求被积函数的原函数的问题.

一、积分上限的函数及其导数

设函数 $f(x)$ 在区间 $[a,b]$ 上连续,设 x 为 $[a,b]$ 上的一点,则 $f(x)$ 在 $[a,x]$ 上连续,从而定积分 $\int_a^x f(x)\,dx$ 存在.该式中, x 既表示积分上限,又表示积分变量.为区别起见,把积分变量换成字母 t,则上面的定积分可以写成

$$\int_a^x f(t)\,dt.$$

如果上限 x 在区间 $[a,b]$ 上任意变动,则对于每一个取定的 x 值,定积分 $\int_a^x f(t)\,dt$ 有一个对应的值,所以在区间 $[a,b]$ 上定义了一个函数,记作 $\Phi(x)$,即

$$\Phi(x) = \int_a^x f(t)\,dt, x \in [a,b].$$

称此函数为积分上限函数.这个函数具有以下重要性质.

定理 3.4 如果函数$f(x)$在区间$[a,b]$上连续,则积分上限函数

$$\Phi(x)=\int_a^x f(t)\,dt$$

在$[a,b]$上可导,且其导数为

$$\Phi'(x)=\frac{d}{dx}\int_a^x f(t)\,dt=f(x),a\leqslant x\leqslant b.$$

证 设$x\in(a,b)$,任给Δx使$x+\Delta x\in(a,b)$,则当$\Delta x\neq 0$时,函数$\Phi(x)$取得增量

$$\begin{aligned}\Delta\Phi&=\Phi(x+\Delta x)-\Phi(x)=\int_a^{x+\Delta x}f(t)\,dt-\int_a^x f(t)\,dt\\&=\int_a^x f(t)\,dt+\int_x^{x+\Delta x}f(t)\,dt-\int_a^x f(t)\,dt=\int_x^{x+\Delta x}f(t)\,dt,\end{aligned}$$

由积分中值定理,得

$$\int_x^{x+\Delta x}f(t)\,dt=f(\xi)\Delta x,\quad \xi\text{在}x\text{与}x+\Delta x\text{之间}.$$

于是

$$\frac{\Delta\Phi}{\Delta x}=f(\xi).$$

由于假定$f(x)$在$[a,b]$上连续,从而当$\Delta x\to 0$时,$x+\Delta x\to x$,于是$\xi\to x$,因此

$$\lim_{\Delta x\to 0}\frac{\Delta\Phi}{\Delta x}=\lim_{\xi\to x}f(\xi)=f(x).$$

即有

$$\Phi'(x)=\frac{d}{dx}\int_a^x f(t)\,dt=f(x).$$

这个定理指出了一个重要结论:积分上限函数$\Phi(x)=\int_a^x f(t)\,dt$是连续函数$f(x)$的一个原函数,即$\Phi'(x)=f(x)$.

定理 3.4 揭示了积分上限函数的求导公式,它的一般形式是:

定理 3.5 设函数$f(x)$在闭区间$[a,b]$上连续,$\varphi(x)$在区间$[a,b]$上可导,且$a\leqslant\varphi(x)\leqslant b,x\in[a,b]$,则

$$\frac{d}{dx}\int_a^{\varphi(x)}f(t)\,dt=f[\varphi(x)]\varphi'(x).$$

证 设$F(x)=\int_a^x f(t)\,dt$,则

$$\int_a^{\varphi(x)}f(t)\,dt=F[\varphi(x)],$$

由复合函数求导法则及定理 3.4 得

$$\frac{d}{dx}\int_a^{\varphi(x)}f(t)\,dt=\frac{d}{dx}F[\varphi(x)]=F'[\varphi(x)]\varphi'(x)=f[\varphi(x)]\varphi'(x).$$

定理证毕.

【例 3.55】　设 $\Phi(x)=\int_0^x t\sqrt{1+t^2}\,\mathrm{d}t$,求 $\Phi'(x)$.

解　$\Phi'(x)=\frac{\mathrm{d}}{\mathrm{d}x}\int_0^x t\sqrt{1+t^2}\,\mathrm{d}t=x\sqrt{1+x^2}$.

【例 3.56】　设 $\Phi(x)=\int_x^{-1}\frac{\sin t}{t}\mathrm{d}t$,求 $\Phi'(x)$.

解　$\Phi'(x)=\frac{\mathrm{d}}{\mathrm{d}x}\int_x^{-1}\frac{\sin t}{t}\mathrm{d}t=\frac{\mathrm{d}}{\mathrm{d}x}\left(-\int_{-1}^{x}\frac{\sin t}{t}\mathrm{d}t\right)=-\frac{\mathrm{d}}{\mathrm{d}x}\left(\int_{-1}^{x}\frac{\sin t}{t}\mathrm{d}t\right)=-\frac{\sin x}{x}$.

【例 3.57】　设 $\Phi(x)=\int_{\sqrt{x}}^{x^2}\mathrm{e}^{-t^2}\mathrm{d}t$,求 $\Phi'(x)$.

解　$\Phi'(x)=\frac{\mathrm{d}}{\mathrm{d}x}\left(\int_{\sqrt{x}}^{x^2}\mathrm{e}^{-t^2}\mathrm{d}t\right)=\frac{\mathrm{d}}{\mathrm{d}x}\left(\int_{\sqrt{x}}^{a}\mathrm{e}^{-t^2}\mathrm{d}t+\int_a^{x^2}\mathrm{e}^{-t^2}\mathrm{d}t\right)$

$$=\frac{\mathrm{d}}{\mathrm{d}x}\left(-\int_a^{\sqrt{x}}\mathrm{e}^{-t^2}\mathrm{d}t+\int_a^{x^2}\mathrm{e}^{-t^2}\mathrm{d}t\right)=-\mathrm{e}^{-(\sqrt{x})^2}(\sqrt{x})'+\mathrm{e}^{-(x^2)^2}(x^2)'$$

$$=-\frac{\mathrm{e}^{-x}}{2\sqrt{x}}+2x\mathrm{e}^{-x^4}.$$

【例 3.58】　求 $\lim\limits_{x\to 0}\frac{\int_0^{\sin x}\sin t^2\,\mathrm{d}t}{x^3}$.

解　这是一个 $\frac{0}{0}$ 型未定式的极限,可以使用洛必达法则来计算

$$\lim_{x\to 0}\frac{\int_0^{\sin x}\sin t^2\,\mathrm{d}t}{x^3}=\lim_{x\to 0}\frac{\cos x\cdot\sin(\sin x)^2}{3x^2}=\lim_{x\to 0}\frac{\sin x^2}{3x^2}=\frac{1}{3}.$$

其中涉及如下等价无穷小的代换

当 $x\to 0$ 时,$\sin(\sin x)^2\sim\sin x^2\sim x^2$.

【例 3.59】　求 $\lim\limits_{x\to\infty}\frac{1}{x}\int_0^x t^2\mathrm{e}^{t^2-x^2}\mathrm{d}t$.

解　这是一个 $\frac{\infty}{\infty}$ 型未定式的极限,利用洛必达法计算有

$$\lim_{x\to\infty}\frac{1}{x}\int_0^x t^2\mathrm{e}^{t^2-x^2}\mathrm{d}t=\lim_{x\to\infty}\frac{\int_0^x t^2\mathrm{e}^{t^2}\mathrm{d}t}{x\mathrm{e}^{x^2}}=\lim_{x\to\infty}\frac{x^2\mathrm{e}^{x^2}}{\mathrm{e}^{x^2}+2x^2\mathrm{e}^{x^2}}=\frac{1}{2}.$$

二、牛顿 - 莱布尼茨公式

定理 3.6　设函数 $F(x)$ 是连续函数 $f(x)$ 在区间 $[a,b]$ 上的一个原函数,则

$$\int_a^b f(x)\,\mathrm{d}x=F(b)-F(a).$$

证　已知 $F(x)$ 是 $f(x)$ 在 $[a,b]$ 上的一个原函数,根据定理 3.4 知,积分上限函数

$$\Phi(x)=\int_a^x f(t)\mathrm{d}t.$$

也是$f(x)$在$[a,b]$上的一个原函数,所以$F(x)-\Phi(x)$是某一个常数,即

$$F(x)-\Phi(x)=C.$$

令$x=a$,得$F(a)-\Phi(a)=C$. 因为$\Phi(a)=0$,可知$C=F(a)$. 从而

$$\Phi(x)=\int_a^x f(t)\mathrm{d}t=F(x)-F(a).$$

再令$x=b$,得

$$\int_a^b f(t)\mathrm{d}t=F(b)-F(a).$$

即

$$\int_a^b f(x)\mathrm{d}x=F(b)-F(a)=F(x)\Big|_a^b$$

上式称为牛顿－莱布尼茨公式.

牛顿－莱布尼茨公式提供了计算定积分的一个有效而简便的方法. 即要求一个连续函数$f(x)$在区间$[a,b]$上的定积分,只要求出被积函数$f(x)$的一个原函数,然后计算该原函数在积分区间$[a,b]$上的增量即可. 该公式进一步揭示了定积分与不定积分之间的内在联系.

【例3.60】　求$\int_0^1 x^2\mathrm{d}x$.

解　由于$\frac{1}{3}x^3$是x^2的一个原函数,所以由牛顿－莱布尼茨公式,有

$$\int_0^1 x^2\mathrm{d}x=\frac{1}{3}x^3\Big|_0^1=\frac{1}{3}(1-0)=\frac{1}{3}.$$

【例3.61】　求$\int_{-1}^1\frac{1}{1+x^2}\mathrm{d}x$.

解　由于$\arctan x$是$\frac{1}{1+x^2}$的一个原函数,所以由牛顿－莱布尼茨公式,有

$$\int_{-1}^1\frac{1}{1+x^2}\mathrm{d}x=\arctan x\Big|_{-1}^1=\arctan 1-\arctan(-1)=\frac{\pi}{4}-\left(-\frac{\pi}{4}\right)=\frac{\pi}{2}.$$

【例3.62】　求$\int_0^\pi\sqrt{1-\sin^2x}\,\mathrm{d}x$.

解　$$\int_0^\pi\sqrt{1-\sin^2x}\,\mathrm{d}x=\int_0^\pi|\cos x|\mathrm{d}x=\int_0^{\frac{\pi}{2}}\cos x\mathrm{d}x+\int_{\frac{\pi}{2}}^\pi(-\cos x)\mathrm{d}x=\sin x\Big|_0^{\frac{\pi}{2}}-\sin x\Big|_{\frac{\pi}{2}}^\pi$$
$$=(1-0)-(0-1)=2.$$

【例3.63】　求$\int_{-2}^{-1}\frac{1}{x}\mathrm{d}x$.

解　$$\int_{-2}^{-1}\frac{1}{x}\mathrm{d}x=\ln|x|\Big|_{-2}^{-1}=\ln 1-\ln 2=-\ln 2.$$

【例3.64】　设$f(x)=x+2\int_0^1 f(t)\mathrm{d}t$,求$f(x)$.

解　令$\int_0^1 f(t)\mathrm{d}t=a$,则$f(x)=x+2a$. 两端同时取$[0,1]$上的定积分,有

$$\int_0^1 (x+2a)\,dx = \int_0^1 f(x)\,dx = a.$$

而
$$\int_0^1 (x+2a)\,dx = \left(\frac{x^2}{2}+2ax\right)\Big|_0^1 = 2a+\frac{1}{2}$$

即有 $2a+\frac{1}{2}=a$，解得 $a=-\frac{1}{2}$，所以有 $f(x)=x-1$.

【例 3.65】 设 $f(x)$ 在 $[a,b]$ 上连续，且 $f(x)>0$，证明：方程 $\int_a^x f(t)\,dt+\int_b^x \frac{1}{f(t)}dt=0$，在 (a,b) 内有且仅有一个实根.

证　存在性：设 $F(x)=\int_a^x f(t)\,dt+\int_b^x \frac{1}{f(t)}dt$，由题设知 $F(x)$ 在 $[a,b]$ 上连续，且

$$F(a)=\int_b^a \frac{1}{f(t)}dt<0;F(b)=\int_a^b f(t)\,dt>0$$

由零点定理必有
$$F(\xi)=0,\xi\in(a,b)$$

唯一性：$F'(x)=f(x)+\frac{1}{f(x)}\geqslant 2$，故 $F(x)$ 在 (a,b) 内单调增加，零点 ξ 唯一.

习题 3.6

1. 设 $y=\int_0^x \sin t\,dt$，求 $y'(0)$，$y'\left(\frac{\pi}{4}\right)$.

2. 求下列函数的导数：

(1) $\int_0^x \sin^2 t\,dt$;　　(2) $\int_{x^2}^0 \ln(1+t)\,dt$;

(3) $\int_x^{2x} \ln^2 t\,dt$;　　(4) $\int_0^x (t^3-x^3)\sin t\,dt$.

3. 设连续函数 $f(x)$ 在 $[a,b]$ 上单调增加，证明：$G(x)=\frac{1}{x-a}\int_a^x f(t)\,dt$ 在 $[a,b]$ 上也单调增加.

4. 当 x 为何值时，函数 $I(x)=\int_0^x te^{-t^2}dt$ 有极值？并求此极值.

5. 求下列极限：

(1) $\lim\limits_{x\to 0}\frac{1}{x^2}\int_0^x \arcsin t\,dt$;　　(2) $\lim\limits_{x\to 0}\frac{\int_{\cos x}^1 e^{-t^2}dt}{\sin x^2}$;

(3) $\lim\limits_{x\to 0}\frac{\int_o^x (e^t-e^{-t})\,dt}{1-\cos x}$;　　(4) $\lim\limits_{h\to 0}\frac{\int_o^h \left(\frac{1}{\theta}-\cot\theta\right)d\theta}{h^2}$;

(5) $\lim\limits_{x\to+\infty}\frac{\int_o^x (\arctan t)^2\,dt}{\sqrt{x^2+1}}$.

6. 用牛顿－莱布尼茨公式计算下列定积分：

(1) $\int_{\frac{1}{\sqrt{3}}}^{\sqrt{3}} \frac{1}{1+x^2}dx$；　　(2) $\int_{-\frac{1}{2}}^{\frac{1}{2}} \frac{dx}{\sqrt{1-x^2}}$；

(3) $\int_1^4 \frac{(\sqrt{x}-1)^2}{\sqrt{x}}dx$；　　(4) $\int_0^{\frac{\pi}{2}} \sin(2x+\pi)dx$；

(5) $\int_0^{\frac{\pi}{2}} \sin^2 \frac{x}{2}dx$；　　(6) $\int_0^{\sqrt{3}a} \frac{dx}{a^2+x^2}dx$；

(7) $\int_0^{2\pi} |\sin x|dx$；　　(8) $\int_0^{\frac{\pi}{4}} \tan^2 x dx$；

(9) $\int_0^2 f(x)dx$，其中 $f(x)=\begin{cases} x+1, x\leqslant 1 \\ \frac{1}{2}x^2, x>1 \end{cases}$.

7. 设 $F(x)=\int_0^x \frac{\sin t}{t}dt$，求 $F'(0)$.

8. 求解下列各题：

(1) 设 $f(x)$ 是连续函数，且 $f(x)=x+2\int_0^1 f(t)dt$，求 $f(x)$；

(2) 设 $xf(x)=\frac{3}{2}x^4-3x^2+4+\int_2^x f(t)dt$，求 $f'(x)$，$f(x)$.

9. 设 $f(x)$ 在 $\left[0,\frac{\pi}{2}\right]$ 上连续，且满足 $f(x)=x^2\int_0^{\frac{\pi}{2}} f(x)dx+\cos x$，求 $f(x)$ 及 $\int_0^{\frac{\pi}{2}} f(x)dx$.

10. (刹车路程)一辆汽车正以 10 m/s 的速度匀速直线行驶，突然发现一障碍物. 于是以 $-1\ \mathrm{m/s^2}$ 的加速度匀减速停下，求汽车的刹车路程.

3.7　定积分的换元法与分部积分法

用牛顿－莱布尼茨公式求定积分的计算问题可归结为求被积函数的原函数问题，即求不定积分的问题，由于在前面我们已详细讨论了计算不定积分的方法，所以严格来说计算定积分的问题已基本解决了，在本节我们重提两个基本方法，其主要目的是能更简化求出定积分的结果.

一、定积分的换元法

定理 3.7　设函数 $f(x)$ 在区间 $[a,b]$ 上连续，且函数 $x=\varphi(t)$ 满足条件：

(1) $\varphi(t)$ 在 $[\alpha,\beta]$ 上单调且具有连续导数；

(2) $\varphi(\alpha)=a$，$\varphi(\beta)=b$ 且当 t 从 α 变到 β 时，x 从 a 变到 b，则有

$$\int_a^b f(x)dx=\int_\alpha^\beta f[\varphi(t)]\varphi'(t)dt. \quad ①$$

此公式称为定积分的换元公式.

证　由函数 $f(x)$ 在区间 $[a,b]$ 上连续知，$f(x)$ 在区间 $[a,b]$ 上可积，为此若设

$$\int f(x)\,\mathrm{d}x = F(x) + C.$$

则有
$$\int_a^b f(x)\,\mathrm{d}x = F(b) - F(a) = F[\varphi(\beta)] - F[\varphi(\alpha)].$$

另外,由不定积分的换元积分公式有

$$\int f[\varphi(t)]\varphi'(t)\,\mathrm{d}t = F[\varphi(t)] + C,$$

所以有

$$\int_\alpha^\beta f[\varphi(t)]\varphi'(t)\,\mathrm{d}t = F[\varphi(t)]\Big|_\alpha^\beta = F[\varphi(\beta)] - F[\varphi(\alpha)],$$

从而

$$\int_a^b f(x)\,\mathrm{d}x = \int_\alpha^\beta f[\varphi(t)]\varphi'(t)\,\mathrm{d}t.$$

在应用定积分换元公式时必须注意以下几点:

(1)公式①中从左到右为变量代换法,换元的同时必须换限;从右到左为凑微分法,此时不需换元.

(2)换元换限后,直接按新的积分变量做下去,不必还原成原积分变量.

【例 3.66】 求 $\int_0^{\sqrt{\frac{\pi}{2}}} x\sin x^2\,\mathrm{d}x$.

解 $\int_0^{\sqrt{\frac{\pi}{2}}} x\sin x^2\,\mathrm{d}x = \frac{1}{2}\int_0^{\sqrt{\frac{\pi}{2}}} \sin x^2\,\mathrm{d}x^2 = -\frac{1}{2}\cos x^2\Big|_0^{\sqrt{\frac{\pi}{2}}} = \frac{1}{2}.$

【例 3.67】 求 $\int_0^{\frac{\pi}{2}} \sin^2 x\cos x\,\mathrm{d}x$.

解 $\int_0^{\frac{\pi}{2}} \sin^2 x\cos x\,\mathrm{d}x = \int_0^{\frac{\pi}{2}} \sin^2 x\,\mathrm{d}\sin x = \frac{\sin^3 x}{3}\Big|_0^{\frac{\pi}{2}} = \frac{1}{3}.$

【例 3.68】 求 $\int_0^4 \frac{x+2}{\sqrt{2x+1}}\mathrm{d}x$.

解 令 $\sqrt{2x+1} = t$,则 $x = \frac{1}{2}(t^2-1)$,$\mathrm{d}x = t\mathrm{d}t$,且当 $x=0$ 时,$t=1$;当 $x=4$ 时,$t=3$.

于是

$$\int_0^4 \frac{x+2}{\sqrt{2x+1}}\mathrm{d}x = \int_1^3 \frac{1}{t}\left(\frac{t^2-1}{2}+2\right)t\mathrm{d}t = \frac{1}{2}\int_1^3 (t^2+3)\,\mathrm{d}t = \left(\frac{t^3}{6}+\frac{3}{2}t\right)\Big|_1^3 = \frac{22}{3}.$$

【例 3.69】 求 $\int_0^1 x^2\sqrt{1-x^2}\,\mathrm{d}x$.

解 令 $x = \sin t$,则 $\mathrm{d}x = \cos t\mathrm{d}t$,且当 $x=0$ 时,$t=0$;当 $x=1$ 时,$t=\frac{\pi}{2}$,于是

$$\int_0^1 x^2\sqrt{1-x^2}\,\mathrm{d}x = \int_0^{\frac{\pi}{2}} \sin^2 t\sqrt{1-\sin^2 t}\cos t\mathrm{d}t = \int_0^{\frac{\pi}{2}} \sin^2 t\cos^2 t\mathrm{d}t = \frac{1}{4}\int_0^{\frac{\pi}{2}} \sin^2 2t\mathrm{d}t$$

$$= \frac{1}{8}\int_0^{\frac{\pi}{2}} (1-\cos 4t)\,\mathrm{d}t = \frac{1}{8}\left(\frac{\pi}{2}-\frac{1}{4}\sin 4t\right)\Big|_0^{\frac{\pi}{2}} = \frac{\pi}{16}.$$

【例 3.70】 求下列定积分：

(1) $\int_0^1 \frac{\arcsin\sqrt{x}}{\sqrt{x(1-x)}}dx$;　　(2) $\int_0^1 \frac{1}{1+e^{-x}}dx$;

(3) $\int_1^{e^2} \frac{dx}{x\sqrt{1+\ln x}}$.

解 (1) 原式 $= 2\int_0^1 \frac{\arcsin\sqrt{x}}{\sqrt{1-(\sqrt{x})^2}}d\sqrt{x}$.

$$= 2\int_0^1 \arcsin\sqrt{x}\, d\arcsin\sqrt{x} = \arcsin^2\sqrt{x}\Big|_0^1 = \frac{\pi}{4}.$$

(2) 原式 $= \int_0^1 \frac{e^x}{1+e^x}dx = \int_0^1 \frac{d(e^x+1)}{1+e^x} = \ln(1+e^x)\Big|_0^1 = \ln\frac{1+e}{2}$.

(3) 原式 $= \int_1^{e^2} \frac{d(\ln x+1)}{\sqrt{\ln x+1}} = 2\sqrt{\ln x+1}\Big|_1^{e^2} = 2(\sqrt{3}-1)$.

【例 3.71】 $\int_0^{\ln 2} \sqrt{1-e^{-2x}}dx$.

解 做指数代换与幂函数代换的结合，令

$$t = \sqrt{1-e^{-2x}} \Rightarrow x = -\frac{1}{2}\ln(1-t^2),\ dx = \frac{t}{1-t^2}dt,$$

$x=0$ 时 $t=0$，$x=\ln 2$ 时 $t=\frac{\sqrt{3}}{2}$，于是

$$\int_0^{\frac{\sqrt{3}}{2}} t\cdot\frac{t}{1-t^2}dt = \int_0^{\frac{\sqrt{3}}{2}} \frac{t^2-1+1}{1-t^2}dt = -\frac{\sqrt{3}}{2} + \frac{1}{2}\int_0^{\frac{\sqrt{3}}{2}}\left(\frac{1}{1-t}+\frac{1}{1+t}\right)dt$$

$$= -\frac{\sqrt{3}}{2} + \frac{1}{2}\ln\frac{1+t}{1-t}\Big|_0^{\frac{\sqrt{3}}{2}} = -\frac{\sqrt{3}}{2} + \ln(2+\sqrt{3}).$$

【例 3.72】 设 $f(x)$ 在 $[-a,a]$ 上连续，证明：

(1) $\int_{-a}^a f(x)dx = \int_0^a [f(x)+f(-x)]dx$;

(2) $\int_{-a}^a f(x)dx = \begin{cases} 2\int_0^a f(x)dx, & \text{若} f(x) \text{为偶函数}, \\ 0, & \text{若} f(x) \text{为奇函数}. \end{cases}$

证 (1) 由定积分的积分可加性有

$$\int_{-a}^a f(x)dx = \int_{-a}^0 f(x)dx + \int_0^a f(x)dx,$$

对 $\int_{-a}^0 f(x)dx$ 作变量替换，令 $x=-t$，则

$$\int_{-a}^0 f(x)dx = -\int_a^0 f(-t)dt = \int_0^a f(-t)dt = \int_0^a f(-x)dx,$$

于是由

$$\int_{-a}^a f(x)dx = \int_0^a [f(x)+f(-x)]dx;$$

(2)若$f(x)$为偶函数,则$f(-x)=f(x)$,于是由(1)的结果有

$$\int_{-a}^{a}f(x)\,\mathrm{d}x=\int_{0}^{a}[f(x)+f(-x)]\,\mathrm{d}x=2\int_{0}^{a}f(x)\,\mathrm{d}x;$$

若$f(x)$为奇函数,则$f(-x)=-f(x)$,于是有

$$\int_{-a}^{a}f(x)\,\mathrm{d}x=\int_{0}^{a}[f(x)+f(-x)]\,\mathrm{d}x=\int_{0}^{a}0\,\mathrm{d}x=0.$$

若定积分的积分区间是对称区间且被积函数是奇函数或偶函数时,可用例3.72的结果简化计算.

【例3.73】 求$\int_{-1}^{1}\frac{x^3\cos^2x}{x^2+1}\mathrm{d}x$.

解 因为被积函数在$[-1,1]$上是奇函数,所以

$$\int_{-1}^{1}\frac{x^3\cos^2x}{x^2+1}\mathrm{d}x=0.$$

【例3.74】 若函数$f(x)$在$[0,1]$上连续,证明:

(1) $\int_{0}^{\frac{\pi}{2}}f(\sin x)\,\mathrm{d}x=\int_{0}^{\frac{\pi}{2}}f(\cos x)\,\mathrm{d}x$;

(2) $\int_{0}^{\pi}xf(\sin x)\,\mathrm{d}x=\frac{\pi}{2}\int_{0}^{\pi}f(\sin x)\,\mathrm{d}x$,由此计算

$$\int_{0}^{\pi}\frac{x\sin x}{1+\cos^2x}\mathrm{d}x.$$

证 (1)设$x=\frac{\pi}{2}-t$,则$\mathrm{d}x=-\mathrm{d}t$,且当$x=0$时,$t=\frac{\pi}{2}$;当$x=\frac{\pi}{2}$时,$t=0$. 于是

$$\int_{0}^{\frac{\pi}{2}}f(\sin x)\,\mathrm{d}x=-\int_{\frac{\pi}{2}}^{0}f\left[\sin\left(\frac{\pi}{2}-t\right)\right]\mathrm{d}t=\int_{0}^{\frac{\pi}{2}}f(\cos t)\,\mathrm{d}t=\int_{0}^{\frac{\pi}{2}}f(\cos x)\,\mathrm{d}x.$$

(2)设$x=\pi-t$,则$\mathrm{d}x=-\mathrm{d}t$,且当$x=0$时,$t=\pi$;当$x=\pi$时,$t=0$. 于是

$$\begin{aligned}\int_{0}^{\pi}xf(\sin x)\,\mathrm{d}x&=-\int_{\pi}^{0}(\pi-t)f[\sin(\pi-t)]\,\mathrm{d}t=\int_{0}^{\pi}(\pi-t)f(\sin t)\,\mathrm{d}t\\&=\pi\int_{0}^{\pi}f(\sin t)\,\mathrm{d}t-\int_{0}^{\pi}tf(\sin t)\,\mathrm{d}t=\pi\int_{0}^{\pi}f(\sin x)\,\mathrm{d}x-\int_{0}^{\pi}xf(\sin x)\,\mathrm{d}x,\end{aligned}$$

所以
$$\int_{0}^{\pi}xf(\sin x)\,\mathrm{d}x=\frac{\pi}{2}\int_{0}^{\pi}f(\sin x)\,\mathrm{d}x.$$

由上述结论,可得

$$\begin{aligned}\int_{0}^{\pi}\frac{x\sin x}{1+\cos^2x}\mathrm{d}x&=\frac{\pi}{2}\int_{0}^{\pi}\frac{\sin x}{1+\cos^2x}\mathrm{d}x=-\frac{\pi}{2}\int_{0}^{\pi}\frac{\mathrm{d}\cos x}{1+\cos^2x}=-\frac{\pi}{2}[\arctan(\cos x)]_{0}^{\pi}\\&=-\frac{\pi}{2}\left(-\frac{\pi}{4}-\frac{\pi}{4}\right)=\frac{\pi^2}{4}.\end{aligned}$$

【例3.75】 设函数

$$f(x)=\begin{cases}x\mathrm{e}^{-x^2}, & -1<x<0\\ \sin 2x, & x\geqslant 0\end{cases},$$

计算$\int_{0}^{3}f(x-1)\,\mathrm{d}x$.

解 设 $x-1=t$,则 $dx=dt$,且当 $x=0$ 时,$t=-1$;当 $x=3$ 时,$t=2$. 于是

$$\int_0^3 f(x-1)\,dx=\int_{-1}^2 f(t)\,dt=\int_{-1}^0 te^{-t^2}dt+\int_0^2 \sin 2t\,dt=-\frac{1}{2}e^{-t^2}\Big|_{-1}^0-\frac{1}{2}\cos 2t\Big|_0^2$$
$$=\frac{1}{2}\left(-\cos 4+\frac{1}{e}\right).$$

二、定积分的分部积分法

设函数 $u=u(x)$,$v=v(x)$ 在 $[a,b]$ 上有连续导数,则有 $u\,dv=d(uv)-v\,du$. 分别求上式两端在 $[a,b]$ 上的定积分,得

$$\int_a^b u\,dv=uv\Big|_a^b-\int_a^b v\,du.$$

这个公式称为定积分的分部积分公式.

【例 3.76】 求 $\int_1^e \ln x\,dx$.

解 $\int_1^e \ln x\,dx=x\ln x\Big|_1^e-\int_1^e x\cdot\frac{1}{x}dx=e-x\Big|_1^e=e-(e-1)=1.$

【例 3.77】 求 $\int_0^1 x\arctan x\,dx$.

解
$$\int_0^1 x\arctan x\,dx=\int_0^1 \arctan x\,d\left(\frac{x^2}{2}\right)=\left(\frac{x^2}{2}\arctan x\right)\Big|_0^1-\int_0^1\frac{x^2}{2}\cdot\frac{1}{1+x^2}dx$$
$$=\frac{\pi}{8}-\frac{1}{2}\int_0^1\left(1-\frac{1}{1+x^2}\right)dx=\frac{\pi}{8}-\frac{1}{2}(x-\arctan x)\Big|_0^1=\frac{\pi}{4}-\frac{1}{2}.$$

【例 3.78】 求 $\int_0^{\frac{\pi}{4}} x\cos x\,dx$.

解 $\int_0^{\frac{\pi}{4}} x\cos x\,dx=\int_0^{\frac{\pi}{4}} x\,d\sin x=x\sin x\Big|_0^{\frac{\pi}{4}}-\int_0^{\frac{\pi}{4}}\sin x\,dx=\frac{\pi}{4}\cdot\frac{\sqrt{2}}{2}+\cos x\Big|_0^{\frac{\pi}{4}}=\frac{\sqrt{2}}{8}\pi+\frac{\sqrt{2}}{2}-1.$

【例 3.79】 求 $\int_0^{\frac{\pi}{4}}\frac{x}{1+\cos 2x}dx$.

解
$$\int_0^{\frac{\pi}{4}}\frac{x}{2\cos^2 x}dx=\frac{1}{2}\int_0^{\frac{\pi}{4}}x\,d\tan x=\frac{1}{2}x\tan x\,\Big|_0^{\frac{\pi}{4}}-\frac{1}{2}\int_0^{\frac{\pi}{4}}\frac{\sin x}{\cos x}dx$$
$$=\frac{\pi}{8}+\frac{1}{2}\int_0^{\frac{\pi}{4}}\frac{d\cos x}{\cos x}=\frac{\pi}{8}+\frac{1}{2}\ln\cos x\Big|_0^{\frac{\pi}{4}}=\frac{\pi}{8}-\frac{1}{4}\ln 2.$$

【例 3.80】 $\int_0^4 e^{\sqrt{x}}dx$.

解 令 $\sqrt{x}=t$,则 $x=t^2$,$dx=2t\,dt$,且当 $x=0$ 时,$t=0$;当 $x=4$ 时,$t=2$,于是

$$\int_0^4 e^{\sqrt{x}}dx=\int_0^2 e^t 2t\,dt=2\int_0^2 t\,de^t=2te^t\Big|_0^2-2\int_0^2 e^t dt=4e^2-2e^t\Big|_0^2=2e^2+2.$$

【例 3.81】 已知 $f(0)=1$,$f(2)=3$,$f'(2)=5$,求 $\int_0^1 xf''(2x)\,dx$.

解 由 $f(0)=1$,$f(2)=3$,$f'(2)=5$,并利用分部积分有

$$\int_0^1 xf''(2x)\mathrm{d}x = \frac{1}{2}\int_0^1 xf''(2x)\mathrm{d}(2x) = \frac{1}{2}\int_0^1 x\mathrm{d}f'(2x) = \frac{1}{2}\left[xf'(2x)\Big|_0^1 - \int_0^1 f'(2x)\mathrm{d}x\right]$$

$$= \frac{1}{2}\left[f'(2) - \frac{1}{2}\int_0^1 f'(2x)\mathrm{d}(2x)\right] = \frac{1}{2}\left[5 - \frac{1}{2}f(2x)\Big|_0^1\right]$$

$$= \frac{5}{2} - \frac{1}{4}[f(2) - f(0)] = \frac{5}{2} - \frac{1}{4}(3-1) = 2.$$

【例3.82】　已知 $I = \int_0^1 y(x)\mathrm{d}x$，其中 $y'(x) = \arctan(x-1)^2, y(0) = 0$.

解　$I = \int_0^1 y(x)d(x-1) = y(x)(x-1)\Big|_0^1 - \int_0^1 (x-1)y'(x)\mathrm{d}x$

$$= -\int_0^1 (x-1)\arctan(x-1)^2\mathrm{d}x = -\frac{1}{2}\int_0^1 \arctan(x-1)^2 d(x-1)^2$$

$$\xlongequal{t=(x-1)^2} \frac{1}{2}\int_0^1 \arctan t dt = \frac{1}{2}t\arctan t\Big|_0^1 - \frac{1}{2}\int_0^1 \frac{t}{1+t}\mathrm{d}t$$

$$= \frac{\pi}{8} - \frac{1}{4}\int_0^1 \frac{\mathrm{d}(1+t^2)}{1+t^2} = \frac{\pi}{8} - \frac{1}{4}\ln(1+t^2)\Big|_0^1 = \frac{\pi}{8} - \frac{1}{4}\ln 2.$$

在解本题时，不必由 $y'(x)$ 先去求 $y(x)$，再求 $\int_0^1 y(x)\mathrm{d}x$，而是将 $\int_0^1 y(x)\mathrm{d}x$ 分部积分，转化成与 $y'(x)$ 有关的定积分.

习题3.7

1. 计算下列积分：

(1) $\int_1^2 \frac{1}{(3x-1)^2}\mathrm{d}x$；　(2) $\int_0^1 x\mathrm{e}^{-\frac{x^2}{2}}\mathrm{d}x$；

(3) $\int_0^\pi \frac{\sin x}{1+\cos^2 x}\mathrm{d}x$；　(4) $\int_1^\mathrm{e} \frac{1}{x(1+\ln x)}\mathrm{d}x$；

(5) $\int_0^{\ln 2} \sqrt{\mathrm{e}^x - 1}\,\mathrm{d}x$；　(6) $\int_1^2 \frac{\sqrt{x^2-1}}{x}\mathrm{d}x$；

(7) $\int_1^{\sqrt{3}} \frac{1}{x^2\sqrt{1+x^2}}\mathrm{d}x$；　(8) $\int_0^1 \sqrt{4-x^2}\,\mathrm{d}x$.

2. 设 $f(x)$ 在 $[-b,b]$ 上连续，证明：$\int_{-b}^b f(x)\mathrm{d}x = \int_{-b}^b f(-x)\mathrm{d}x$.

3. 证明：$\int_x^1 \frac{\mathrm{d}t}{1+t^2} = \int_1^{\frac{1}{x}} \frac{\mathrm{d}t}{1+t^2}\ (x>0)$.

4. 证明：$\int_0^\pi \sin^n x\mathrm{d}x = 2\int_0^{\frac{\pi}{2}} \sin^n x\mathrm{d}x$.

5. 计算下列定积分：

(1) $\int_0^{\frac{\pi}{2}} x\sin x\mathrm{d}x$；　(2) $\int_0^1 x\mathrm{e}^{-2x}\mathrm{d}x$；

(3) $\int_0^{\frac{\pi}{4}} x\cos 2x\mathrm{d}x$;　　(4) $\int_0^{\frac{1}{2}} \arcsin x\mathrm{d}x$;

(5) $\int_1^e x^2\ln x\mathrm{d}x$;　　(6) $\int_0^1 \ln(1+x^2)\mathrm{d}x$;

(7) $\int_0^{\sqrt{\ln 2}} x^3 e^{x^2}\mathrm{d}x$;　　(8) $\int_0^1 e^{\sqrt{2x+1}}\mathrm{d}x$.

6. 利用函数的奇偶性,计算下列积分:

(1) $\int_{-2}^{2} x^2\sin x\mathrm{d}x$;　　(2) $\int_{-\frac{\pi}{2}}^{\frac{\pi}{2}} 4\cos^4 x\mathrm{d}x$;

7. 设 $f(x)=\begin{cases}\sqrt{1+x}, & -1\leqslant x\leqslant 0\\ e^{-\sqrt{x}}, & 0<x<+\infty\end{cases}$,求 $F(x)=\int_{-1}^{x} f(t)\mathrm{d}t,\ -1\leqslant x<+\infty$.

8. (石油消耗量)近年来,世界范围内每年的石油消耗率呈指数增长,增长指数大约为 0.07. 1970 年初,消耗量大约为 161 亿桶,设 $R(t)$ 表示从 1970 年起第 t 年的石油消耗率. 已知 $R(t)=161e^{0.07t}$(亿桶). 试用此式计算从 1970 年到 1990 年间石油消耗的总量.

9. (电能)在电力需求的电涌时期,消耗电能的速度 r 可以近似地表示为 $r=te^{-t}$(t 的单位:h). 求在前两个小时内消耗的总电能 E(单位:J).

3.8　广 义 积 分

在一些实际问题中,我们常遇到积分区间为无穷区间,或者被积函数为无界函数的积分. 因此,我们对定积分作如下两种推广,从而形成广义积分的概念.

一、无穷限的广义积分

定义 3.4　设函数 $f(x)$ 在区间 $[a,+\infty)$ 上连续,取 $t>a$,如果极限

$$\lim_{t\to+\infty}\int_a^t f(x)\mathrm{d}x$$

存在,则称此极限值为函数 $f(x)$ 在无穷区间 $[a,+\infty)$ 上的广义积分,记作 $\int_a^{+\infty} f(x)\mathrm{d}x$,即

$$\int_a^{+\infty} f(x)\mathrm{d}x=\lim_{t\to+\infty}\int_a^t f(x)\mathrm{d}x.$$

这时我们说广义积分 $\int_a^{+\infty} f(x)\mathrm{d}x$ 存在或收敛;如果 $\lim\limits_{t\to+\infty}\int_a^t f(x)\mathrm{d}x$ 不存在,就说广义积分 $\int_a^{+\infty} f(x)\mathrm{d}x$ 不存在或发散.

类似地,设函数 $f(x)$ 在区间 $(-\infty,b]$ 上连续,取 $t<b$,如果极限

$$\lim_{t\to-\infty}\int_t^b f(x)\mathrm{d}x$$

存在,则称此极限值为函数 $f(x)$ 在无穷区间 $(-\infty,b]$ 上的广义积分,记作 $\int_{-\infty}^{b} f(x)\mathrm{d}x$,即

$$\int_{-\infty}^{b} f(x)\mathrm{d}x=\lim_{t\to-\infty}\int_t^b f(x)\mathrm{d}x.$$

这时我们说广义积分$\int_{-\infty}^{b} f(x)\,\mathrm{d}x$存在或收敛；如果$\lim\limits_{t\to-\infty}\int_{t}^{b} f(x)\,\mathrm{d}x$不存在，就说广义积分$\int_{-\infty}^{b} f(x)\,\mathrm{d}x$不存在或发散.

设函数$f(x)$在区间$(-\infty,+\infty)$上连续，如果广义积分

$$\int_{-\infty}^{0} f(x)\,\mathrm{d}x \text{ 与 } \int_{0}^{+\infty} f(x)\,\mathrm{d}x$$

都收敛，则称上述两广义积分之和为函数$f(x)$在无穷区间$(-\infty,+\infty)$上的广义积分，记作$\int_{-\infty}^{+\infty} f(x)\,\mathrm{d}x$，即

$$\int_{-\infty}^{+\infty} f(x)\,\mathrm{d}x=\int_{-\infty}^{0} f(x)\,\mathrm{d}x+\int_{0}^{+\infty} f(x)\,\mathrm{d}x=\lim_{t\to-\infty}\int_{t}^{0} f(x)\,\mathrm{d}x+\lim_{t\to+\infty}\int_{0}^{t} f(x)\,\mathrm{d}x.$$

这时称广义积分$\int_{-\infty}^{+\infty} f(x)\,\mathrm{d}x$存在或收敛；否则就称广义积分$\int_{-\infty}^{+\infty} f(x)\,\mathrm{d}x$不存在或发散.

以上广义积分统称为无穷限的广义积分.

注　设$F(x)$是函数$f(x)$在所给区间上的一个原函数，则在计算无穷限的广义积分时，可借助牛顿－莱布尼茨公式.

若$\lim\limits_{x\to+\infty} F(x)$存在，则广义积分

$$\int_{a}^{+\infty} f(x)\,\mathrm{d}x=F(x)\Big|_{a}^{+\infty}=\lim_{x\to+\infty} F(x)-F(a);$$

若$\lim\limits_{x\to+\infty} F(x)$不存在，则广义积分$\int_{a}^{+\infty} f(x)\,\mathrm{d}x$发散.

类似地，若$\lim\limits_{x\to-\infty} F(x)$存在，则广义积分

$$\int_{-\infty}^{b} f(x)\,\mathrm{d}x=F(x)\Big|_{-\infty}^{b}=F(b)-\lim_{x\to-\infty} F(x);$$

若$\lim\limits_{x\to-\infty} F(x)$不存在，则广义积分$\int_{-\infty}^{b} f(x)\,\mathrm{d}x$发散.

若$\lim\limits_{x\to-\infty} F(x)$与$\lim\limits_{x\to+\infty} F(x)$都存在时，有

$$\int_{-\infty}^{+\infty} f(x)\,\mathrm{d}x=F(x)\Big|_{-\infty}^{+\infty}=\lim_{x\to+\infty} F(x)-\lim_{x\to-\infty} F(x).$$

当$\lim\limits_{x\to-\infty} F(x)$与$\lim\limits_{x\to+\infty} F(x)$至少有一个不存在时，广义积分$\int_{-\infty}^{+\infty} f(x)\,\mathrm{d}x$发散.

【例3.83】　计算$\int_{0}^{+\infty} x\mathrm{e}^{-x}\mathrm{d}x$.

解
$$\int_{0}^{+\infty} x\mathrm{e}^{-x}\mathrm{d}x=-\int_{0}^{+\infty} x\mathrm{d}\mathrm{e}^{-x}=(-x\mathrm{e}^{x})\Big|_{0}^{+\infty}+\int_{0}^{+\infty}\mathrm{e}^{-x}\mathrm{d}x$$
$$=(-\lim_{x\to+\infty} x\mathrm{e}^{-x}+0)-(\mathrm{e}^{-x})\Big|_{0}^{+\infty}=-(\lim_{x\to+\infty}\mathrm{e}^{-x}-\mathrm{e}^{0})=1.$$

其中$\lim\limits_{x\to+\infty} x\mathrm{e}^{-x}=\lim\limits_{x\to+\infty}\dfrac{x}{\mathrm{e}^{x}}=0$.

【例3.84】　证明广义积分$\int_{a}^{+\infty}\dfrac{\mathrm{d}x}{x^{p}}(a>0)$当$p>1$时收敛，当$p\leqslant 1$时发散.

证 当 $p=1$ 时

$$\int_a^{+\infty}\frac{dx}{x^p}=\int_a^{+\infty}\frac{dx}{x}=\ln x\Big|_a^{+\infty}=+\infty.$$

当 $p\neq 1$ 时

$$\int_a^{+\infty}\frac{dx}{x^p}=\frac{x^{1-p}}{1-p}\Big|_a^{+\infty}=\begin{cases}+\infty, & 当\ p<1\\ \dfrac{a^{1-p}}{p-1}, & 当\ p>1\end{cases}.$$

因此,当 $p>1$ 时,广义积分 $\int_a^{+\infty}\frac{1}{x^p}dx$ 收敛,其值为 $\frac{1}{p-1}a^{1-p}$;当 $p\leqslant 1$ 时,广义积分 $\int_a^{+\infty}\frac{1}{x^p}dx$ 发散.

【例 3.85】 计算广义积分 $\int_{-\infty}^{+\infty}\frac{dx}{1+x^2}$.

解 $\int_{-\infty}^{+\infty}\frac{dx}{1+x^2}=\arctan x\Big|_{-\infty}^{+\infty}=\lim\limits_{x\to+\infty}\arctan x-\lim\limits_{x\to-\infty}\arctan x=\frac{\pi}{2}-\left(-\frac{\pi}{2}\right)=\pi.$

二、无界函数的广义积分

如果函数 $f(x)$ 在点 a 的任一邻域内都无界,那么点 a 称为函数 $f(x)$ 的瑕点,无界函数的广义积分又称为瑕积分.

定义 3.5 设函数 $f(x)$ 在 $(a,b]$ 上连续,点 a 为 $f(x)$ 的瑕点.取 $t>a$,如果极限

$$\lim_{t\to a^+}\int_t^b f(x)\,dx$$

存在,则称此极限值为函数 $f(x)$ 在 $(a,b]$ 上的广义积分,记作 $\int_a^b f(x)\,dx$,即

$$\int_a^b f(x)\,dx=\lim_{t\to a^+}\int_t^b f(x)\,dx.$$

这时也称广义积分 $\int_a^b f(x)\,dx$ 存在或收敛;如果极限 $\lim\limits_{t\to a^+}\int_t^b f(x)\,dx$ 不存在,就称广义积分 $\int_a^b f(x)\,dx$ 不存在或发散.

类似地,设函数 $f(x)$ 在 $[a,b)$ 上连续,点 b 为 $f(x)$ 的瑕点.取 $t<b$,如果极限

$$\lim_{t\to b^-}\int_a^t f(x)\,dx$$

存在,则称此极限值为函数 $f(x)$ 在 $[a,b)$ 上的广义积分,记作 $\int_a^b f(x)\,dx$,即 $\int_a^b f(x)\,dx=\lim\limits_{t\to b^-}\int_a^t f(x)\,dx$.

这时也称广义积分 $\int_a^b f(x)\,dx$ 存在或收敛;如果极限 $\lim\limits_{t\to b^-}\int_a^t f(x)\,dx$ 不存在,就称广义积分 $\int_a^b f(x)\,dx$ 不存在或发散.

设函数 $f(x)$ 在 $[a,b]$ 上除点 $c(a<c<b)$ 外连续,点 c 为 $f(x)$ 的瑕点.如果两个广义积分

$$\int_a^c f(x)\,dx \text{ 与 } \int_c^b f(x)\,dx$$

都收敛,则定义

$$\int_a^b f(x)\,dx = \int_a^c f(x)\,dx + \int_c^b f(x)\,dx = \lim_{t\to c^-}\int_a^t f(x)\,dx + \lim_{t\to c^+}\int_t^b f(x)\,dx,$$

否则,就称广义积分 $\int_a^b f(x)\,dx$ 不存在或发散.

注　设 $F(x)$ 是函数 $f(x)$ 在所给区间上的一个原函数,在计算无界函数的广义积分时,可借助于牛顿-莱布尼茨公式.

当点 a 为 $f(x)$ 的瑕点,$\lim\limits_{x\to a^+}F(x)$ 存在时,

$$\int_a^b f(x)\,dx = F(x)\Big|_a^b = F(b) - \lim_{x\to a^+}F(x).$$

当 $\lim\limits_{x\to a^+}F(x)$ 不存在时,广义积分 $\int_a^b f(x)\,dx$ 发散.

当点 b 为 $f(x)$ 的瑕点,$\lim\limits_{x\to b^-}F(x)$ 存在时,类似有

$$\int_a^b f(x)\,dx = F(x)\Big|_a^b = \lim_{x\to b^-}F(x) - F(a)$$

当 $\lim\limits_{x\to b^-}F(x)$ 不存在时,广义积分 $\int_a^b f(x)\,dx$ 发散.

当点 c 是 $f(x)$ 在区间 $[a,b]$ 内的唯一瑕点,$\lim\limits_{x\to c^-}F(x)$ 与 $\lim\limits_{x\to c^+}F(x)$ 都存在时,有

$$\begin{aligned}\int_a^b f(x)\,dx &= \int_a^c f(x)\,dx + \int_c^b f(x)\,dx = F(x)\Big|_a^c + F(x)\Big|_c^b \\ &= F(b) - F(a) + \lim_{x\to c^-}F(x) - \lim_{x\to c^+}F(x).\end{aligned}$$

当 $\lim\limits_{x\to c^-}F(x)$ 与 $\lim\limits_{x\to c^+}F(x)$ 至少有一个不存在时,广义积分 $\int_a^b f(x)\,dx$ 发散.

【例3.86】　计算广义积分 $\int_0^2 \frac{x}{\sqrt{4-x^2}}dx$.

解　因为

$$\lim_{x\to 2^-}\frac{x}{\sqrt{4-x^2}} = \infty,$$

所以点 $x=2$ 是瑕点,于是

$$\int_0^2 \frac{x\,dx}{\sqrt{4-x^2}} = -\frac{1}{2}\int_0^2 (4-x^2)^{-\frac{1}{2}}d(4-x^2) = -(4-x^2)^{\frac{1}{2}}\Big|_0^2 = 2.$$

【例3.87】　讨论广义积分 $\int_{-1}^1 \frac{dx}{x^2}$ 的收敛性.

解　被积函数在积分区间 $[-1,1]$ 上除 $x=0$ 外连续,且

$$\int_{-1}^0 \frac{dx}{x^2} = \left(-\frac{1}{x}\right)\Big|_{-1}^0 = -\left[\lim_{x\to 0^-}\frac{1}{x} - (-1)\right] = +\infty$$

所以广义积分 $\int_{-1}^0 \frac{dx}{x^2}$ 发散,从而广义积分 $\int_{-1}^1 \frac{dx}{x^2}$ 发散.

【例 3.88】 证明:广义积分$\int_0^1 \frac{dx}{x^q}$当$0<q<1$时收敛;当$q\geqslant 1$时发散.

证 当$q=1$时

$$\int_0^1 \frac{dx}{x^q}=\int_0^1 \frac{dx}{x}=\ln x\Big|_0^1=\ln 1-\lim_{x\to 0^+}\ln x=+\infty.$$

当$q>0$且$q\neq 1$时

$$\int_0^1 \frac{dx}{x^q}=\frac{x^{1-q}}{1-q}\Big|_0^1=\frac{1}{1-q}-\lim_{x\to 0^+}\frac{x^{1-q}}{1-q}=\begin{cases}+\infty, q>1\\ \frac{1}{1-q}, 0<q<1\end{cases}.$$

所以当$0<q<1$时广义积分$\int_0^1 \frac{dx}{x^q}$收敛;当$q\geqslant 1$时,广义积分$\int_0^1 \frac{dx}{x^q}$发散.

习题 3.8

1. 判定下列各广义积分的收敛性,如果收敛,计算广义积分的值:

(1) $\int_1^{+\infty} \frac{dx}{\sqrt{x}}$;　　(2) $\int_0^{+\infty} e^{-x}dx$;

(3) $\int_{-\infty}^{+\infty} \frac{e^x}{1+e^{2x}}dx$;　　(4) $\int_{-\infty}^{+\infty} \frac{x}{\sqrt{x^2+1}}dx$;

(5) $\int_1^e \frac{dx}{x\sqrt{1-(\ln x)^2}}$.;　　(6) $\int_0^2 \frac{1}{(1-x)^2}dx$.

2. 当k为何值时,广义积分$\int_2^{+\infty} \frac{dx}{x(\ln x)^k}$收敛?当$k$为何值时,这个广义积分发散?

3.9 定积分的几何应用

本节先介绍用定积分解决实际问题的思维方法,即定积分的元素法,然后再讲述定积分的几何应用.

一、定积分的元素法

3.5 求曲边梯形的面积时,我们主要采用分割、近似代替、求和、取极限的方法得到由连续曲线$y=f(x)\geqslant 0$,直线$x=a$,$x=b$以及x轴所围成的曲边梯形面积表达式是

$$A=\lim_{\Delta x\to 0}\sum_{i=1}^{n} f(\xi_i)\Delta x_i=\int_a^b f(x)dx.$$

由此可见,若要利用定积分来表达所求的量,必须通过这四步来建立和式并求极限,我们不难看出关键步骤是第二步,即要确定ΔA_i的近似值$f(\xi_i)\Delta x_i$使得上式成立.为了简单实用,省略下标i,用ΔA表示任一小区间$[x,x+dx]$的小曲边梯形的面积,并取$[x,x+dx]$的左端点x为ξ,以点x处的函数值$f(x)$为高、以小区间长度dx为底的矩形面积f

$(x)\mathrm{d}x$ 作为 ΔA 的近似值，如图3.8所示. 即

$$\Delta A \approx f(x)\mathrm{d}x.$$

将上式右端 $f(x)\mathrm{d}x$ 称为面积元素，记为 $\mathrm{d}A$，即 $\mathrm{d}A=f(x)\mathrm{d}x$. 把面积元素 $f(x)\mathrm{d}x$ 作为被积表达式，在区间 $[a,b]$ 上取定积分便得曲边梯形的面积，即

$$A=\int_a^b \mathrm{d}A=\int_a^b f(x)\mathrm{d}x.$$

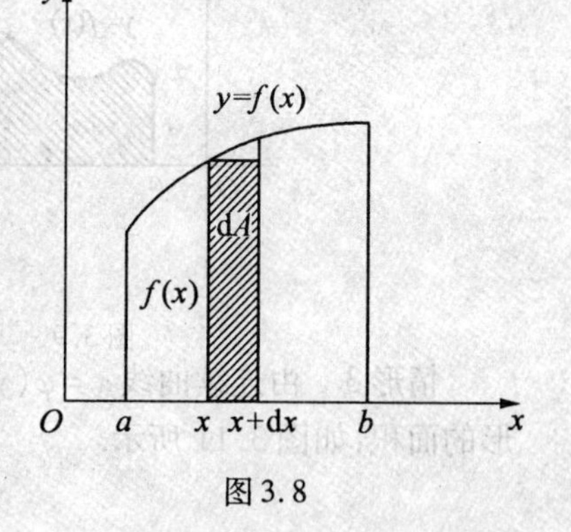

图3.8

一般地，如果某一实际问题中的所求量 U 符合下列条件：

(1) U 是与一个变量 x 的变化区间 $[a,b]$ 有关的量；

(2) U 对于区间 $[a,b]$ 具有可加性；

(3) 部分量 ΔU_i 的近似值可表示为 $f(\xi_i)\Delta x_i$，则就可以将 U 表示成定积分.

具体步骤是：

(1) 根据实际的具体情况，选取变量 x（或者 y）为积分变量，并确定它的变化区间 $[a,b]$.

(2) 在区间 $[a,b]$ 上任取一小区间 $[x,x+\mathrm{d}x]$，求出这个小区间的部分量 ΔU 的近似值为

$$\mathrm{d}U=f(x)\mathrm{d}x$$

这就是量 U 的元素.

(3) 以所求量 U 的元素 $f(x)\mathrm{d}x$ 为被积表达式，在区间 $[a,b]$ 上作定积分，得

$$U=\int_a^b f(x)\mathrm{d}x.$$

这就是所求量 U 的积分表达式.

这种方法通常叫作元素法.

二、平面图形的面积

1. 直角坐标情形

根据元素法我们可得如下情形：

情形1　由连续曲线 $y=f(x)\,(f(x)\geqslant 0)$，直线 $x=a,x=b$ 以及 x 轴所围成的平面图形的面积，如图3.9所示.

$$A=\int_a^b f(x)\mathrm{d}x.$$

情形2　由连续曲线 $y=f(x),y=g(x)\,(f(x)\geqslant g(x))$，直线 $x=a,x=b$ 所围成的平面图形的面积，如图3.10所示.

$$A=\int_a^b [f(x)-g(x)]\mathrm{d}x.$$

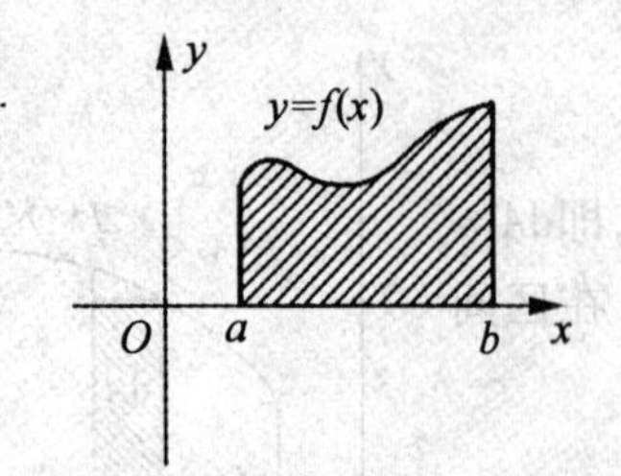

图 3.9

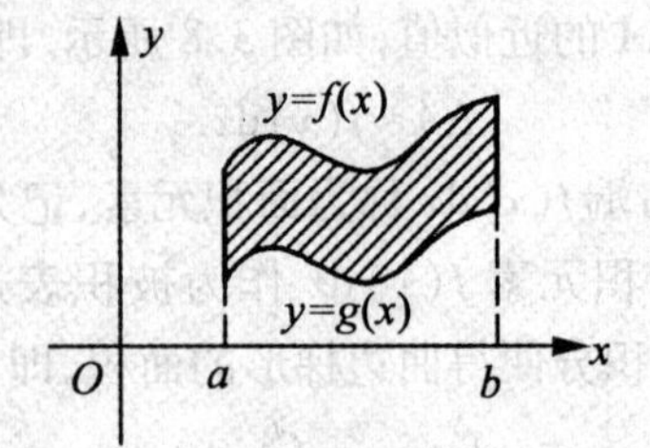

图 3.10

情形 3 由连续曲线 $x=\varphi(y)(\varphi(y)\geqslant 0)$，直线 $y=c, y=d$ 以及 y 轴所围成的平面图形的面积，如图 3.11 所示.

$$A=\int_c^d \varphi(y)\,\mathrm{d}y.$$

情形 4 由连续曲线 $x=\varphi(y), x=\psi(y)(\varphi(y)\geqslant\psi(y))$，直线 $y=c, y=d$ 所围成的平面图形的面积，如图 3.12 所示.

$$A=\int_c^d [\varphi(y)-\psi(y)]\,\mathrm{d}y.$$

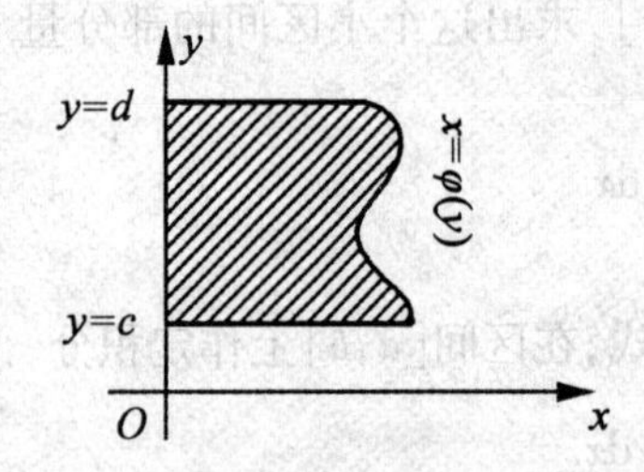

图 3.11

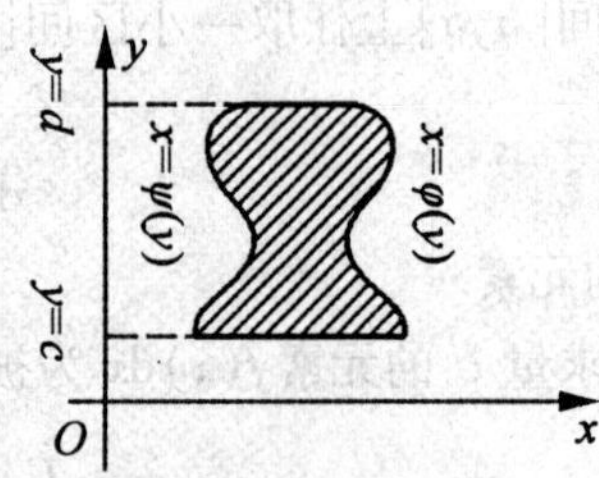

图 3.12

【例 3.89】 计算由两条抛物线 $y^2=x, y=x^2$ 所围平面图形的面积.

解 这两条抛物线所围成的图形如图 3.13 所示，两条抛物线的交点为 $(0,0)$，$(1,1)$，于是

$$A=\int_0^1 (\sqrt{x}-x^2)\,\mathrm{d}x=\left(\frac{2}{3}x^{\frac{3}{2}}-\frac{x^3}{3}\right)\Big|_0^1=\frac{1}{3}.$$

【例 3.90】 求由曲线 $y=\sin x, y=\cos x$ 及直线 $x=0, x=\frac{\pi}{2}$ 所围平面图形的面积.

解 这两条曲线所围图形如图 3.14 所示，两曲线的交点为 $\left(\frac{\pi}{4},\frac{\sqrt{2}}{2}\right)$. 于是

$$\begin{aligned} A &= \int_0^{\frac{\pi}{4}} (\cos x-\sin x)\,\mathrm{d}x+\int_{\frac{\pi}{4}}^{\frac{\pi}{2}} (\sin x-\cos x)\,\mathrm{d}x \\ &= (\sin x+\cos x)\Big|_0^{\frac{\pi}{4}}+(-\cos x-\sin x)\Big|_{\frac{\pi}{4}}^{\frac{\pi}{2}}=2(\sqrt{2}-1). \end{aligned}$$

【例 3.91】 求由曲线 $2y^2=x+4$ 及 $y^2=x$ 所围平面图形的面积.

解 这个图形如图 3.15 所示，两曲线的交点为 $(4,2)$，$(4,-2)$. 故

$$A=\int_{-2}^{2}[y^2-(2y^2-4)]\,\mathrm{d}y=2\int_0^2 (4-y^2)\,\mathrm{d}y=2\left(4y-\frac{1}{3}y^3\right)\Big|_0^2=\frac{32}{3}.$$

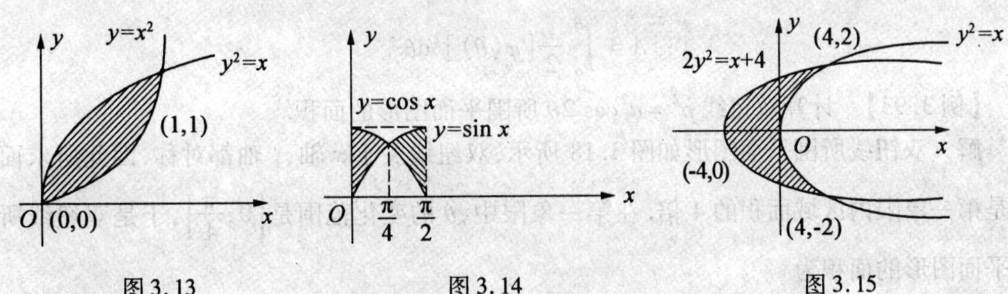

图 3.13　　图 3.14　　图 3.15

请读者思考选取 x 为积分变量，有什么不方便的地方？

【例 3.92】　求由摆线参数方程形式 $\begin{cases} x=a(\theta-\sin\theta) \\ y=a(1-\cos\theta) \end{cases}$ $(a>0)$（图 3.16）的一拱与 x 轴所围平面图形的面积.

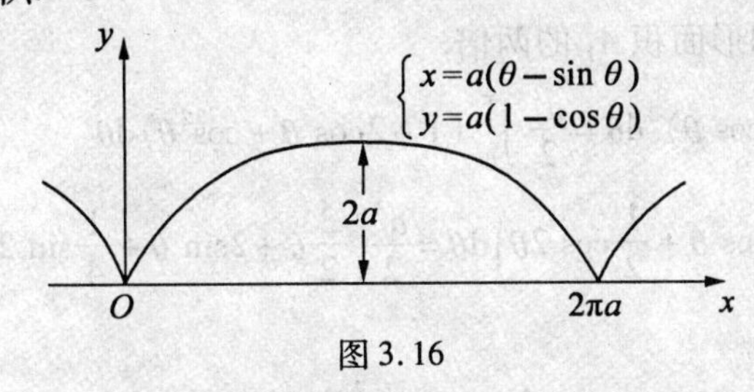

图 3.16

解　当 $\theta=0,2\pi$ 时，$y=0$. 故当 g 由 0 变到 2π 时，曲线正好成一拱，所以

$$A=\int_0^{2\pi}a(1-\cos\theta)[a(\theta-\sin\theta)]'\mathrm{d}\theta=\int_0^{2\pi}a^2(1-\cos\theta)^2\mathrm{d}\theta$$

$$=a^2\int_0^{2\pi}(1-2\cos\theta+\cos^2\theta)\mathrm{d}\theta=a^2\int_0^{2\pi}\left(\frac{3}{2}-2\cos\theta+\frac{1}{2}\cos 2\theta\right)\mathrm{d}\theta$$

$$=a^2\left(\frac{3}{2}\theta-2\sin\theta+\frac{1}{4}\sin 2\theta\right)\Bigg|_0^{2\pi}=3a^2\pi.$$

2. 极坐标情形

某些平面图形，用极坐标来计算其面积更为方便.

设由连续曲线 $\rho=\varphi(\theta)\geqslant 0$ 及射线 $\theta=\alpha$，$\theta=\beta$围成的平面图形称为曲边扇形（图 3.17），现在计算其面积.

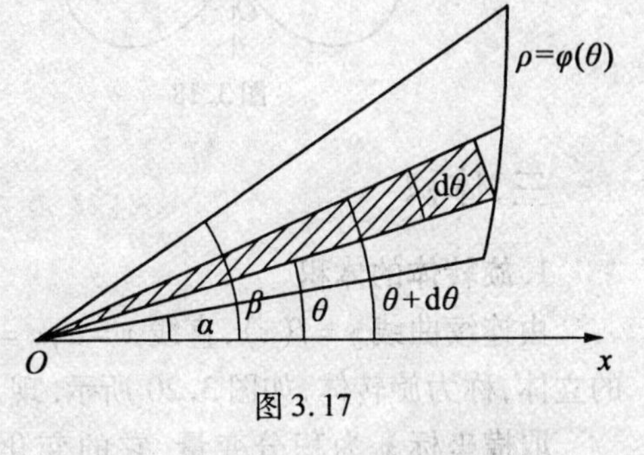

图 3.17

取极角 θ 为积分变量，它的变化区间为$[\alpha,\beta]$，任取一小区间$[\theta,\theta+\mathrm{d}\theta]$的窄曲边扇形的面积可以用半径为 $\rho=\varphi(\theta)$、中心角为 $\mathrm{d}\theta$ 的圆扇形的面积来近似代替，即曲边扇形的面积元素

$$\mathrm{d}A=\frac{1}{2}[\varphi(\theta)]^2\mathrm{d}\theta.$$

故曲边扇形的面积为

$$A=\int_{\alpha}^{\beta}\frac{1}{2}[\varphi(\theta)]^2\mathrm{d}\theta.$$

【例 3.93】 计算双钮线 $\rho^2=a^2\cos 2\theta$ 所围平面图形的面积.

解 双钮线所围平面图形如图 3.18 所示,双纽线关于 x 轴、y 轴都对称,因此所求面积是第一象限内区域面积的 4 倍. 在第一象限中,θ 的变化范围是 $\left[0,\frac{\pi}{4}\right]$,于是双纽线所围平面图形的面积为

$$A=4\int_0^{\frac{\pi}{4}}\frac{1}{2}a^2\cos 2\theta\mathrm{d}\theta=2a^2\int_0^{\frac{\pi}{4}}\cos 2\theta\mathrm{d}\theta=2a^2\left.\frac{1}{2}\sin 2\theta\right|_0^{\frac{\pi}{4}}=a^2.$$

【例 3.94】 计算心形线 $\rho=a(1+\cos\theta)(a>0)$ 所围成的平面图形的面积.

解 心形线所围成的图形如图 3.19 所示,这个图形对称于极轴,因此所求图形的面积 A 是极轴以上部分图形面积 A_1 的两倍.

$$\begin{aligned}A_1&=\int_0^{\pi}\frac{1}{2}a^2(1+\cos\theta)^2\mathrm{d}\theta=\frac{a^2}{2}\int_0^{\pi}(1+2\cos\theta+\cos^2\theta)\mathrm{d}\theta\\&=\frac{a^2}{2}\int_0^{\pi}\left(\frac{3}{2}+2\cos\theta+\frac{1}{2}\cos 2\theta\right)\mathrm{d}\theta=\frac{a^2}{2}\left.\left(\frac{3}{2}\theta+2\sin\theta+\frac{1}{4}\sin 2\theta\right)\right|_0^{\pi}=\frac{3}{4}\pi a^2.\end{aligned}$$

因而所求的面积为

$$A=2A_1=\frac{3}{2}\pi a^2.$$

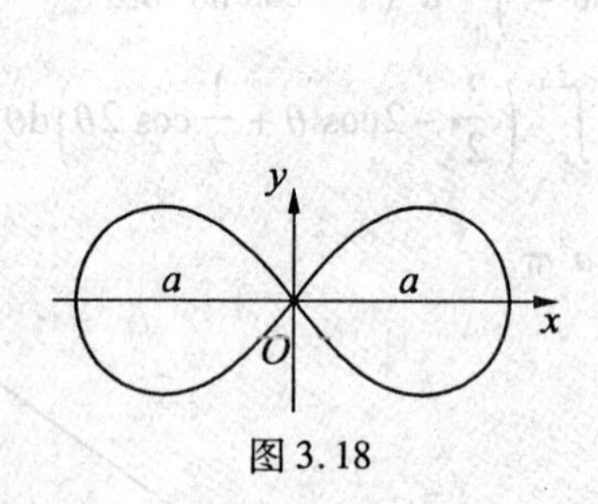

图 3.18

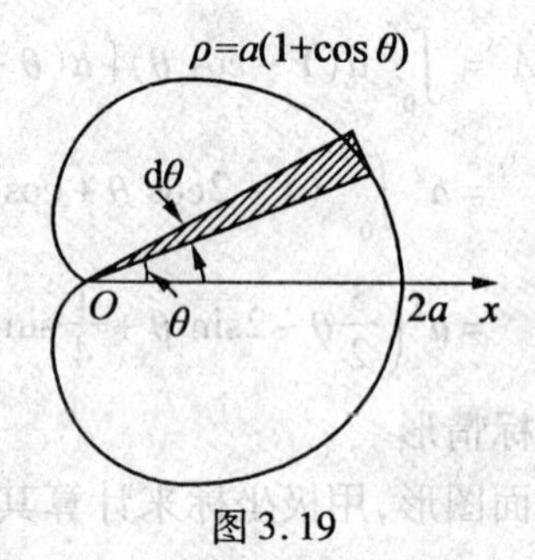

图 3.19

三、体积

1. 旋转体的体积

由连续曲线 $y=f(x)$,直线 $x=a,x=b$ 及 x 轴所围成的曲边梯形绕 x 轴旋转一周而成的立体,称为旋转体,如图 3.20 所示. 现计算其体积.

取横坐标 x 为积分变量,它的变化区间为 $[a,b]$,在区间 $[a,b]$ 上任取一小区间 $[x,x+\mathrm{d}x]$ 的窄曲边梯形绕 x 轴旋转而成的薄片的体积近似于以 $f(x)$ 为底半径、$\mathrm{d}x$ 为高的扁圆柱体的体积,即体积元素为

$$\mathrm{d}V=\pi[f(x)]^2\mathrm{d}x.$$

以 $\pi[f(x)]^2\mathrm{d}x$ 为被积表达式,在区间 $[a,b]$ 上作定积分,便得所求旋转体体积为

$$V_x=\pi\int_a^b[f(x)]^2\mathrm{d}x.$$

同理可得：

由连续曲线 $x=\varphi(y)$，直线 $y=c,y=d$ 及 y 轴所围成的曲边梯形绕 y 轴旋转一周而成的旋转体(图3.21)的体积计算公式为

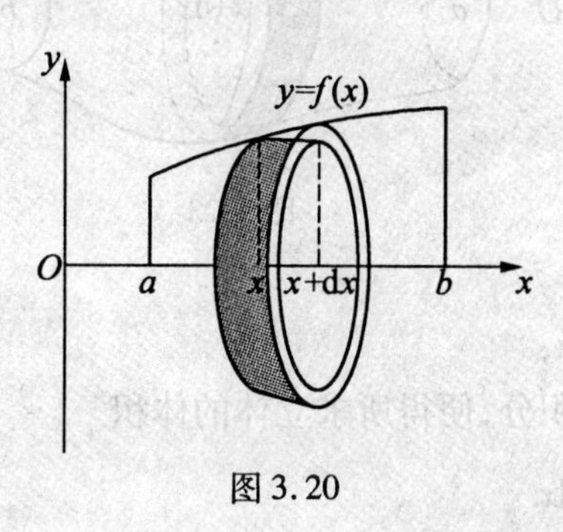

图3.20

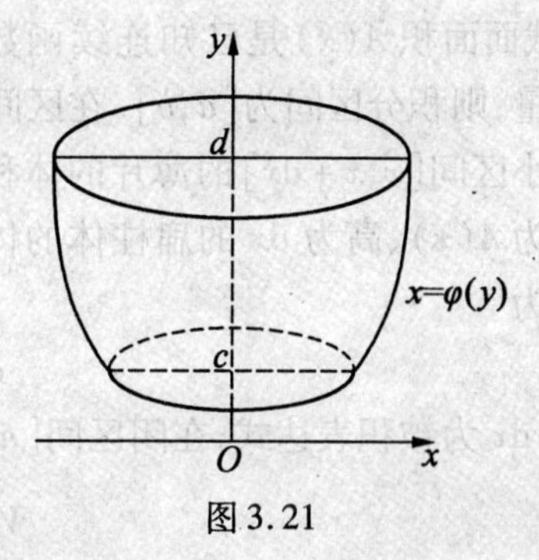

图3.21

$$V_y=\pi\int_c^d[\varphi(y)]^2\mathrm{d}y.$$

【例3.95】　求椭圆$\frac{x^2}{a^2}+\frac{y^2}{b^2}=1$分别绕 x 轴与 y 轴旋转所成的旋转椭球体的体积.

解　绕 x 轴，这个旋转椭球体可以看作是半个椭圆

$$y=\frac{b}{a}\sqrt{a^2-x^2}$$

及 x 轴围成的图形绕 x 轴旋转一周而成，从而有

$$V_x=\pi\int_{-a}^a\left(\frac{b}{a}\sqrt{a^2-x^2}\right)^2\mathrm{d}x=\frac{b^2}{a^2}\pi\int_{-a}^a(a^2-x^2)\mathrm{d}x=2\pi\frac{b^2}{a^2}\left(a^2x-\frac{x^3}{3}\right)\bigg|_0^a=\frac{4}{3}\pi ab^2.$$

同理绕 y 轴所得的旋转体的体积为

$$V_y=\pi\int_{-b}^b\left(\frac{a}{b}\sqrt{b^2-y^2}\right)^2\mathrm{d}y=\frac{4}{3}\pi a^2b.$$

当 $a=b$ 时，得半径为 a 的球体体积为 $V=\frac{4}{3}\pi a^3$.

【例3.96】　求由曲线 $y=\sqrt{x}$ 及直线 $y=x$ 所围成的平面图形绕 x 轴旋转而成的立体的体积.

解　如图3.22，所求的旋转体体积是分别以曲线 $y=\sqrt{x}$ 和直线 $y=x$ 为曲边的曲边梯形绕 x 轴旋转一周的旋转体的体积的差，即

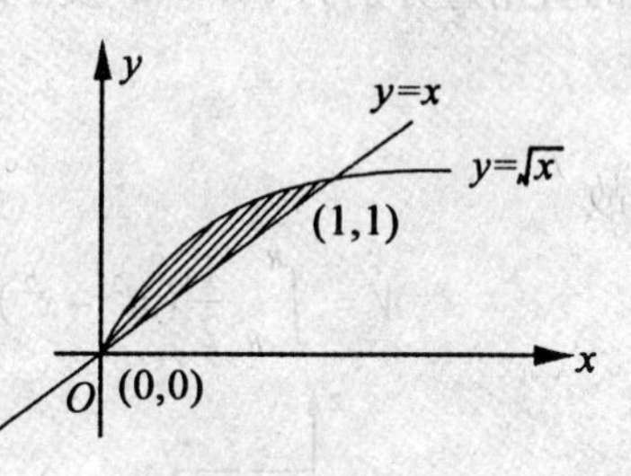

图3.22

$$V_x=\pi\int_0^1x\mathrm{d}x-\pi\int_0^1x^2\mathrm{d}x=\pi\frac{x^2}{2}\bigg|_0^1-\pi\frac{x^3}{3}\bigg|_0^1=\frac{\pi}{6}.$$

2. 平行截面面积为已知的立体的体积

设空间某立体(图 3.23)在 $x=a,x=b$ 垂直于 x 轴的两平面之间且过点 $x(a\leqslant x\leqslant b)$ 垂直于 x 轴的截面面积 $A(x)$ 是已知连续函数，取 x 为积分变量，则积分区间为 $[a,b]$. 在区间 $[a,b]$ 上任取一小区间 $[x,x+\mathrm{d}x]$ 的薄片的体积，近似于底面积为 $A(x)$、高为 $\mathrm{d}x$ 的扁柱体的体积，即体积元素为

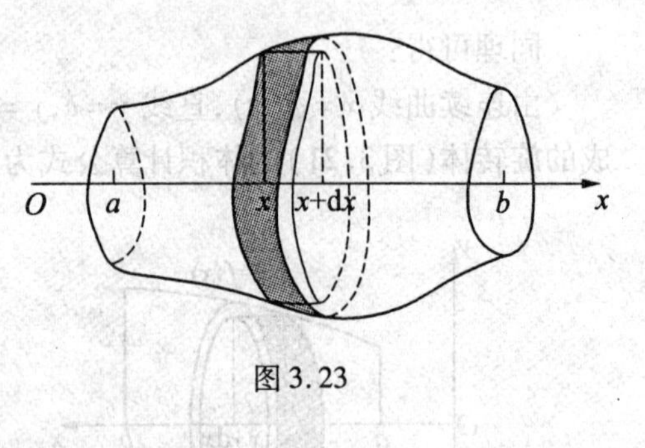

图 3.23

$$\mathrm{d}V=A(x)\,\mathrm{d}x,$$

以 $A(x)\,\mathrm{d}x$ 为被积表达式，在闭区间 $[a,b]$ 上作定积分，便得所求立体的体积

$$V=\int_a^b A(x)\,\mathrm{d}x.$$

【例 3.97】 两个底半径为 R 的圆柱体垂直相交，求它们公共部分的体积.

解 如图 3.24，公共部分的体积为第一象限体积的 8 倍. 现考虑公共部分位于第一象限的部分，立体中过点 x 且垂直于 x 轴的截面为一正方形，其截面面积为

$$A(x)=y^2=R^2-x^2$$

所以

$$V=8\int_0^R (R^2-x^2)\,\mathrm{d}x=8\left(R^2x-\frac{1}{3}x^3\right)\Big|_0^R=\frac{16}{3}R^3.$$

【例 3.98】 一平面经过半径为 R 的圆柱体的底圆中心，并与底面交角为 α，计算这平面截圆柱体所得立体的体积(图 3.25).

解 取这平面与圆柱体的底面交线为 x 轴，底面上过圆中心且垂直于 x 轴的直线为 y 轴，则底圆方程为 $x^2+y^2=R^2$，立体中过点 x 且垂直于 x 轴的截面是一个直角三角形，它的直角边分别为 $\sqrt{R^2-x^2}$ 及 $\sqrt{R^2-x^2}\tan\alpha$，因而平行截面面积

$$A(x)=\frac{1}{2}(R^2-x^2)\tan\alpha.$$

故

$$V=\int_{-R}^{R}\frac{1}{2}(R^2-x^2)\tan\alpha\,\mathrm{d}x=\frac{1}{2}\tan\alpha\left(R^2x-\frac{1}{3}x^3\right)\Big|_{-R}^{R}=\frac{2}{3}R^3\tan\alpha.$$

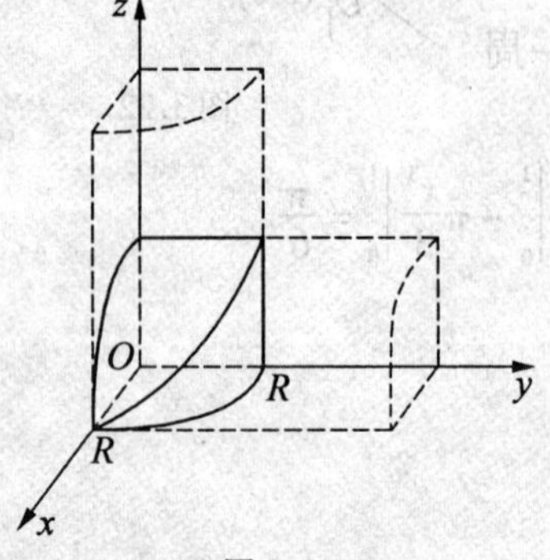

图 3.24

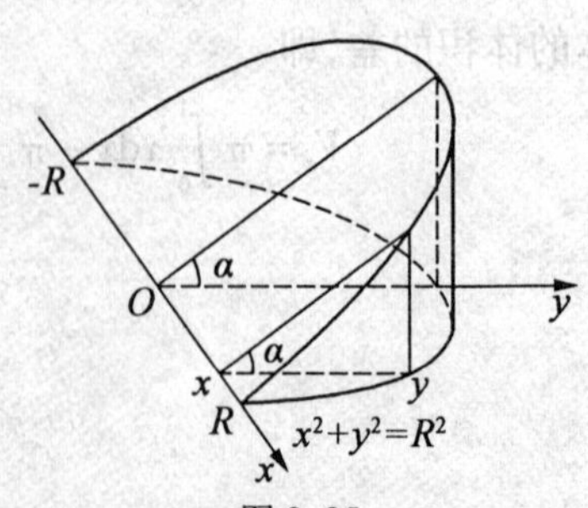

图 3.25

习题 3.9

1. 求下列曲线所围成平面图形的面积：

(1) $y^2=2x, y=x-4$；　　(2) $y=\frac{1}{2}x^2, x^2+y^2=8$（两部分都要计算）；

(3) $y=2x, y+x=2, y=\frac{x}{2}$；　　(4) $y=e^x, y=e^{-x}, x=1$.

2. 求 $a(a>0)$，使 $y=x^2$ 与 $y=ax^3$ 所围平面图形的面积为 $\frac{2}{3}$.

3. 求下列曲线围成平面图形的面积：

(1) $r=2a\cos\theta (a>0)$；　　(2) $r=2a(2+\cos\theta)(a>0)$.

4. 求下列曲线所围成的平面图形分别绕 x 轴，y 轴旋转一周所生成的旋转体的体积.

(1) $y=x^3, y=0, x=2$；　　(2) $y=\sqrt{x}, x=1, x=4, y=0$；

(3) $y=\sin x, x=0, x=\frac{\pi}{2}$；　　(4) $y=x^3, y=x$.

5. 计算底面是半径为 R 的圆，而垂直于底面上一条固定直径的所有截面都是等边三角形的立体体积（图 3.26）.

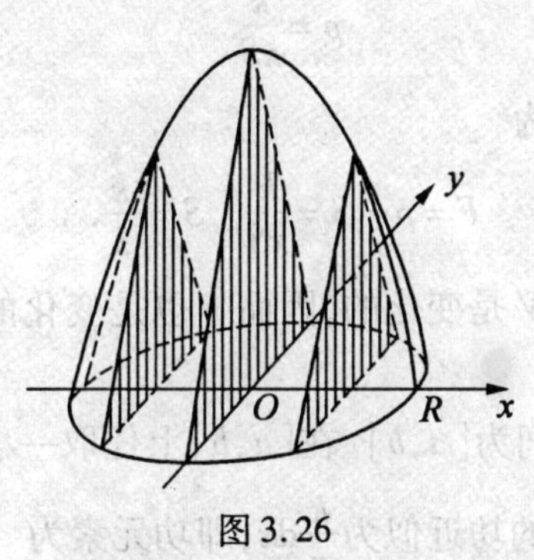

图 3.26

3.10　定积分在物理学上的应用

定积分在物理学上有着广泛的应用. 本节我们重点介绍用定积分计算变力所做的功和水压力.

一、变力沿直线所做的功

从物理学知道，如果物体在作直线运动的过程中有一个不变的力 F 作用在物体上，且这力的方向和物体运动的方向一致，那么，当物体移动了距离 s 时，力 F 对物体所做的功为

$$W=F\cdot s.$$

但是在许多实际问题中，常常会遇到计算变力做功. 下面举例说明如何计算变力对物

体所做的功.

【例 3.99】 设一个质点处于距离原点 x m 时,受力 $F(x)=x^2+2x$,问质点在力 F 的作用下,从 $x=1$ 沿直线移动到 $x=3$ 时,力 F 做的功有多大?

解 取 x 为积分变量,积分区间为 $[1,3]$,在该区间上任取一小区间 $[x,x+\mathrm{d}x]$,当质点从 x 移动到 $x+\mathrm{d}x$ 时,力 F 对它所做的功近似于 $F(x)\mathrm{d}x=(x^2+2x)\mathrm{d}x$,即功元素为

$$\mathrm{d}W=(x^2+2x)\mathrm{d}x.$$

于是所求的功为

$$W=\int_1^3(x^2+2x)\mathrm{d}x=\left(\frac{1}{3}x^3+x^2\right)\Big|_1^3=\frac{50}{3}(\mathrm{J}).$$

【例 3.100】 设底面积为 S 的圆柱形容器中盛有一定量的气体.在等温条件下,由于气体膨胀,把容器中的一个活塞(面积为 S)从点 a 推移到点 b,如图 3.27 所示,计算活塞在移动过程中气体压力所做的功.

解 在如图 3.27 所示的坐标系中,活塞的位置可以用坐标 x 来表示.由物理学知道,一定量的气体在等温条件下,压强 p 与体积 V 的乘积是常数 k,即

$$pV=k \text{ 或 } p=\frac{k}{V},$$

因为 $V=xS$,所以

$$p=\frac{k}{xS}.$$

于是,作用在活塞上的力为

$$F=p\cdot S=\frac{k}{xS}\cdot S=\frac{k}{x}.$$

在气体膨胀过程中,体积 V 是变化的,因而 x 也是变化的,所以作用在活塞上的力也是变化的.

取 x 为积分变量,积分区间为 $[a,b]$.在 $[a,b]$ 上任取一小区间 $[x,x+\mathrm{d}x]$,当活塞从 x 移动到 $x+\mathrm{d}x$ 时,变力 F 所做的功近似为 $\frac{k}{x}\mathrm{d}x$,即功元素为

$$\mathrm{d}W=\frac{k}{x}\mathrm{d}x,$$

于是所求的功为

$$W=\int_a^b\frac{k}{x}\mathrm{d}x=k\ln\frac{b}{a}.$$

【例 3.101】 一圆柱形的贮水桶高为 5 m,底圆半径为 3 m,桶内盛满了水.试问要把桶内的水全部吸出需做多少功?

解 作 x 轴如图 3.28 所示.取深度 x 为积分变量,积分区间为 $[0,5]$,相应于 $[0,5]$ 上任一小区间 $[x,x+\mathrm{d}x]$ 的一薄层水的高度为 $\mathrm{d}x$.若取重力加速度 $g=9.8\ \mathrm{m/s^2}$,则这薄层水的重力为 $9.8\pi\cdot3^2\mathrm{d}x$ kN.把这薄层水吸出桶外需做的功近似地为

$$\mathrm{d}W=88.2\pi x\mathrm{d}x$$

此即为功元素,于是所求的功为

$$W=\int_0^5 88.2\pi x\mathrm{d}x=88.2\pi\left(\frac{x^2}{2}\right)\bigg|_0^5\approx 3\ 462\ \text{kJ}.$$

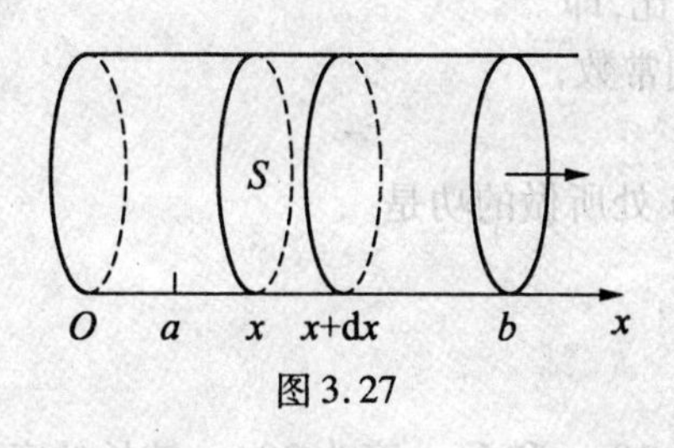

图 3.27

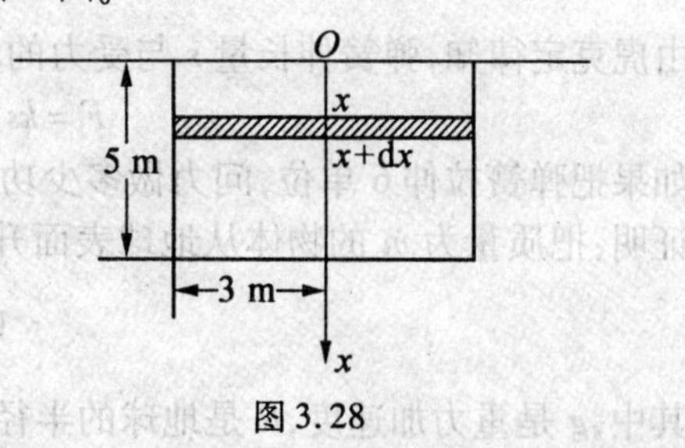

图 3.28

二、水压力

从物理学知道,在水深为 h 处的压强为 $p=\rho gh$,这里 ρ 是水的密度,g 是重力加速度. 如果有一面积为 A 的平板水平地放置在水深为 h 处,那么,平板一侧所受的水压力为

$$P=p\cdot A.$$

如果平板铅直放置在水中,那么,由于水深不同的点处压强 p 不相等,平板一侧所受的水压力就不能用上述方法计算,下面举例说明它的计算方法.

【例 3.102】 设有一形状为等腰梯形的水闸门,高为 5 m,上底宽为 6 m,下底宽为 4 m,该闸门所拦住的水面恰与上底平齐,求该闸门所受的总压力.

解 如图 3.29 所示,闸门的下底为 x 轴,通过闸门下底中点垂直向上为 y 轴. 由于压强随水的深度而变化,取 y 为积分变量,积分区间为 $[0,5]$. 任取一小区间 $[y,y+\mathrm{d}y]$,为计算相应窄条的面积,我们先求出通过图 3.28 中的(2,0)与(3,5)的直线方程

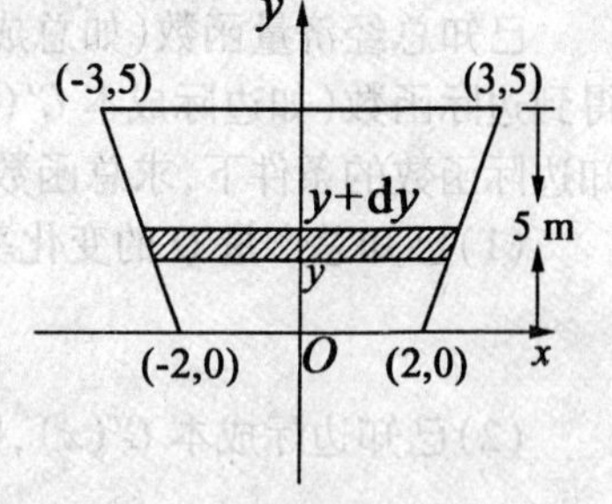

图 3.29

$$y=5x-10,$$

故位于区间 $[y,y+\mathrm{d}y]$ 上闸门面积近似为

$$2x\mathrm{d}y=2\cdot\frac{1}{5}(y+10)\mathrm{d}y=\frac{2}{5}(10+y)\mathrm{d}y,$$

该闸门窄条位于水深为 $(5-y)$ 处,则该窄条上水压力的近似值,即压力元素为

$$\mathrm{d}P=\frac{2}{5}\cdot 9.8\cdot(5-y)(y+10)\mathrm{d}y,$$

于是所求的压力为

$$P=\int_0^5\frac{2}{5}(5-y)(y+10)\cdot 9.8\mathrm{d}y=\frac{2}{5}\cdot 9.8\cdot\int_0^5(50-y^2-5y)\mathrm{d}y$$

$$=\frac{2}{5}\cdot 9.8\cdot\left(50y-\frac{1}{3}y^3-\frac{5}{2}y^2\right)\bigg|_0^5=571.67\ (\text{kJ}).$$

习题 3.10

1. 由虎克定律知,弹簧伸长量 s 与受力的大小成正比,即
$$F = ks, k \text{ 为比例常数},$$
如果把弹簧拉伸 6 单位,问力做多少功?
2. 证明:把质量为 m 的物体从地球表面升到高为 h 处所做的功是
$$W = \frac{mgRh}{R+h},$$
其中,g 是重力加速度,R 是地球的半径.
3. 有一形状为等腰梯形的闸门,它的两条底边各长 10 m 和 6 m,高为 20 m. 较长的底边与水面相齐,计算闸门的一侧所受的水压力.
4. 一底为 8 cm,高为 6 cm 的等腰三角形片,铅直地沉没在水中,顶在上,底在下且与水面平行,而顶离水面 3 cm,试求它每面所受的压力.
5. 设有一长度为 l,线密度为 u 的均匀的直棒,在与棒的一端垂直距离为 a 单位处有一质量为 m 的质点 M,试求这细棒对质点 M 的引力.

3.11 定积分在经济学上的应用

定积分在经济学中的应用我们主要研究已知边际函数求总函数.

已知总经济量函数(如总成本 $C(x)$、总收益 $R(x)$、总利润 $L(x)$),则可通过求导方式得到边际函数(如边际成本 $C'(x)$、边际收益 $R'(x)$、边际利润 $L'(x)$). 现在我们讨论在已知边际函数的条件下,求总函数的问题.

(1)已知总产量 Q 的变化率为 $Q'(x)=f(x)$,则在时间区间 $[a,b]$ 内的总产量为
$$Q = \int_a^b f(x)\,dx.$$

(2)已知边际成本 $C'(x)$,则从产量 $x=a$ 到产量 $x=b$ 的总成本为
$$C = \int_a^b C'(x)\,dx.$$
生产 a 件产品的总成本为
$$C(a) = \int_0^a C'(x)\,dx + C(0),$$
其中 $C(0)$ 为固定成本.

(3)已知边际收益为 $R'(x)$,则销售 a 件产品时的总收益为
$$R(a) = \int_0^a R'(x)\,dx.$$

【例 3.103】 设某产品在时刻 t 总产量的变化率为
$$f(t) = 100 + 12t - 0.6t^2$$
求从 $t=2$ 到 $t=4$ 这两小时的总产量.

解 因为总产量 $Q(t)$ 是它的变化率的原函数,所以 $t=2$ 到 $t=4$ 这两小时内的总产量为

$$\int_2^4 f(t)\mathrm{d}t = \int_2^4 (100+12t-0.6t^2)\mathrm{d}t = (100t+6t^2-0.2t^3)\Big|_2^4 = 260.8(\text{单位})$$

【例 3.104】　已知某一产品生产 x 单位产品时,其边际成本为 $C'(x)=0.4x-12$,固定成本为 200,如果这种商品的销售价格为 20,求总利润 $L(x)$,并求生产量为多少时可获得最大利润.

解　总成本为

$$C(x)=\int_0^x C'(t)\mathrm{d}t+200=\int_0^x (0.4t-12)\mathrm{d}t+200=0.2x^2-12x+200.$$

销售 x 单位产品的总收入为

$$R(x)=20x.$$

故总利润为

$$L(x)=R(x)-C(x)=32x-0.2x^2-200,$$

$$L'(x)=32-0.4x.$$

令 $L'(x)=0$,得 $x=80$. 因 $L''(x)=-0.4<0$,故可知 $x=80$ 为极大点,因而最大利润为 $L(80)=1\ 080$.

【例 3.105】　已知生产某商品 x 单位时,边际收益函数为 $R'(x)=200-\dfrac{x}{50}$,试求生产 x 单位时总收益 $R(x)$ 以及平均单位收益 $\bar{R}(x)$,并求生产这种产品 200 单位时的总收益和平均单位收益.

解　总收益为

$$R(x)=\int_0^x \left(200-\frac{t}{50}\right)\mathrm{d}t=\left(200t-\frac{t^2}{100}\right)\Big|_0^x=200x-\frac{x^2}{100}$$

则平均单位收益为

$$\bar{R}(x)=\frac{R(x)}{x}=200-\frac{x}{100}$$

当生产 200 单位时,总收益为

$$R(200)=40\ 000-\frac{(200)^2}{100}=39\ 600$$

平均单位收益为

$$\bar{R}(200)=198.$$

习题 3.11

1. 设某产品在时刻 t 时,总产量的变化率为 $f(t)=125+14t-0.9t^2$,试求

(1)总产量函数 $Q(t)$.

(2)从 $t_0=2$ 到 $t_1=4$ 的产量.

2. 设某种商品的固定成本为 200 元,生产 x 单位该种商品的边际成本函数为 $C'(x)=5x+30$,求总成本函数 $C(x)$. 又设这种商品的单位售价为 400 元,且所有商品都可售出,求总利润函数 $L(x)$,并问每天生产多少单位该种商品时利润最大? 最大利润是多少?

3. 已知某商品的需求函数为 $Q=100-5P$,其中 Q 为需求量,P 为价格,设工厂生产这种商品的边际成本为 $C'(Q)=15-0.2Q$,且当 $Q=0$ 时,成本(固定成本)为 12.5,试确定销

售单价 P,使工厂的利润最大,并求出最大利润.

总习题三

1. 填空题

(1)设 $\int f(x)\,\mathrm{d}x=2\mathrm{e}^{-x^2}+C$,则 $f(x)=$________;

(2)设 $\frac{2}{3}\ln\cos 2x$ 是 $f(x)=k\tan 2x$ 的一个原函数,则 $k=$________;

(3) $F'(x)=f(x)$,则 $\int f'(ax+b)\,\mathrm{d}x=$________;

(4)函数 $f(x)$ 在 $[a,b]$ 上有界是 $f(x)$ 在 $[a,b]$ 上可积的________条件,而 $f(x)$ 在 $[a,b]$ 上连续是 $f(x)$ 在 $[a,b]$ 上可积的________条件;

(5)设函数 $f(x)$ 连续,则极限 $\lim\limits_{x\to a}\frac{1}{x-a}\int_a^x f(t)\,\mathrm{d}t=$________;

(6) $\int_a^b f'(2x)\,\mathrm{d}x=$________.

2. 选择题

(1)若 $\sin x$ 是 $f(x)$ 的一个原函数,则 $\int xf'(x)\,\mathrm{d}x=$ ( )

A. $x\cos x-\sin x+C$ B. $x\sin x+\cos x+C$

C. $x\cos x+\sin x+C$ D. $x\sin x-\cos x+C$

(2)设 $f'(x)$ 存在,则 $\left[\int \mathrm{d}f(x)\right]'=$ ( )

A. $f(x)$ B. $f'(x)$ C. $f(x)+C$ D. $f'(x)+C$

(3)设 $f(x)$ 是连续函数,a,b 为常数,则下列说法中不正确的是 ( )

A. $\int_a^b f(x)\,\mathrm{d}x$ 是常数 B. $\int_a^b xf(t)\,dt$ 是 x 的函数

C. $\int_a^x f(t)\,dt$ 是 x 的函数 D. $\int_a^{\frac{b}{x}} xf(xt)\,dt$ 是 x 和 t 的函数

(4)设函数 $y=\int_0^x (t-1)\,\mathrm{d}t$,则 y 有 ( )

A. 极小值 $\frac{1}{2}$ B. 极小值 $-\frac{1}{2}$

C. 极大值 $\frac{1}{2}$ D. 极大值 $-\frac{1}{2}$

(5)设 $f(x)=\int_0^{\sin x}\sin t^2\,\mathrm{d}t$,$g(x)=x^3+x^4$,当 $x\to 0$ 时,$f(x)$ 是 $g(x)$ 的 ( )

A. 等价无穷小量 B. 同阶但非等价无穷小量

C. 高阶无穷小量 D. 低阶无穷小量

(6)如图 3.30,阴影部分面积为 ( )

A. $\int_a^b [f(x)-g(x)]\,\mathrm{d}x$

B. $\int_a^c [g(x)-f(x)]\mathrm{d}x+\int_c^b [f(x)-g(x)]\mathrm{d}x$

C. $\int_a^b [f(x)-g(x)]\mathrm{d}x+\int_c^b [g(x)-f(x)]\mathrm{d}x$

D. $\int_a^b [g(x)+f(x)]\mathrm{d}x$

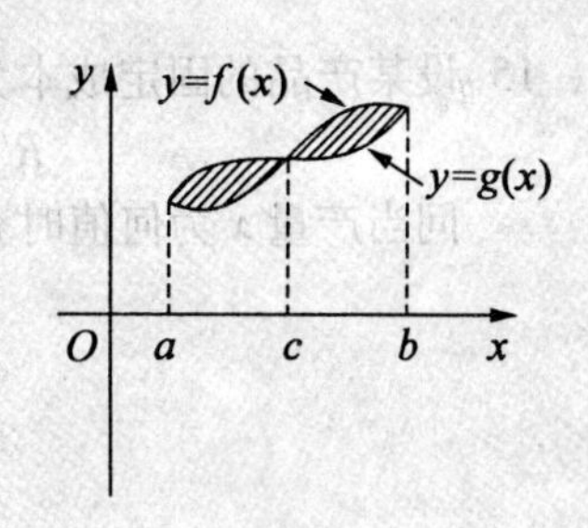

图 3.30

3. 求下列各积分:

(1) $\int \frac{1+\mathrm{e}^x}{\sqrt{x+\mathrm{e}^x}}\mathrm{d}x$; (2) $\int \frac{\sin\sqrt{x}}{\sqrt{x}}\mathrm{d}x$;

(3) $\int \frac{\sqrt{x^2-9}}{x}\mathrm{d}x$; (4) $\int \frac{\mathrm{d}x}{1+\sqrt{1-x^2}}$;

(5) $\int (x^2-1)\sin 2x\mathrm{d}x$; (6) $\int (\arcsin x)^2\mathrm{d}x$.

4. 设 $f'(\ln x)=\begin{cases}1, & 0<x\leqslant 1\\ x\ln x, & 1<x<+\infty\end{cases}$ 且 $f(0)=0$,试求 $f(x)$.

5. 设 $\frac{\sin x}{x}$ 是 $f(x)$ 的一个原函数,求 $\int xf'(x)\mathrm{d}x$.

6. 求下列定积分:

(1) $\int_0^{\pi} \sqrt{1+\cos 2x}\mathrm{d}x$; (2) $\int_0^3 \frac{x^2}{\sqrt{1+x}}\mathrm{d}x$;

(3) $\int_0^{2\pi} \frac{x(1+\cos 2x)}{2}\mathrm{d}x$; (4) $\int_1^{\mathrm{e}} \sin(\ln x)\mathrm{d}x$.

7. 设 $f(x)=\frac{1}{1+x^2}+\mathrm{e}^x\int_0^1 f(x)\mathrm{d}x$,求 $\int_0^1 f(x)\mathrm{d}x$.

8. 设函数 $f(x)$ 在 $[a,b]$ 上连续,证明:$\int_a^b f(a+b-x)\mathrm{d}x=\int_a^b f(x)\mathrm{d}x$.

9. 求曲线 $xy=1$,$y=x$ 及 $x=2$ 围成的图形的面积.

10. 计算阿基米得螺线 $\rho=a\theta(a>0)$ 上相应于 θ 从 0 变到 2π 的一段弧与极轴所围成的图形的面积.

11. 求由上半圆 $x^2+y^2=2$ 与抛物线 $y=x^2$ 所围平面图形绕 x 轴旋转所得的旋转体的体积.

12. (蜗牛爬行)一只蜗牛沿着曲线 $y=\frac{2}{3}x^{\frac{3}{2}}$ 爬行,某天从 $x=a$ 爬到 $x=b$,请问它这天的爬行距离. (如图 3.31)

13. (吸饮饮料)一杯子的内壁是由曲线 $y=x^3$ $(0\leqslant x<2$,单位:cm$)$ 绕 y 轴旋转而成,若把满杯的饮料吸入杯口上方 2 cm 的嘴中. 问要做多少功? (饮料的密度为 μ,其单位为 $\mathrm{kg/cm^3}$)

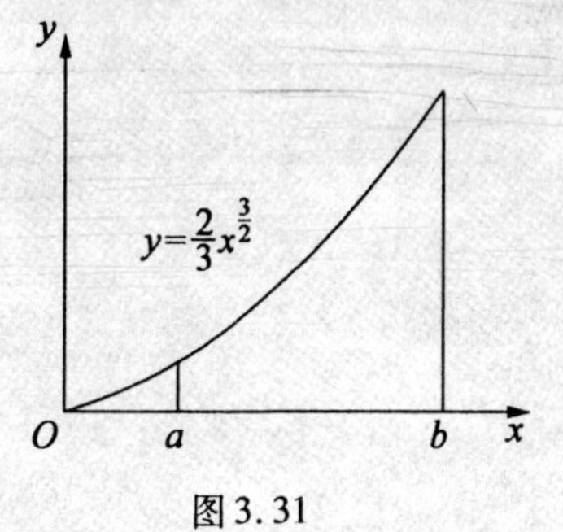

图 3.31

14. 一个横放着的圆柱形水桶,桶内盛有半桶水,设桶的底半径为 R,水的密度为 ρ,计算桶的一个端面上所受的压力.

15. 设某产品的固定成本为 50，边际收益和边际成本分别为

$$R'(x)=100-4x-x^2,C'(x)=2x^2-40x+160.$$

问当产量 x 为何值时获得的利润最大？

第 4 章 微分方程

由牛顿和莱布尼茨所创立的微积分,是人类科学史上划分时代的重大发现,而微积分的产生和发展,与人们求解微分方程的需要有密切关系.所谓的微分方程,就是联系着自变量、未知函数及其导数在内的方程.物理、化学、生物学、经济学、工程技术和社会科学的许多领域中的大量问题一旦加以精确的数学描述,往往会出现微分方程.本章将介绍常微分方程的一些基本概念和几种常微分方程的求解方法.

实例一【马尔萨斯人口模型】 英国经济学家和人口统计学家马尔萨斯(Malthus T R,1766—1834)根据一百多年的统计资料,于1798年提出了著名的人口指数增长模型,假设人口数量 $N(t)$ 是时间 t 的连续函数,且人口数量的增长速度与现有人数量的增长速度与现有人数量成正比。设开始时($t=0$)的人口的数量为 N_0,即 $N(0)=N_0$,在此基础上,马尔萨斯提出了如下的人口模型:

$$\begin{cases}\dfrac{\mathrm{d}N}{\mathrm{d}t}=rN,\\ N(0)=N_0.\end{cases}$$

实例二【传染病模型】 设某种传染病在某地区传播期间其地区总人数 N 是不变的,开始时染病人数为 x_0,在 t 时刻的染病人数为 $x(t)$。假设 t 时刻 $x(t)$ 对时间的变化率与当时未得病的人数成正比(比例常数 $r>0$,其表示传染给正常人的传染率),则可建立传染病的数学模型:

$$\begin{cases}\dfrac{\mathrm{d}x}{\mathrm{d}t}=r(N-x),\\ x(0)=x_0.\end{cases}$$

实例三【物体的下落速度】 当物体由高空下落时,它除了受到地球的重力作用外,还受到空气阻力的作用,阻力的大小与物体的形状和运动速度有关,一般可对阻力做两种假设:

(1)阻力的大小与下落的速度成正比;

(2)阻力的大小与下落速度的平方成正比.

如果用 y 表示物体的高度,y' 表示物体的下落速度($y'<0$),则在第一种假设条件下,设阻力 $f=-ky'(k>0)$,根据牛顿第二定律可建立方程

$$my''=-mg-ky';$$

在第二种假设条件下，设阻力 $f=ky'^2(k>0,y'<0)$，根据牛顿第二定律可建立方程

$$my''=-mg+ky'^2$$

从上面的例子可以看出，这些问题的解决都可以化为带有导数或微分的等式来求解.这些方程都是常微分方程.

4.1　微分方程的基本概念

我们通过例题来说明微分方程的一些基本概念.

【例4.1】　一曲线通过点(1,0)，且该曲线上任一点 $M(x,y)$ 处的切线的斜率为 $3x^2$，求此曲线的方程.

解　设所求曲线的方程为 $y=y(x)$. 由导数的几何意义知，曲线 $y=y(x)$ 在点$M(x,y)$处的切线斜率为$\frac{dy}{dx}$. 根据题设，得

$$\frac{dy}{dx}=3x^2 \quad ①$$

又曲线过点(1,0)，即

$$x=1 \text{ 时 } y=0, \quad ②$$

对式①两端积分，得

$$y=x^3+C, C\text{ 是任意常数}. \quad ③$$

将式②代入式③，得

$$C=-1.$$

即所求曲线方程为

$$y=x^3-1. \quad ④$$

一般地，含有未知函数及其导数(或微分)的方程称为微分方程. 未知函数是一元函数的微分方程，称为常微分方程. 本章只讨论常微分方程，以下简称为微分方程，或方程. 微分方程中未知函数的最高阶导数的阶数，叫作微分方程的阶. 例如，方程①是一阶微分方程. 又如，方程

$$x^2y''+xy'=3x^3$$

是二阶微分方程；方程

$$y'''-4y''-12y'+5y^4=\sin 2x$$

是三阶微分方程.

一般地，n 阶微分方程的形式是

$$F(x,y,y',\cdots,y^{(n)})=0, \quad ⑤$$

其中 F 是 $n+2$ 个变量的函数. 在方程⑤中，$y^{(n)}$ 是必须出现的，$x,y,y',\cdots,y^{(n-1)}$ 等变量则可以不出现.

如果一个函数代入微分方程后，方程两端恒等，则称此函数为微分方程的解.

例4.1中 $y=x^3+C$ 与 $y=x^3-1$ 都是微分方程 $y'=3x^2$ 的解.

如果微分方程的解中含有任意常数，且任意常数的个数与微分方程的阶数相等，这样

的解称为微分方程的通解. 不含有任意常数的解,称为微分方程的特解.

例如,函数 $y=x^3+C$ 是方程 $y'=3x^2$ 的解,它含有一个任意常数,而方程 $y'=3x^2$ 是一阶的,所以函数 $y=x^3+C$ 是方程 $y'=3x^2$ 的通解. 而函数 $y=x^3-1$ 是微分方程 $y'=3x^2$ 的特解.

一般地,根据一定的条件,可以从通解中确定任意常数的取值而得出特解,这种条件称为初始条件. 例如在例 4.1 中式②是初始条件.

设微分方程中的未知函数为 $y=y(x)$,一阶微分方程常见的初始条件形式为

$$y|_{x=x_0}=y_0$$

其中 x_0,y_0 都是给定的值;二阶微分方程常见的初始条件形式为

$$y|_{x=x_0}=y_0,y'|_{x=x_0}=y'_0,$$

其中 x_0,y_0 和 y'_0 都是给定的值.

求微分方程满足初始条件的特解的问题,称为微分方程的初值问题.

一阶微分方程的初值问题,记作

$$\begin{cases}y'=f(x,y),\\ y|_{x=x_0}=y_0.\end{cases} \tag{⑥}$$

微分方程的解的图形是一条曲线,叫作微分方程的积分曲线. 初值问题⑥的几何意义,就是求微分方程的通过点 (x_0,y_0) 的那条积分曲线.

二阶微分方程的初值问题

$$\begin{cases}y''=f(x,y,y'),\\ y|_{x=x_0}=y_0,y'|_{x=x_0}=y'_0\end{cases}$$

的几何意义是求微分方程的通过点 (x_0,y_0) 且在该点处的切线的斜率为 y'_0 的那条积分曲线.

【例 4.2】　验证函数 $y=C_1\cos x+C_2\sin x-\frac{1}{2}x\cos x$ (C_1,C_2 是任意常数)是二阶微分方程

$$y''+y=\sin x$$

的通解.

解

$$y=C_1\cos x+C_2\sin x-\frac{1}{2}x\cos x,$$

$$y'=-C_1\sin x+C_2\cos x-\frac{1}{2}\cos x+\frac{1}{2}x\sin x,$$

$$y''=-C_1\cos x-C_2\sin x+\sin x+\frac{1}{2}x\cos x,$$

将 y,y'' 代入原方程,有

$$y''+y=-C_1\cos x-C_2\sin x+\sin x+\frac{1}{2}x\cos x+C_1\cos x+C_2\sin x-\frac{1}{2}x\cos x=\sin x,$$

即函数 $y=C_1\cos x+C_2\sin x-\frac{1}{2}x\cos x$ 是微分方程 $y''+y=\sin x$ 的解;由于该函数中含有任意常数的个数是 2,恰等于微分方程的阶数,所以所给函数是通解.

习题4.1

1.指出下列各微分方程的阶数:

(1)$x^2y''-xy'+y=0$;　　(2)$(1+y^2)dx+(1+x^2)dy=0$;

(3)$(y'')^3+2(y')^4-y^2=0$;　　(4)$\frac{d\rho}{d\theta}+\rho=\sin^2\theta$.

2.指出下列各题中的函数是否为所给微分方程的解:

(1)$y''-\frac{2}{x}y'+\frac{2}{x^2}y=0,y=C_1x+C_2x^2$;

(2)$xy''+2y'-xy=0,xy=C_1e^x+C_2e^{-x}$;

(3)$y''+y=0,y=3\sin x-4\cos x$;

(4)$y''-2y'+y=0,y=x^2e^x$.

3.试说明:函数$y=(C_1+C_2x)e^x$(C_1,C_2是任意常数)是微分方程

$$y''-2y'+y=0$$

的通解.

4.验证:函数$y=\frac{\pi-1-\cos x}{x}$是初值问题

$$\begin{cases}y'+\frac{y}{x}=\frac{\sin x}{x},\\ y|_{x=\pi}=1\end{cases}$$

的解.

4.2　一阶微分方程

一阶微分方程的一般形式是

$$F(x,y,y')=0$$

其中x为自变量,y为未知函数,y'为y的一阶导数.

这里我们介绍几种常见类型的一阶微分方程的解法.

一、可分离变量的微分方程

形如

$$g(y)dy=f(x)dx \qquad ①$$

的一阶微分方程称为可分离变量的微分方程.

例如,下列微分方程都是可分离变量的微分方程

$$\frac{dy}{dx}=x(1+y^2),\frac{dy}{dx}=2xy.$$

若$f(x),g(y)$为连续函数,对式①两端积分,它们的原函数只相差一个常数,即

$$\int g(y)\,dy = \int f(x)\,dx + C \qquad ②$$

其中$\int g(y)\,dy$，$\int f(x)\,dx$分别表示函数$g(y)$，$f(x)$的一个原函数，C是任意常数. 这就得到了x与y之间的函数关系. ②式是微分方程①的通解.

【例4.3】 求微分方程$\frac{dy}{dx}=2xy$的通解.

解 方程$\frac{dy}{dx}=2xy$是可分离变量的微分方程，分离变量得

$$\frac{dy}{y}=2x\,dx,$$

两端积分

$$\int\frac{dy}{y}=\int 2x\,dx,$$

得

$$\ln|y|=x^2+C_1,$$

从而

$$y=\pm e^{x^2+C_1}=\pm e^{C_1}e^{x^2}.$$

因$\pm e^{C_1}$仍是任意常数，令$C=\pm e^{C_1}$，又因为$y=0$也是方程的解，故C可以取0，因此方程的通解为

$$y=Ce^{x^2}，C是任意常数$$

注 (1)从形式上看$(\ln|x|)'=\frac{1}{x}=(\ln x)'$，所以在积分时，如果出现ln|□|，可换为ln □(因为求导后是同一个微分方程)，同时将积分常数C改为$\ln C$(原来应该是$\ln|C|$)，这种解法称为“形式解法”.

(2)分离变量时，常常要将微分方程两边同时除以一个因式，此举的前提是这一因式不为零. 如果不顾及这一前提条件往下解，仍可以得到微分方程的通解，但由于丢解而可能得不到方程的全部解. 欲得到全部解则要例4.3这样加以全面的讨论，并用“形式解法”，这样同样可以得到正确的通解.

例如，本例可直接把求解过程写成：

分离变量得

$$\frac{dy}{y}=2x\,dx,$$

两端积分

$$\int\frac{dy}{y}=\int 2x\,dx,$$

得

$$\ln y=x^2+\ln C,$$

即

$$y=Ce^{x^2}，C是任意常数.$$

实例四【逻辑斯蒂(Logistic)人口模型】 马尔萨斯模型与19世纪以前的欧洲一些地区的人口统计数据吻合得很好，但是19世纪以后许多国家的人口统计资料显示马尔萨斯模型与实际情况比较，差别很大. 原因是随后人口的增加，自然资源、环境条件等因素对人口继续增长有阻滞作用，当人口增长到一定数量后，增长率会随着人口的继续增加反而逐渐减少. 因此，应对马尔萨斯模型中关于净增长率为常数的假设进行修改.

1838年，荷兰生物数学家韦尔侯斯特(Verhulst)引入常数N_m，用来表示自然环境条

件所能容许的最大人口数(一般说来,一个国家工业化程度越高,它的生活空间就越大,食物就越多,从而 N_m 就越大),并假设增长率等于 $r(1-\frac{N(t)}{N_m})$,即净增长率随着 $N(t)$ 的增加而减少(这里设 $N(t)\neq 0$),当 $N(t)\to N_m$ 时,净增长率趋于0,按此假设建立人口预测模型.(这里设 $N(t_0)=N_0$)

解 由韦尔侯斯特假定,马尔萨斯模型应改为

$$\begin{cases}\frac{\mathrm{d}N}{\mathrm{d}t}=r(1-\frac{N(t)}{N_m})N,\\ N(t_0)=N_0.\end{cases}$$

上式就是著名的逻辑斯蒂人口模型,该方程是一个可分离变量的微分方程.将变量分离得

$$\frac{N_m}{(N_m-N)N}\mathrm{d}N=r\mathrm{d}t,$$

两边积分得

$$N=\frac{N_m}{1+C\mathrm{e}^{-rt}}(C\text{ 为任意实数}),$$

即为方程的通解.

为确定所求的特解,以 $N(t_0)=N_0$ 代入通解中确定常数 C,得到

$$C=(\frac{N_m}{N_0}-1)\mathrm{e}^{rt_0},$$

因而,所求的特解为

$$N(t)=\frac{N_m}{1+(\frac{N_m}{N_0}-1)\mathrm{e}^{-r(t-t_0)}}.$$

【例4.4】 求微分方程 $xy'=y\ln y$ 的通解,并求满足初始条件 $y|_{x=1}=\mathrm{e}$ 的特解.

解 方程 $xy'=y\ln y$ 是可分离变量的微分方程,分离变量得

$$\frac{1}{y\ln y}\mathrm{d}y=\frac{1}{x}\mathrm{d}x.$$

两端积分

$$\int\frac{1}{y\ln y}\mathrm{d}y=\int\frac{1}{x}\mathrm{d}x.$$

得

$$\ln\ln y=\ln x+\ln C.$$

化简得

$$\ln y=Cx.$$

于是微分方程的通解为

$$y=\mathrm{e}^{Cx},C\text{ 是任意常数}.$$

将 $x=1,y=\mathrm{e}$ 代入通解中,得 $C=1$,即所求的特解为 $y=\mathrm{e}^x$.

二、齐次微分方程

形如

$$\frac{\mathrm{d}y}{\mathrm{d}x}=\varphi\left(\frac{y}{x}\right) \quad ③$$

的一阶微分方程,称为齐次微分方程.

例如,微分方程$\frac{dy}{dx}=\frac{y^2}{xy-x^2}$可化为

$$\frac{dy}{dx}=\frac{\left(\frac{y}{x}\right)^2}{\left(\frac{y}{x}\right)-1};$$

又如微分方程 $x^2dy=(y^2-xy+x^2)dx$ 可化为

$$\frac{dy}{dx}=\left(\frac{y}{x}\right)^2-\frac{y}{x}+1.$$

所以它们都是齐次微分方程.

在齐次微分方程③中,通常可通过变量替换

$$u=\frac{y}{x} \tag{4}$$

化为可分离变量的方程. 因为有

$$y=ux,\frac{dy}{dx}=u+x\frac{du}{dx},$$

代入方程③,便得

$$u+x\frac{du}{dx}=\varphi(u),$$

即
$$x\frac{du}{dx}=\varphi(u)-u.$$

分离变量,得
$$\frac{du}{\varphi(u)-u}=\frac{dx}{x}.$$

两端积分,得
$$\int\frac{du}{\varphi(u)-u}=\int\frac{dx}{x}.$$

求出积分后,再用$\frac{y}{x}$代替 u,便得所给齐次微分方程的通解.

【例 4.5】　求微分方程$\frac{dy}{dx}=\frac{y^2}{xy-x^2}$的通解.

解　原方程可写成$\frac{dy}{dx}=\frac{y^2}{xy-x^2}=\frac{\left(\frac{y}{x}\right)^2}{\left(\frac{y}{x}\right)-1}$,它是齐次微分方程. 令$\frac{y}{x}=u$,则

$$y=ux,\frac{dy}{dx}=u+x\frac{du}{dx},$$

于是原方程变为

$$u+x\frac{du}{dx}=\frac{u^2}{u-1},$$

即
$$x\frac{du}{dx}=\frac{u}{u-1}.$$

分离变量,得

$$\left(1-\frac{1}{u}\right)du=\frac{dx}{x}.$$

两端积分，得
$$u-\ln u=\ln x-\ln C,$$
或写为
$$\ln(xu)=u+\ln C.$$
即
$$xu=Ce^{u}.$$

以$\frac{y}{x}$代上式中的u，便得所给方程的通解为

$$y=Ce^{\frac{y}{x}},C\text{ 是任意常数}.$$

【例 4.6】 求微分方程 $x\mathrm{d}y=\left(2x\tan\frac{y}{x}+y\right)\mathrm{d}x$ 满足初始条件$y|_{x=2}=\frac{\pi}{2}$的特解.

解 原方程可改写为$\frac{dy}{dx}=2\tan\frac{y}{x}+\frac{y}{x}$，它是齐次微分方程. 令$\frac{y}{x}=u$，则

$$y=ux,\frac{dy}{dx}=u+x\frac{du}{dx},$$

于是原方程变为

$$u+x\frac{du}{dx}=2\tan u+u,$$

即
$$x\frac{du}{dx}=2\tan u.$$

分离变量，得

$$\cot u\mathrm{d}u=\frac{2}{x}\mathrm{d}x.$$

两端积分，得
$$\ln\sin u=2\ln x+\ln C,$$
即
$$\sin u=Cx^2.$$

以$\frac{y}{x}$代上式中的u，便得所给方程的通解为

$$\sin\frac{y}{x}=Cx^2,C\text{ 是任意常数}.$$

将$x=2,y=\frac{\pi}{2}$代入通解中得$C=\frac{\sqrt{2}}{8}$，于是所求的特解为

$$\sin\frac{y}{x}=\frac{\sqrt{2}}{8}x^2,\text{或 }y=x\arcsin\left(\frac{\sqrt{2}}{8}x^2\right).$$

三、一阶线性微分方程

形如

$$\frac{dy}{dx}+P(x)y=Q(x) \qquad ⑤$$

的微分方程，称为一阶线性微分方程，其中$P(x)$，$Q(x)$为x的已知连续函数，$Q(x)$称为自由项. 当$Q(x)\neq 0$时，方程⑤称为一阶线性非齐次微分方程；当$Q(x)\equiv 0$时，方程

$$\frac{\mathrm{d}y}{\mathrm{d}x}+P(x)y=0 \qquad ⑥$$

称为一阶线性齐次微分方程,也称方程⑥是方程⑤所对应的齐次方程.

下面讨论方程⑤的解法:

首先,求一阶线性齐次微分方程⑥的通解.该方程是可分离变量的微分方程.分离变量,得

$$\frac{\mathrm{d}y}{y}=-P(x)\mathrm{d}x.$$

两端积分,得通解

$$y=C\mathrm{e}^{-\int P(x)\mathrm{d}x},C\text{ 是任意常数}. \qquad ⑦$$

其次,利用常数变易法求非齐次线性微分方程⑤的通解.

在一阶线性齐次微分方程的通解式⑦中,将任意常数 C 换成待定的函数 $u(x)$,即设方程⑤的通解为

$$y=u(x)\mathrm{e}^{-\int P(x)\mathrm{d}x}. \qquad ⑧$$

将⑧式代入方程⑤得

$$(u(x)\mathrm{e}^{-\int P(x)\mathrm{d}x})'+P(x)(u(x)\mathrm{e}^{-\int P(x)\mathrm{d}x})=Q(x),$$

即
$$u'(x)\mathrm{e}^{-\int P(x)\mathrm{d}x}-u(x)\mathrm{e}^{-\int P(x)\mathrm{d}x}P(x)+P(x)u(x)\mathrm{e}^{-\int P(x)\mathrm{d}x}=Q(x).$$

化简得

$$u'(x)\mathrm{e}^{-\int P(x)\mathrm{d}x}=Q(x),$$

或写成

$$u'(x)=Q(x)\mathrm{e}^{-\int P(x)\mathrm{d}x}.$$

两端积分,得

$$u(x)=\int Q(x)\mathrm{e}^{-\int P(x)\mathrm{d}x}\mathrm{d}x+C,C\text{ 是任意常数}.$$

将上式代入⑧可得一阶线性非齐次微分方程⑤的通解

$$y=\mathrm{e}^{-\int P(x)\mathrm{d}x}\left(\int Q(x)\mathrm{e}^{\int P(x)\mathrm{d}x}\mathrm{d}x+C\right),C\text{ 是任意常数}, \qquad ⑨$$

或
$$y=C\mathrm{e}^{-\int P(x)\mathrm{d}x}+\mathrm{e}^{-\int P(x)\mathrm{d}x}\int Q(x)\mathrm{e}^{\int P(x)\mathrm{d}x}\mathrm{d}x.$$

右端第一项是方程⑥的通解,把第二项代入方程⑤容易验证,它是方程⑤的一个特解.由此可知,一阶线性非齐次微分方程的通解等于对应的齐次方程的通解与它本身的一个特解之和.

【例4.7】 求微分方程$\frac{\mathrm{d}y}{\mathrm{d}x}+y=\mathrm{e}^{-x}$的通解.

解 先求对应的齐次方程的通解.原方程对应的齐次方程为

$$\frac{\mathrm{d}y}{\mathrm{d}x}+y=0,\text{即}\frac{\mathrm{d}y}{\mathrm{d}x}=-y.$$

分离变量,得
$$\frac{\mathrm{d}y}{y}=-\mathrm{d}x.$$

两端积分,得
$$\ln y = -x + \ln C,$$
即
$$y = Ce^{-x}, C \text{ 是任意常数}.$$

用常数变易法:

把 C 换成 $u(x)$,即令 $y = u(x)e^{-x}$,则
$$\frac{dy}{dx} = u'(x)e^{-x} - u(x)e^{-x}.$$
代入所给非齐次微分方程,得
$$u'(x) = 1.$$
两端积分,得
$$u(x) = x + C.$$
将 $u(x)$ 代入 $y = u(x)e^{-x}$,即得所求方程的通解为
$$y = e^{-x}(x + C), C \text{ 是任意常数}.$$

利用通解公式:

令 $p(x) = 1, q(x) = e^{-x}$,则 $\int p(x)dx = \int dx = x$.

代入公式 $y = e^{-\int P(x)dx}\left(\int Q(x)e^{\int P(x)dx}dx + C\right)$ 中并计算得
$$y = e^{-x}\left(\int e^{-x}e^{x}dx + C\right) = e^{-x}(x + C)(C \text{ 是任意常数}).$$

【例 4.8】 求微分方程 $ydx + (x - y^3)dy = 0 (y > 0)$ 的通解.

解 如果将上式改写成 $\frac{dy}{dx} + \frac{y}{x - y^3} = 0$,则显然不是线性微分方程. 如果将原方程改写为
$$\frac{dx}{xy} + \frac{x - y^3}{y} = 0, \text{即} \frac{dx}{dy} + \frac{1}{y}x = y^2.$$
则方程化为以 y 为自变量,x 为未知函数的一阶线性非齐次微分方程.

先求所对应的齐次方程的通解. 所对应的齐次方程为
$$\frac{dx}{dy} + \frac{1}{y}x = 0$$
分离变量,得
$$\frac{dx}{x} = -\frac{dy}{y}$$
两端积分,得
$$\ln x = -\ln y + \ln C$$
即
$$x = \frac{C}{y}$$

用常数变易法:

把 C 换成 $u(x)$,即令 $x = \frac{u(y)}{y}$,则
$$\frac{dx}{dy} = u'(y)\frac{1}{y} - u(y)\frac{1}{y^2}$$
代入所给非齐次微分方程,得

$$u'(y) = y^3.$$

两端积分,得

$$u(y) = \frac{1}{4}y^4 + C_1.$$

将 $u(y)$ 代入 $x = \frac{u(y)}{y}$,即得所求方程的通解为

$$x = \frac{1}{y}\left(\frac{1}{4}y^4 + C_1\right),$$

或　　　　　　　　　　$4xy = y^4 + C$,C 是任意常数.

利用通解公式:

令 $p(y) = \frac{1}{y}$,$q(y) = y^2$,则 $\int p(y)\,\mathrm{d}y = \int \frac{1}{y}\mathrm{d}x = \ln y$.

代入公式 $x = \mathrm{e}^{-\int P(y)\mathrm{d}y}\left(\int Q(y)\mathrm{e}^{\int P(y)\mathrm{d}y}\mathrm{d}y + C\right)$ 中并计算得

$$x = \mathrm{e}^{-\ln y}\left(\int y^2 \mathrm{e}^{\ln y}\mathrm{d}x + C\right) = \frac{1}{y}\left(\frac{y^4}{4} + C\right)\text{(}C\text{ 是任意常数)}$$

或　　　　　　　　　　$4xy = y^4 + C$　(C 是任意常数)

【例4.9】　求微分方程 $(\sin x)y' - y\cos x = 2x\sin^3 x$ 的通解.

解　如果将上式改写成

$$y' - \frac{\cos x}{\sin x}y = 2x\sin^2 x$$

$$p(x) = -\cot x, q(x) = 2x\sin^2 x,$$

$$\int p(x)\,\mathrm{d}x = \int -\cot x\,\mathrm{d}x = -\ln\sin x.$$

代入公式中

$$y = \mathrm{e}^{\ln\sin x}\left(\int 2x\sin^2 x\mathrm{e}^{-\ln\sin x}\mathrm{d}x + C\right) = \sin x\left(\int 2x\sin^2 x\frac{1}{\sin x}\mathrm{d}x + C\right)$$

$$= \sin x\left(\int 2x\sin x\,\mathrm{d}x + C\right) = \sin x\left(\int 2x\,\mathrm{d}(-\cos x) + C\right)$$

$$= \sin x(-2x\cos x + 2\sin x + C)\text{(}C\text{ 是任意常数)}.$$

习题4.2

1. 求下列各微分方程的通解或在给定初始条件下的特解:

(1) $xy' = y\ln y$;　　　　(2) $\sqrt{1-x^2}\,\mathrm{d}y = \sqrt{1-y^2}\,\mathrm{d}x$;

(3) $\sec^2 x\tan y\,\mathrm{d}x + \sec^2 y\tan x\,\mathrm{d}y = 0$;　　　　(4) $(\mathrm{e}^{x+y} - \mathrm{e}^x)\mathrm{d}x + (\mathrm{e}^{x+y} + \mathrm{e}^y)\mathrm{d}y = 0$;

(5) $(1+2y)x\,\mathrm{d}x + (1+x^2)\mathrm{d}y = 0$;　　　　(6) $\frac{\mathrm{d}x}{y} + \frac{\mathrm{d}y}{x} = 0, y|_{x=3} = 4$;

(7) $y'\sin x - y\cos x = 0, y|_{x=\frac{\pi}{2}} = 1$;　　　　(8) $y' = \mathrm{e}^{2x-y}, y|_{x=0} = 0$.

2. 求下列各微分方程的通解或在给定初始条件下的特解:

(1) $y'=\mathrm{e}^{-\frac{y}{x}}+\frac{y}{x}$;　　(2) $x\frac{\mathrm{d}y}{\mathrm{d}x}=y\ln\frac{y}{x}$;

(3) $xy'-y-\sqrt{y^2-x^2}=0$;　　(4) $xy'-y=x\tan\frac{y}{x}$;

(5) $y'=\frac{x}{y}+\frac{y}{x},y|_{x=-1}=2$;　　(6) $(x^2+y^2)\mathrm{d}x-xy\mathrm{d}y=0,y|_{x=1}=0$.

3. 求下列各微分方程的通解或在给定初始条件下的特解：

(1) $y'-\frac{2y}{x+1}=(x+1)^3$;　　(2) $y'+y\cos x=\mathrm{e}^{-\sin x}$;

(3) $xy'+y=x^2+4x-5$;　　(4) $\frac{\mathrm{d}y}{\mathrm{d}x}=\frac{1}{x+y}$;

(5) $\frac{\mathrm{d}y}{\mathrm{d}x}=\frac{1}{y-xy}$;　　(6) $\frac{\mathrm{d}y}{\mathrm{d}x}+\frac{y}{x}=\frac{\sin x}{x},y|_{x=\pi}=1$;

(7) $\frac{\mathrm{d}y}{\mathrm{d}x}+3y=8,y|_{x=0}=2$;　　(8) $x^2y'+xy-\ln x=0,y|_{x=1}=2$.

(9) $\frac{\mathrm{d}y}{\mathrm{d}x}+\frac{2-3x^2}{x^3}y=1,y|_{x=1}=-\frac{1}{2}$;　　(10) $\frac{\mathrm{d}y}{\mathrm{d}x}=\frac{y}{x+y^2}$.

4.3　可降阶的高阶微分方程

二阶及二阶以上的微分方程统称为高阶微分方程. 对于有些高阶微分方程，我们可以通过代换将它化成较低阶的微分方程来求解. 就二阶微分方程

$$y''=f(x,y,y')$$

而论，如果我们能设法作代换把它从二阶降至一阶，那么就有可能应用前两节中所讲述的方法来求出它的解了.

下面介绍三种容易降阶的高阶微分方程的求解方法.

一、$y^{(n)}=f(x)$ 型的微分方程

这类方程通过对等式两端进行 n 次积分，即可得到通解，即

$$y^{(n-1)}=\int f(x)\mathrm{d}x+C_1,$$

$$y^{(n-2)}=\int\left[\int f(x)\mathrm{d}x+C_1\right]\mathrm{d}x+C_2,$$

$$\cdots\cdots$$

最后得到通解的表达式，其中通解中含有 n 个任意常数 $C_1,C_2,\cdots,C_n$.

【例 4.10】　求微分方程 $y'''=\mathrm{e}^{2x}-\cos x$ 的通解.

解　对所给方程连续积分三次，得

$$y''=\frac{1}{2}\mathrm{e}^{2x}-\sin x+C_1,$$

$$y'=\frac{1}{4}\mathrm{e}^{2x}+\cos x+C_1x+C_2,$$

$$y=\frac{1}{8}e^{2x}+\sin x+\frac{C_1}{2}x^2+C_2x+C_3, C_1, C_2, C_3 \text{ 是任意常数.}$$

这就是所求的通解.

二、$y''=f(x,y')$型的微分方程

微分方程

$$y''=f(x,y') \qquad ①$$

中不显含未知函数 y,它可以通过变量代换降为一阶微分方程.

设 $y'=p$,那么 $y''=p'$,而方程①就成为 $p'=f(x,p)$. 这是一个关于变量 x,p 的一阶微分方程. 设其通解为

$$p=\varphi(x,C_1).$$

而 $p=\frac{dy}{dx}$,因此又得到一个一阶微分方程

$$\frac{dy}{dx}=\varphi(x,C_1).$$

对它进行积分,便得方程①的通解为

$$y=\int\varphi(x,C_1)dx+C_2, C_1, C_2 \text{ 是任意常数.}$$

【例4.11】 求微分方程$(1+x^3)y''=3x^2y'$满足初始条件$y|_{x=0}=1, y'|_{x=0}=1$ 的特解.

解 所给方程是 $y''=f(x,y')$型的. 设 $y'=p$,则 $y''=p'$,代入方程有

$$(1+x^3)p'=3x^2p.$$

分离变量,得

$$\frac{dp}{p}=\frac{3x^2}{1+x^3}dx.$$

两端积分,得

$$\ln p=\ln(1+x^3)+\ln C_1,$$

即

$$p=C_1(1+x^3).$$

由条件$y'|_{x=0}=1$,得 $C_1=1$. 所以

$$y'=1+x^3.$$

两端再积分,得

$$y=x+\frac{1}{4}x^4+C_2.$$

又由条件$y|_{x=0}=1$,得 $C_2=1$. 于是所求微分方程的特解为

$$y=x+\frac{1}{4}x^4+1.$$

【例4.12】 求微分方程 $y''=\frac{1}{x}y'+xe^x$ 的通解.

所给方程是 $y''=f(x,y')$型的. 设 $y'=p$,则 $y''=p'$,代入方程有

$$p'-\frac{1}{x}p=xe^x$$

这是关于 p 的一阶线性微分，其解为

$$y' = p = e^{\int \frac{1}{x}dx}\left(\int x e^x e^{-\int \frac{1}{x}dx}dx + C\right) = x(e^x + C)$$

从而所求通解为

$$y = \int x(e^x + C)dx = (x-1)e^x + C_1x^2 + C_2\left(C_1 = \frac{C}{2}, C_2 \text{是任意常数}\right)$$

三、$y''=f(y,y')$ 型的微分方程

微分方程

$$y''=f(y,y') \quad ②$$

中不显含自变量 x. 为了求出它的解，我们令 $y'=p$，注意此时 p 看作是变量 y 的函数，即 $p=p(y)$. 利用复合函数的求导法则，得

$$y''=\frac{dp}{dx}=\frac{dp}{dy}\cdot\frac{dy}{dx}=p\frac{dp}{dy}.$$

这样，方程②就成为

$$p\frac{dp}{dy}=f(y,p).$$

这是一个关于变量 y,p 的一阶微分方程. 设它的通解为

$$y'=p=\varphi(y,C_1),$$

分离变量并积分，便得方程②的通解为

$$\int\frac{dy}{\varphi(y,C_1)}=x+C_2, C_1, C_2 \text{ 是任意常数}.$$

【例 4.13】 求微分方程 $yy''+y'^2=0$ 的通解.

解 所给方程不显含自变量 x. 设 $y'=p$，则 $y''=p\frac{dp}{dy}$，代入方程有

$$yp\frac{dp}{dy}+p^2=0.$$

约去 p 并分离变量，得

$$\frac{dp}{p}=-\frac{dy}{y}.$$

两端积分，得

$$\ln p=-\ln y+\ln C_1,$$

即

$$y'=p=\frac{C_1}{y},$$

再分离变量，得

$$ydy=C_1dx.$$

两端积分，得所给方程的通解

$$\frac{1}{2}y^2=C_1x+C_2, C_1, C_2 \text{ 是任意常数}.$$

习题 4.3

1. 求下列微分方程的通解：

(1) $y''=x+\sin x$；　(2) $y''=\dfrac{1}{\sqrt{1-x^2}}$；

(3) $y'''=xe^x$；　(4) $xy''=y'$；

(5) $y''=1+y'^2$；　(6) $xy''=y'+x^2$；

(7) $y''=y'^2+y'$；　(8) $y''+\dfrac{2}{1-y}y'^2=0.$

2. 求下列微分方程满足初始条件的特解：

(1) $y''=\sin x-\cos x, y|_{x=0}=2, y'|_{x=0}=1$；

(2) $y''+y'+2=0, y|_{x=0}=0, y'|_{x=0}=-2$；

(3) $y''=e^{2y}, y|_{x=0}=0, y'|_{x=0}=1$；

(4) $y''=3\sqrt{y}, y|_{x=0}=1, y'|_{x=0}=2.$

4.4　高阶常系数线性微分方程

本节重点讲述二阶线性微分方程解的结构及二阶常系数线性微分方程的解法.

一、线性微分方程解的结构

形如

$$y''+P(x)y'+Q(x)y=f(x) \qquad ①$$

的方程，称为二阶线性微分方程，$f(x)$ 称为自由项. 当 $f(x)\neq 0$ 时，方程①称为二阶线性非齐次微分方程；当 $f(x)\equiv 0$ 时，方程①化为

$$y''+P(x)y'+Q(x)y=0, \qquad ②$$

称为非齐次线性方程①对应的二阶线性齐次微分方程.

下面讨论二阶线性微分方程的解的一些性质，这些性质可以推广到 n 阶线性方程

$$y^{(n)}+a_1(x)y^{(n-1)}+\cdots+a_{n-1}(x)y'+a_n(x)y=f(x).$$

我们首先讨论二阶线性齐次微分方程②的解的性质.

定理 4.1　如果函数 $y_1(x)$ 与 $y_2(x)$ 是方程②的两个解，则

$$y=C_1y_1(x)+C_2y_2(x) \qquad ③$$

也是方程②的解，其中 C_1, C_2 是任意常数.

③式所表示的解从形式上看含有两个任意常数 C_1 和 C_2，但它不一定是通解. 例如，若 $y_1(x)$ 是方程②的一个解，容易验证 $y_2(x)=2y_1(x)$ 也是方程②的解. 这时，③式成为 $y=C_1y_1(x)+C_2y_2(x)=(C_1+2C_2)y_1(x)=Cy_1(x)$，其中 $C=C_1+2C_2$. 显然这不是方程的通解. 那么在什么情况下，③式才是方程②的通解呢？下面我们引入一个新的概念.

定义 4.1 如果两个函数 $y_1(x)$ 与 $y_2(x)$ 之比为一个常数,即 $\frac{y_1(x)}{y_2(x)}=k$(k 为常数),则称函数 $y_1(x)$ 与 $y_2(x)$ 线性相关;如果 $\frac{y_1(x)}{y_2(x)}\neq k$,则称两个函数 $y_1(x)$ 与 $y_2(x)$ 线性无关.

例如,函数 $\sin x$ 与 $2\sin x$ 线性相关,而函数 e^x 与 e^{-x} 线性无关.

于是,我们有如下的二阶线性齐次方程的通解的结构定理.

定理 4.2 如果 $y_1(x)$ 与 $y_2(x)$ 是方程(2)的两个线性无关的特解,则

$$y=C_1y_1(x)+C_2y_2(x),C_1,C_2\text{ 是任意常数}$$

就是方程②的通解.

例如,函数 $y_1=\sin x,y_2=\cos x$ 是微分方程 $y''+y=0$ 的两个解,且它们线性无关,则函数

$$y=C_1\sin x+C_2\cos x,C_1,C_2\text{ 是任意常数}$$

是该方程的通解.

下面讨论二阶非齐次线性微分方程①的解的性质.

定理 4.3 设 $y^*(x)$ 是二阶非齐次线性微分方程

$$y''+P(x)y'+Q(x)y=f(x) \qquad ①$$

的一个特解,$Y(x)$ 是与①对应的齐次线性微分方程②的通解,则

$$y=Y(x)+y^*(x)$$

是二阶非齐次线性微分方程①的通解.

定理 4.4 设 $y_1^*(x),y_2^*(x)$ 分别是二阶非齐次线性微分方程

$$y''+P(x)y'+Q(x)y=f_1(x)$$

与

$$y''+P(x)y'+Q(x)y=f_2(x)$$

的特解,则 $y_1^*(x)+y_2^*(x)$ 是微分方程

$$y''+P(x)y'+Q(x)y=f_1(x)+f_2(x)$$

的特解.

二、二阶常系数齐次线性微分方程

在二阶齐次线性微分方程

$$y''+P(x)y'+Q(x)y=0 \qquad ②$$

中,如果 y',y 的系数 $P(x),Q(x)$ 均为常数 p,q 时,称方程

$$y''+py'+qy=0, \qquad ④$$

为二阶常系数齐次线性微分方程.

根据定理 4.2 可知,只要找到方程④的两个线性无关的解 y_1 与 y_2,那么方程④的通解为 $y=C_1y_1+C_2y_2$.

当 r 为常数时,指数函数 $y=e^{rx}$ 和它的各阶导数都只相差一个常数因子.由于指数函数有这个特点,因此我们用 $y=e^{rx}$ 来尝试,看能否选取适当的常数 r,使 $y=e^{rx}$ 满足方程④.

将 $y=e^{rx}$ 求导,得到

$$y'=re^{rx},y''=r^2e^{rx}$$

把 y,y',y'' 代入方程④，得

$$(r^2+pr+q)\mathrm{e}^{rx}=0.$$

由于 $\mathrm{e}^{rx}\neq 0$，所以

$$r^2+pr+q=0. \tag{⑤}$$

由此可见，只要 r 满足代数方程⑤，函数 $y=\mathrm{e}^{rx}$ 就是微分方程④的一个特解. 代数方程⑤完全由微分方程④所确定，称代数方程⑤为微分方程④的特征方程，特征方程的根称为特征根.

由于特征方程⑤的根可由公式

$$r_{1,2}=\frac{-p\pm\sqrt{p^2-4q}}{2}$$

表示，为求出方程④的通解，需就其特征方程的根的三种可能情形分别讨论.

(1) 当 $p^2-4q>0$ 时，特征方程有两个不相等的实根 $r_1,r_2(r_1\neq r_2)$：

此时，$y_1=\mathrm{e}^{r_1x}$，$y_2=\mathrm{e}^{r_2x}$ 是微分方程④的两个特解，并且 $\dfrac{y_2}{y_1}=\mathrm{e}^{(r_2-r_1)x}$ 不是常数，因此微分方程④的通解为

$$y=C_1\mathrm{e}^{r_1x}+C_2\mathrm{e}^{r_2x},\ C_1,C_2\text{ 是任意常数.}$$

(2) 当 $p^2-4q=0$ 时，特征方程有两个相等的实根 $r_1,r_2\left(r_1=r_2=-\dfrac{p}{2}\right)$：

这时，得到微分方程④的一个特解 $y_1=\mathrm{e}^{r_1x}$. 为了得出微分方程④的通解，还需求出另一个特解 y_2，并且要求 $\dfrac{y_2}{y_1}$ 不是常数.

设 $\dfrac{y_2}{y_1}=u(x)$，即 $y_2=\mathrm{e}^{r_1x}u(x)$. 下面来求 $u(x)$.

将 y_2 求导，得

$$y'_2=\mathrm{e}^{r_1x}(u'+r_1u),$$
$$y''_2=\mathrm{e}^{r_1x}(u''+2r_1u'+r_1^2u),$$

代入微分方程④，得

$$\mathrm{e}^{r_1x}[(u''+2r_1u'+r_1^2u)+p(u'+r_1u)+qu]=0.$$

约去 e^{r_1x}，故

$$u''+(2r_1+p)u'+(r_1^2+pr_1+q)u=0.$$

由于 r_1 是特征方程⑤的二重根，因此 $r_1^2+pr_1+q=0$，且 $2r_1+p=0$，于是得

$$u''=0.$$

因为这里只要得到一个不为常数的解，所以不妨选取 $u=x$，由此得到微分方程④的另一个特解

$$y_2=x\mathrm{e}^{r_1x}.$$

从而微分方程④的通解为

$$y=C_1\mathrm{e}^{r_1x}+C_2x\mathrm{e}^{r_1x},$$

即

$$y=(C_1+C_2x)\mathrm{e}^{r_1x},\ C_1,C_2\text{ 是任意常数.}$$

(3)特征方程有一对共轭复根:$r_1=\alpha+i\beta, r_2=\alpha-i\beta(\beta\neq 0)$.

此时,得到微分方程④两个复数形式的解 $y_1=e^{(\alpha+i\beta)x}$ 与 $y_2=e^{(\alpha-i\beta)x}$. 为了得到实数形式的解,需要利用欧拉公式

$$e^{i\theta}=\cos\theta+i\sin\theta$$

将两个解写成

$$y_1=e^{(\alpha+i\beta)x}=e^{\alpha x}\cdot e^{i\beta x}=e^{\alpha x}(\cos\beta x+i\sin\beta x),$$

$$y_2=e^{(\alpha-i\beta)x}=e^{\alpha x}\cdot e^{-i\beta x}=e^{\alpha x}(\cos\beta x-i\sin\beta x).$$

利用定理 4.1,可以得到微分方程④的两个实数形式的特解

$$\bar{y}_1=\frac{1}{2}(y_1+y_2)=e^{\alpha x}\cos\beta x,$$

$$\bar{y}_2=\frac{1}{2i}(y_1-y_2)=e^{\alpha x}\sin\beta x$$

且 $\dfrac{\bar{y}_1}{\bar{y}_2}=\dfrac{e^{\alpha x}\cos\beta x}{e^{\alpha x}\sin\beta x}=\cot\beta x$ 不是常数,这两个解线性无关,故微分方程④的通解为

$$y=e^{\alpha x}(C_1\cos\beta x+C_2\sin\beta x),C_1,C_2\text{ 是任意常数.}$$

综上所述,求二阶常系数齐次线性微分方程 $y''+py'+qy=0$ 的通解的步骤如下:

第一步:写出特征方程 $r^2+pr+q=0$.

第二步:求出特征方程的两个根 r_1,r_2.

第三步:根据两个特征根的不同情形,按照表 4.1 写出微分方程④的通解.

表 4.1

特征方程 $r^2+pr+q=0$ 的两个根 r_1,r_2	微分方程 $y''+py'+qy=0$ 的通解
两个不相等的实根 r_1,r_2	$y=C_1e^{r_1x}+C_2e^{r_2x}$
两个相等的实根 $r_1=r_2$	$y=(C_1+C_2x)e^{r_1x}$
一对共轭复根 $r_{1,2}=\alpha\pm i\beta$	$y=e^{\alpha x}(C_1\cos\beta x+C_2\sin\beta x)$

【例 4.14】　求微分方程 $y''-5y'+6y=0$ 的通解.

解　所给微分方程的特征方程为

$$r^2-5r+6=0,$$

特征根是 $r_1=2,r_2=3$,因此所求通解为

$$y=C_1e^{2x}+C_2e^{3x},C_1,C_2\text{ 是任意常数.}$$

【例 4.15】　求微分方程 $y''+10y'+25y=0$ 的通解.

解　所给微分方程的特征方程为

$$r^2+10r+25=0,$$

特征根是 $r_1=r_2=-5$,因此所求通解为

$$y=(C_1+C_2x)e^{-5x},C_1,C_2\text{ 是任意常数.}$$

【例 4.16】　求微分方程 $y''+2y'+5y=0$ 的通解.

解 所给方程的特征方程为

$$r^2+2r+5=0,$$

特征根是 $r_1=-1+2\mathrm{i}, r_2=-1-2\mathrm{i}$，因此所求通解为

$$y=\mathrm{e}^{-x}(C_1\cos 2x+C_2\sin 2x), C_1, C_2 \text{ 是任意常数}.$$

【例4.17】 求微分方程 $y''+2y'+y=0$ 满足初始条件 $y|_{x=0}=4, y'|_{x=0}=-2$ 的特解.

解 所给方程的特征方程为

$$r^2+2r+1=0,$$

特征根是 $r_1=r_2=-1$，因此所求微分方程的通解为

$$y=(C_1+C_2x)\mathrm{e}^{-x}.$$

将条件 $y|_{x=0}=4$ 代入通解，得 $C_1=4$，从而

$$y=(4+C_2x)\mathrm{e}^{-x}.$$

将上式对 x 求导，得

$$y'=(C_2-4-C_2x)\mathrm{e}^{-x}.$$

再把条件 $y'|_{x=0}=-2$ 代入上式得 $C_2=2$. 于是所求特解为

$$y=(4+2x)\mathrm{e}^{-x}.$$

三、二阶常系数非齐次线性微分方程

二阶常系数非齐次线性微分方程的一般形式是

$$y''+py'+qy=f(x) \tag{⑥}$$

其中 p,q 是常数.

由定理4.3可知，方程⑥的通解等于其对应的齐次方程 $y''+py'+qy=0$ 的通解与它本身的一个特解之和. 前面我们已经讨论了齐次方程的通解，所以下面主要讨论二阶常系数非齐次线性微分方程的一个特解 y^* 的求法. 通常用待定系数法.

以下介绍当 $f(x)$ 取几种常见形式时 y^* 的求法：

1. $f(x)=\mathrm{e}^{\lambda x}P_m(x)$ 型

设 $f(x)=\mathrm{e}^{\lambda x}P_m(x)$，其中 λ 是常数，$P_m(x)$ 是 x 的一个 m 次多项式：

$$P_m(x)=a_0x^m+a_1x^{m-1}+\cdots+a_{m-1}x+a_m$$

此时方程⑥成为

$$y''+py'+qy=\mathrm{e}^{\lambda x}P_m(x) \tag{⑦}$$

因为 $f(x)$ 是多项式 $P_m(x)$ 与指数函数 $\mathrm{e}^{\lambda x}$ 的乘积，而多项式与指数函数的乘积的导数仍是多项式与指数函数的乘积，因此，我们推测方程⑦的特解的形式为 $y^*=\mathrm{e}^{\lambda x}Q(x)$，其中 $Q(x)$ 是某个多项式. 把 $y^*, y^{*\prime}$ 及 $y^{*\prime\prime}$ 代入方程⑦，然后考虑能否选取适当的多项式 $Q(x)$，使 $y^*=\mathrm{e}^{\lambda x}Q(x)$ 满足方程⑦. 为此，将

$$y^*=\mathrm{e}^{\lambda x}Q(x),$$

$$y^{*\prime}=\mathrm{e}^{\lambda x}[\lambda Q(x)+Q'(x)],$$

$$y^{*\prime\prime}=\mathrm{e}^{\lambda x}[\lambda^2Q(x)+2\lambda Q'(x)+Q''(x)]$$

代入方程⑦并消去 $\mathrm{e}^{\lambda x}$，得

$$Q''(x)+(2\lambda+p)Q'(x)+(\lambda^2+p\lambda+q)Q(x)=P_m(x). \qquad ⑧$$

(1)如果 λ 不是方程⑦对应的齐次方程的特征方程 $r^2+pr+q=0$ 的根,即 $\lambda^2+p\lambda+q\neq0$,由于 $P_m(x)$ 是一个 m 次多项式,要使式⑧两端恒等,则 $Q(x)$ 也一定是一个 m 次多项式 $Q_m(x)$:

$$Q_m(x)=b_0x^m+b_1x^{m-1}+\cdots+b_{m-1}x+b_m,$$

代入式⑧,比较等式两端 x 同次幂的系数,就得到以 $b_0,b_1,\cdots,b_m$ 为未知数的 $m+1$ 个方程的联立方程组,从而可以定出这些 $b_i(i=0,1,\cdots,m)$,并得到所求的特解 $y^*=e^{\lambda x}Q_m(x)$.

(2)如果 λ 是方程⑦对应的齐次方程的特征方程 $r^2+pr+q=0$ 的单根,即 $\lambda^2+p\lambda+q=0$,但 $2\lambda+p\neq0$,要使式⑧两端恒等,$Q'(x)$ 必须是 m 次多项式,因此 $Q(x)$ 是 $m+1$ 次多项式,此时可令

$$Q(x)=xQ_m(x),$$

并且可用同样的方法来确定 $Q_m(x)$ 的系数 $b_i(i=0,1,\cdots,m)$.

(3)如果 λ 是方程⑦对应的齐次方程的特征方程 $r^2+pr+q=0$ 的重根,即 $\lambda^2+p\lambda+q=0$,且 $2\lambda+p=0$,要使式⑧两端恒等,$Q''(x)$ 必须是 m 次多项式,因此 $Q(x)$ 是 $m+2$ 次多项式,此时可令

$$Q(x)=x^2Q_m(x),$$

并用同样的方法来确定 $Q_m(x)$ 中的系数.

综上所述,可得如下结论:

如果 $f(x)=e^{\lambda x}P_m(x)$,则二阶常系数非齐次线性微分方程⑦具有形如

$$y^*=x^kQ_m(x)e^{\lambda x}$$

的特解,其中 $Q_m(x)$ 是与 $P_m(x)$ 同次的多项式,而 k 按 λ 不是特征方程的根、是特征方程的单根或是特征方程的重根依次取为0、1或2.

【例4.18】 求微分方程 $y''-y'-2y=4x$ 的一个特解.

解 这是二阶常系数非齐次线性微分方程,且函数 $f(x)$ 是 $e^{\lambda x}P_m(x)$ 型,其中 $P_m(x)=4x$,$\lambda=0$.

所给方程对应的齐次方程为

$$y''-y'-2y=0,$$

它的特征方程为

$$r^2-r-2=0.$$

由于 $\lambda=0$ 不是特征方程的根,所以应设特解为

$$y^*=b_0x+b_1.$$

把它代入所给方程,得

$$-b_0-2b_0x-2b_1=4x.$$

比较等式两端 x 同次幂的系数,得

$$\begin{cases}-2b_0=4,\\-b_0-2b_1=0.\end{cases}$$

由此求得 $b_0=-2, b_1=1$. 于是求得一个特解为

$$y^*=-2x+1.$$

【例 4.19】 求微分方程 $y''-5y'+6y=xe^{2x}$ 的通解.

解 所给方程是二阶常系数非齐次线性微分方程,且 $f(x)$ 是 $e^{\lambda x}P_m(x)$ 型,其中 $P_m(x)=x, \lambda=2$.

所给方程对应的齐次方程为

$$y''-5y'+6y=0,$$

它的特征方程

$$r^2-5r+6=0$$

有两个实根 $r_1=2, r_2=3$. 于是所给方程对应的齐次方程的通解为

$$Y(x)=C_1e^{2x}+C_2e^{3x}.$$

由于 $\lambda=2$ 是特征方程的单根,所以应设特解为

$$y^*=x(b_0x+b_1)e^{2x}.$$

把它代入所给方程,得

$$-2b_0x+2b_0-b_1=x.$$

比较等式两端同次幂的系数,得

$$\begin{cases}-2b_0=1,\\ 2b_0-b_1=0.\end{cases}$$

解得 $b_0=-\dfrac{1}{2}, b_1=-1$. 因此求得一个特解为

$$y^*=\left(-\frac{1}{2}x^2-x\right)e^{2x}.$$

从而所求的通解为

$$y=C_1e^{2x}+C_2e^{3x}-\frac{1}{2}(x^2+2x)e^{2x}.$$

2. $f(x)=e^{\lambda x}[P_l(x)\cos\omega x+P_n(x)\sin\omega x]$ 型

设 $f(x)=e^{\lambda x}[P_l(x)\cos\omega x+P_n(x)\sin\omega x]$,其中 λ、ω 是常数,$P_l(x)$、$P_n(x)$ 分别是 x 的 l 次、n 次多项式.

此时方程⑥成为

$$y''+py'+qy=e^{\lambda x}[P_l(x)\cos\omega x+P_n(x)\sin\omega x] \tag{⑨}$$

对于这种情况,可得类似结论,此时可设方程⑨的特解为

$$y^*=x^ke^{\lambda x}[R_m^1(x)\cos\omega x+R_m^2(x)\sin\omega x],$$

其中 $R_m^1(x)$、$R_m^2(x)$ 是 m 次多项式,$m=\max\{l,n\}$,而 k 按 $\lambda+i\omega$(或 $\lambda-i\omega$)不是特征方程的根、或是特征方程的单根依次取 0 或 1.

【例 4.20】 求微分方程 $y''+y=x\cos 2x$ 的一个特解.

解 所给方程是二阶常系数非齐次线性方程,且 $f(x)$ 属于 $e^{\lambda x}[P_l(x)\cos\omega x+P_n(x)\sin\omega x]$ 型,其中 $\lambda=0, \omega=2, P_l(x)=x, P_n(x)=0$.

所给方程对应的齐次方程为

$$y''+y=0,$$

它的特征方程为

$$r^2+1=0.$$

由于i不是特征方程的根,所以应设特解为

$$y^*=(ax+b)\cos 2x+(cx+d)\sin 2x.$$

把它代入所给方程,得

$$(-3ax-3b+4c)\cos 2x-(3cx+3d+4a)\sin 2x=x\cos 2x.$$

比较两端同类项的系数,得

$$\begin{cases}-3a=1,\\-3b+4c=0,\\-3c=0,\\-3d-4a=0.\end{cases}$$

由此解得 $a=-\dfrac{1}{3},b=0,c=0,d=\dfrac{4}{9}.$

于是求得一个特解为

$$y^*=-\frac{1}{3}x\cos 2x+\frac{4}{9}\sin 2x.$$

习题4.4

1. 下列函数组在其定义区间内是线性相关还是线性无关:

(1) $2x,3x^2$; (2) e^x,e^{-x};

(3) $x,2x$; (4) $\sin x,\cos x$;

(5) $\ln x,x\ln x$; (6) $e^{ax},e^{bx}(a\neq b)$.

2. 求下列微分方程的通解或在给定初始条件下的特解:

(1) $y''+y'-2y=0$; (2) $y''+5y'=0$;

(3) $y''+y=0$; (4) $y''+4y'+4y=0$;

(5) $y''-4y'+3y=0,y|_{x=0}=6,y'|_{x=0}=10$;

(6) $4y''+4y'+y=0,y|_{x=0}=2,y'|_{x=0}=0$;

(7) $y''+25y=0,y|_{x=0}=2,y'|_{x=0}=5$;

(8) $y''-4y'+13y=0,y|_{x=0}=0,y'|_{x=0}=3$.

3. 求下列微分方程的通解或在给定初始条件下的特解:

(1) $2y''+y'-y=2e^x$; (2) $y''+2y'+2y=1+x$;

(3) $y''+4y'+4y=8e^{-2x}$; (4) $y''-2y'+5y=e^x\sin 2x$;

(5) $y''+y'-2y=8\sin 2x$; (6) $y''+y=\cos x+e^x$;

(7) $y''-3y'+2y=5,y|_{x=0}=1,y'|_{x=0}=2$;

(8) $y''-y=4xe^x,y|_{x=0}=0,y'|_{x=0}=1$;

(9) $y''+y=x\sin 2x,y|_{x=\pi}=1,y'|_{x=\pi}=-1$;

(10) $y''-10y'+9y=e^{2x}, y|_{x=0}=\frac{6}{7}, y'|_{x=0}=\frac{33}{7}$.

4.5　微分方程应用举例

【例 4.21】 放射性元素铀由于不断地有原子放射出微粒子而变成其他元素，铀的含量就不断减少，这种现象叫作衰变. 由物理学知道，铀的衰变速度与当时未衰变的铀原子的含量 M 成正比. 已知 $t=0$ 时铀的含量为 M_0，求在衰变过程中铀的含量 $M(t)$ 随时间 t 变化的规律.

解 铀的衰变速度就是 $M(t)$ 对时间 t 的导数 $\frac{dM}{dt}$. 由于铀的衰变速度与其含量成正比，故得微分方程

$$\frac{dM}{dt}=-\lambda M, \quad ①$$

其中 $\lambda>0$ 是常数，叫作衰变系数，λ 前置负号是由于当 t 增加时 M 单调减少，即 $\frac{dM}{dt}<0$ 的缘故.

按题意，初始条件为 $M|_{t=0}=M_0$.

方程①是可分离变量方程，分离变量后得

$$\frac{dM}{M}=-\lambda dt.$$

两端积分

$$\int\frac{dM}{M}=\int(-\lambda)dt,$$

得

$$M=Ce^{-\lambda t}.$$

将初始条件代入上式，得 $M_0=Ce^0=C$，所以

$$M=M_0e^{-\lambda t}.$$

这就是铀的衰变规律.

【例 4.22】 有一个电路图如图 4.1 所示，其中电源电动势为 $E=E_m\sin\omega t$（E_m,ω 都是常数），电阻 R 和电感 L 都是常数. 求电流 $i(t)$.

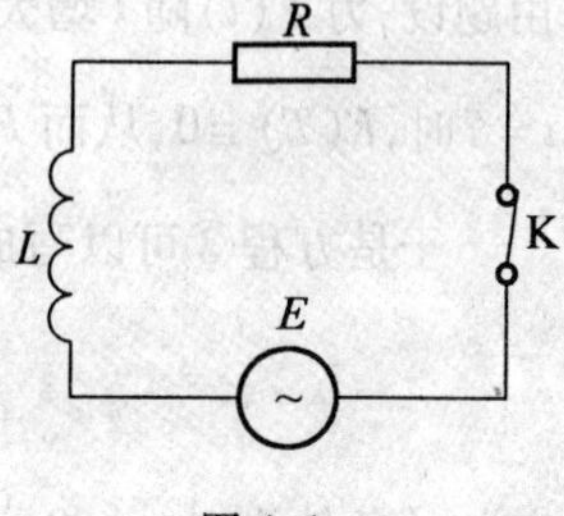

图 4.1

解 由电学知道，当电流变化时，L 上有感应电动势 $-L\frac{di}{dt}$. 由回路电压定律得出

$$E-L\frac{di}{dt}-iR=0,$$

即

$$\frac{di}{dt}+\frac{R}{L}i=\frac{E}{L}.$$

把 $E=E_m\sin\omega t$ 代入上式，得

$$\frac{di}{dt}+\frac{R}{L}i=\frac{E_m}{L}\sin\omega t. \quad ②$$

未知函数 $i(t)$ 应满足方程②. 此外,设开关 K 闭合时刻为 $t=0$,这时 $i(t)$ 应还满足初始条件 $i|_{t=0}=0$. 方程②是非齐次线性方程. 直接应用通解公式

$$y=e^{-\int P(x)dx}\left(\int Q(x)e^{\int P(x)dx}dx+C\right)$$

来求解. 这里 $P(t)=\frac{R}{L}, Q(t)=\frac{E_m}{L}\sin \omega t$,代入上式得

$$i(t)=e^{-\frac{R}{L}t}\left(\int \frac{E_m}{L}e^{\frac{R}{L}t}\sin \omega t dt+C\right).$$

应用分部积分法,得

$$\int e^{\frac{R}{L}t}\sin \omega t dt=\frac{e^{\frac{R}{L}t}}{R^2+\omega^2L^2}(RL\sin \omega t-\omega L^2\cos \omega t),$$

将上式代入上式化简,得方程②的通解

$$i(t)=\frac{E_m}{R^2+\omega^2L^2}(R\sin \omega t-\omega L\cos \omega t)+Ce^{-\frac{R}{L}t}, C\text{ 是任意常数.}$$

将初始条件 $i|_{t=0}=0$ 代入上式,得 $C=\frac{\omega LE_m}{R^2+\omega^2L^2}$,因此,所求函数为

$$i(t)=\frac{\omega LE_m}{R^2+\omega^2L^2}e^{-\frac{R}{L}t}+\frac{E_m}{R^2+\omega^2L^2}(R\sin \omega t-\omega L\cos \omega t)$$

【例 4.23】 质量为 m 的质点受力 F 的作用沿 Ox 轴作直线运动. 设力 $F=F(t)$ 在开始时刻 $t=0$ 时 $F(0)=F_0$,随着时间 t 的增大,力 F 均匀地减小,直到 $t=T$ 时,$F(T)=0$. 如果开始时质点位于原点,且初速度为零,求这质点的运动规律.

解　设 $x=x(t)$ 表示在时刻 t 时质点的位置,根据牛顿第二定律,质点运动的微分方程为

$$m\frac{d^2t}{dt^2}=F(t). \quad ③$$

由题设,力 $F(t)$ 随 t 增大而均匀地减小,且 $t=0$ 时,$F(0)=F_0$,所以 $F(t)=F_0-kt$;又当 $t=T$ 时,$F(T)=0$,从而 $F(t)=F_0\left(1-\frac{t}{T}\right)$.

于是方程③可以写成

$$\frac{d^2x}{dt^2}=\frac{F_0}{m}\left(1-\frac{t}{T}\right). \quad ④$$

其初始条件为 $x|_{t=0}=0, \left.\frac{dx}{dt}\right|_{t=0}=0$.

把式④两端积分,得 $\frac{dx}{dt}=\frac{F_0}{m}\int\left(1-\frac{t}{T}\right)dt$,即

$$\frac{dx}{dt}=\frac{F_0}{m}\left(t-\frac{t^2}{2T}\right)+C_1. \quad ⑤$$

将条件 $\left.\frac{dx}{dt}\right|_{t=0}=0$ 代入式⑤,得 $C_1=0$,于是式⑤成为

$$\frac{dx}{dt}=\frac{F_0}{m}\left(t-\frac{t^2}{2T}\right).\qquad ⑥$$

把式⑥两端积分，得

$$x=\frac{F_0}{m}\left(\frac{t^2}{2}-\frac{t^3}{6T}\right)+C_2,$$

将条件$x|_{t=0}=0$代入上式，得$C_2=0$.

于是所求质点的运动规律为

$$x=\frac{F_0}{m}\left(\frac{t^2}{2}-\frac{t^3}{6T}\right),0\leqslant t\leqslant T.$$

习题 4.5

1. 设降落伞从跳伞塔上落下，所受空气阻力与速度成正比，并设降落伞离开跳伞塔时($t=0$)速度为零，求降落伞下落速度与时间的函数关系.
2. 有一盛满水的圆锥形漏斗，高为 10 cm，顶角为60°，漏斗下面有面积为0.5 cm^2 的孔，求水面高度变化的规律及水流完所需的时间.
3. 设有一质量为 m 的质点作直线运动，从速度等于零的时刻起，有一个与运动方向一致、大小与时间成正比(比例系数为 k_1)的力作用于它，此外还受一与速度成正比(比例系数为 k_2)的阻力作用. 求质点运动的速度与时间的函数关系.
4. 试求 $y''=x$ 的经过点 $M(0,1)$且在此点与直线 $y=\frac{x}{2}+1$ 相切的积分曲线.

总习题四

1. 填空题

(1)$x^2y'''+3xy''-\ln x=0$ 是________阶微分方程.

(2)设 $y=C_1e^{-2x}+C_2e^{3x}$ 是某二阶常系数线性齐次微分方程的通解，则该方程为________________________.

(3)微分方程 $y\mathrm{d}x+(x^2-4x)\mathrm{d}y=0$ 的通解为________.

(4)用待定系数法求方程 $y''+2y'=5$ 的特解时，应设特解为________.

(5)$\cos x$ 与 $\sin x$ 是微分方程 $y''+y=0$ 的两个解，则该方程的通解为________.

2. 选择题

(1)微分方程 $y'-\frac{1}{x}=0$ (　　)

A. 不是可分离变量的微分方程；　　B. 是齐次微分方程；

C. 是一阶非齐次线性微分方程；　　D. 是一阶齐次线性微分方程.

(2)已知 1 和 x 是二阶常系数齐次线性微分方程的两个特解，则对应的微分方程是 (　　)

A. $y''=0$；　　B. $y''-y=0$；

C. $y''-y'=0$；　　D. $y''-y'-y=0$.

(3)下列微分方程中是可分离变量的微分方程是　　(　　)

A. $(x+y)dx+xdy=0$；　　B. $y\ln x dx+x\ln y dy=0$；

C. $xy'+y-3=0$；　　D. $y''-y'=x$.

(4)若 y^* 是微分方程 $y'+P(x)y=Q(x)$ 的一个特解，则该方程的通解是　　(　　)

A. $y=Cy^*+e^{-\int P(x)dx}$；　　B. $y=y^*+Ce^{\int P(x)dx}$；

C. $y=Cy^*+e^{\int P(x)dx}$；　　D. $y=y^*+Ce^{-\int P(x)dx}$.

(5)微分方程 $x\ln x\cdot y''=y'$ 的通解是　　(　　)

A. $y=C_1x\ln x+C_2$；　　B. $y=C_1x(\ln x-1)+C_2$；

C. $y=x\ln x$；　　D. $y=C_1x(\ln x-1)+2$.

3. 求下列微分方程的通解或在给定初始条件下的特解：

(1) $\tan y dx-\cot x dy=0$；　　(2) $\dfrac{dy}{dx}=y\ln y$；

(3) $\dfrac{dy}{dx}=y^2\cos x$；　　(4) $\dfrac{dy}{dx}=\dfrac{y}{x}+\tan\dfrac{y}{x}$；

(5) $y'=\dfrac{x}{y}+\dfrac{y}{x},y\Big|_{x=1}=2$；　　(6) $\dfrac{dy}{dx}+\dfrac{y}{x}=\sin x$；

(7) $\dfrac{dy}{dx}+2xy=4x$；　　(8) $(x+1)y'-2y-(x+1)^{\frac{7}{2}}=0,y|_{x=0}=1$；

(9) $y''=\dfrac{2y'x}{x^2+1},y\Big|_{x=0}=1,y'\Big|_{x=0}=3$；　　(10) $y''=2yy',y|_{x=0}=1,y'|_{x=0}=2$；

(11) $y''+9y=(24x-6)\cos 3x-2\sin 3x$；(12) $y''-7y'+6y=\sin x$；

(13) $y''-2y'+2y=e^x$；　　(14) $y''+y'=2x^2+1$；

(15) $y''-2y'+y=4xe^x$.

习题参考答案

习题 1.1

1. (1)不是　(2)是　(3)不是　(4)不是
2. (1)不是　(2)不是　(3)不是　(4)不是
3. 略
4. (1)$f(a\tan x)=\dfrac{1}{|a\sec x|}$

　(2)$f\left(\dfrac{1}{x}\right)=\dfrac{x-1}{x+1}$;$f[f(x)]=x$
5. (1)$[-3,-2]$　(2)$\left(-\dfrac{1}{2},\dfrac{4}{3}\right]$　(3)$\dfrac{1}{1+2k}<x<\dfrac{1}{2k}$　(4)$(-\infty,-1)\cup(1,4)$
6. (1)$y=\mathrm{e}^{x-2}-2,x\in(-\infty,+\infty)$　(2)$y=\ln(x-1),x\in(1,+\infty)$　(3)$y=\dfrac{b-\mathrm{d}x}{cx-a},x\neq\dfrac{a}{c}$

　(4)$y=\dfrac{1}{3}\arcsin\dfrac{x-1}{2},[-1,3]$
7. 略
8. 略
9. (1)2π　(2)π　(3)非周期函数　(4)2π　(5)20π
10. 略

习题 1.2

1. (1)3　(2)1　(3)不存在　(4)不存在　(5)不存在　(6)0
2. (1)不存在　(2)-4　(3)0　(4)不存在
3. (1)不存在　(2)不存在　(3)不存在　(4)不存在
4. 不存在
5. $a=-7$

习题 1.3

1. (1)无穷小量　(2)无穷大量　(3)无穷小量　(4)无穷大量　(5)无穷大量
2. 当 $x\to2$ 时,$f(x)$为无穷大量;当 $x\to\infty$ 时,$f(x)$为无穷小量.

3. (1)0 (2)0 (3)0 (4)0

习题1.4

1. (1)10 (2)$2-\frac{\pi^2}{2}$ (3)1 (4)-9 (5)-3 (6)$\frac{7}{9}$ (7)0 (8)0 (9)发散 (10)发散 (11)$\frac{2}{3}$ (12)$\frac{3^{70}8^{20}}{5^{90}}$ (13)0 (14)0 (15)发散 (16)发散 (17)$\frac{1}{2a}$ (18)$\frac{4}{3}$ (19)1 (20)$\frac{5}{2}$ (21)1 (22)-1 (23)发散 (24)$\frac{1}{2}$ (25)2 (26)1
2. -28
3. -1

习题1.5

1. (1)5 (2)-1 (3)2 (4)$\sqrt{2}$ (5)6 (6)0 (7)1 (8)0 (9)$\frac{4}{3}$ (10)不存在
2. (1)e (2)e^{-1} (3)$e^{-\frac{3}{2}}$ (4)e^2 (5)e (6)e^3 (7)e^{-1} (8)2 (9)1 (10)$\frac{1}{\ln a}$

习题1.6

1. 略
2. (1)$\frac{1}{8}$ (2)$\frac{1}{4}$ (3)1 (4)$\frac{2}{3}$ (5)$\frac{1}{2}$ (6)$\begin{cases}0, n>m;\\1, n=m;\\\infty, n<m.\end{cases}$

习题1.7

1. 略
2. (1)$x=3$ 可去间断点;$x=4$ 无穷间断点 (2)$x=\pm1$ 跳跃间断点
   (3)$x=0$ 可去间断点;$x=k\pi, k=\pm1,\pm2,\cdots$无穷间断点 (4)$x=0$ 振荡间断点
   (5)$x=0$ 跳跃间断点.
3. 当 $\alpha>0$ 且 $\beta=-1$ 时,$f(x)$在 $x=0$ 处连续;
   当 $\alpha>0$ 且 $\beta\neq-1$ 时,$x=0$ 是 $f(x)$的跳跃间断点;
   当 $\alpha\leqslant0$ 时,$x=0$ 是 $f(x)$的第二类间断点.
4. $k=3$
5. (1)$\frac{6}{\pi}$ (2)1 (3)e (4)1 (5)e^{-1} (6)e^2

6. 略 7. 略 8. 略

总习题一

1. (1)必要,充分 (2)无关 (3)必要,充分 (4)充分必要 (5)b

2. (1)C (2)B (3)B (4)D (5)D

3. (1)
$$\lim_{x\to 2}\left(\frac{1}{x-2}-\frac{4}{x^2-4}\right)=\lim_{x\to 2}\frac{x+2-4}{(x-2)(x+2)}=\lim_{x\to 2}\frac{1}{x+2}=\frac{1}{4}.$$

(2)
$$\lim_{x\to+\infty}\sqrt{x}(\sqrt{x+1}-\sqrt{x})=\lim_{x\to+\infty}\frac{\sqrt{x}(\sqrt{x+1}-\sqrt{x})(\sqrt{x+1}+\sqrt{x})}{(\sqrt{x+1}+\sqrt{x})}=$$
$$\lim_{x\to+\infty}\frac{\sqrt{x}}{\sqrt{x+1}+\sqrt{x}}=\lim_{x\to+\infty}\frac{1}{\sqrt{1+\frac{1}{x}}+1}=\frac{1}{2}.$$

(3)
$$\lim_{x\to\infty}\frac{(1+2x)^{50}(3+4x)^{50}}{(5+6x)^{100}}=\frac{2^{50}\cdot 4^{50}}{6^{100}}=\frac{2^{50}}{3^{100}}.$$

(4)
$$\lim_{x\to\infty}\left(\frac{2x^2-1}{2x^2+3}\right)^{x^2}=\lim_{x\to\infty}\left[\left(1-\frac{4}{2x^2+3}\right)^{-\frac{2x^2+3}{4}}\right]^{-\frac{4x^2}{2x^2+3}}=\mathrm{e}^{-2}.$$

(5)因为当$x\to 0$时,有
$$(\sqrt{1+2x}-1)\sim\frac{2x}{2},\arcsin x\sim x,\tan x^2\sim x^2$$

则
$$\lim_{x\to 0}\frac{(\sqrt{1+2x}-1)\arcsin x}{\tan x^2}=\lim_{x\to 0}\frac{\frac{2x}{2}\cdot x}{x^2}=1.$$

(6)
$$\lim_{x\to\infty}\frac{\sin x^2+x}{\cos x^2-x}=\lim_{x\to\infty}\frac{\frac{\sin x^2}{x}+1}{\frac{\cos x^2}{x}-1}=\lim_{x\to\infty}\frac{1}{-1}=-1.$$

(7)
$$\lim_{x\to 0}(1+2x)^{\frac{5}{\sin x}}=\lim_{x\to 0}[(1+2x)^{\frac{1}{2x}}]^{\frac{2x\cdot 5}{\sin x}}=\lim_{x\to 0}[(1+2x)^{\frac{1}{2x}}]^{\frac{10x}{\sin x}}=\mathrm{e}^{10}.$$

(8)
$$\lim_{n\to\infty}(1+x)(1+x^2)(1+x^4)\cdot\cdots\cdot(1+x^{2^{n-1}})=\lim_{n\to\infty}\frac{1+x^{2^n}}{1-x},$$

又因为$|x|<1$,所以
$$\lim_{n\to\infty}\frac{1+x^{2^n}}{1-x}=\frac{1}{1-x}.$$

4. 因为$f(x)$在其定义域$(-\infty,+\infty)$内是一一对应的函数关系,故函数$f(x)$在$(-\infty,+\infty)$内存在反函数,即
$$x=f^{-1}(y)=\begin{cases}-\sqrt{y}, & y\geqslant 0,\\ \log_2(1-y), & y<0.\end{cases}$$

将上式中的x换成y,y换成x,因此得出在$(-\infty,+\infty)$内,函数$f(x)$的反函数

$$f^{-1}(x)=\begin{cases}-\sqrt{x}, & x\geqslant 0,\\ \log_2(1-x), & x<0.\end{cases}$$

5. 外函数的定义域 D_f 为 $(-\infty,+\infty)$，内函数的值域 R_g 为 $[-2,+\infty)$，因为

$$R_g\cap D_f=[-2,+\infty)\neq\varnothing,$$

故可以构成复合函数 $f[g(x)]$，即

$$f[g(x)]=\begin{cases}1, & 1\leqslant|x|\leqslant\sqrt{3},\\ 0, & |x|>\sqrt{3}\text{或}|x|<1.\end{cases}$$

6. 因为当 $x\to 0$ 时，有

$$\sqrt{x+1}-1\sim\frac{x}{2},\sin kx\sim kx,$$

所以

$$\lim_{x\to 0}\frac{\sqrt{x+1}-1}{\sin kx}=\lim_{x\to 0}\frac{\frac{x}{2}}{kx}=\frac{1}{2k}=2,$$

即

$$k=\frac{1}{4}.$$

7. 由于函数 $f(x)$ 在 $x=1$ 处连续，所以有

$$\lim_{x\to 1}f(x)=f(1)=2,$$

又因为 $\lim\limits_{x\to 1}(x-1)(x+2)=0$，则有 $\lim\limits_{x\to 1}(x^4+ax+b)=0$，即

$$1+a+b=0,$$

此时将 $b=-(1+a)$ 代入 x^4+ax+b 中，得出

$$x^4+ax+b=x^4+ax-1-a=(x-1)(x^3+x^2+x+1+a),$$

故

$$\lim_{x\to 1}f(x)=\lim_{x\to 1}\frac{x^4+ax+b}{(x-1)(x+2)}=\lim_{x\to 1}\frac{(x-1)(x^3+x^2+x+1+a)}{(x-1)(x+2)}=$$

$$\lim_{x\to 1}\frac{(x^3+x^2+x+1+a)}{(x+2)}=\frac{4+a}{3}=2,$$

从而得 $a=2,b=-3$.

8. 因为

$$\lim_{x\to 0^-}f(x)=\lim_{x\to 0^-}\ln(1+x)=0,$$

而

$$\lim_{x\to 0^+}f(x)=\lim_{x\to 0^+}\mathrm{e}^{\frac{1}{x-1}}=\frac{1}{\mathrm{e}},$$

所以 $x=0$ 为 $f(x)$ 的间断点，且为跳跃间断点. 又因为

$$\lim_{x\to 1^-}f(x)=\lim_{x\to 1^-}\mathrm{e}^{\frac{1}{x-1}}=0,$$

而

$$\lim_{x\to 1^+}f(x)=\lim_{x\to 1^+}\mathrm{e}^{\frac{1}{x-1}}=+\infty,$$

所以 $x=1$ 为 $f(x)$ 的间断点，且为无穷间断点.

9. 因为

$$\frac{1}{n^2+n+1}+\frac{2}{n^2+n+1}+\cdots+\frac{n}{n^2+n+1}\geqslant\frac{1}{n^2+n+1}+\frac{2}{n^2+n+2}+\cdots+\frac{n}{n^2+n+n},$$

且

$$\frac{1}{n^2+n+1}+\frac{2}{n^2+n+2}+\cdots+\frac{n}{n^2+n+n}\geqslant\frac{1}{n^2+n+n}+\frac{2}{n^2+n+n}+\cdots+\frac{n}{n^2+n+n},$$

即

$$\frac{\frac{1}{2}n(n+1)}{n^2+n+n}\geqslant\frac{1}{n^2+n+1}+\frac{2}{n^2+n+2}+\cdots+\frac{n}{n^2+n+n}\leqslant\frac{\frac{1}{2}n(n+1)}{n^2+n+1},$$

又因为

$$\lim_{n\to\infty}\frac{\frac{1}{2}n(n+1)}{n^2+n+1}=\lim_{n\to\infty}\frac{\frac{1}{2}n(n+1)}{n^2+n+n}=\frac{1}{2},$$

则由夹逼定理知

$$\lim_{n\to\infty}\left(\frac{1}{n^2+n+1}+\frac{2}{n^2+n+2}+\cdots+\frac{n}{n^2+n+n}\right)=\frac{1}{2}.$$

10. 函数 $\varphi(x)=xe^x-x-\cos\frac{\pi}{2}x$ 在闭区间 $[0,1]$ 上连续,又

$$\varphi(0)=-1<0,\varphi(1)=e-1>0,$$

根据零点定理,在开区间 $(0,1)$ 内至少有一点 ξ,使得 $\varphi(\xi)=0$,即

$$\xi e^{\xi}-\xi-\cos\frac{\pi}{2}\xi=0,\xi\in(0,1).$$

这等式说明方程 $xe^x-x+\cos\frac{\pi}{2}x=0$ 在区间 $(0,1)$ 内至少有一实根.

习题 2.1

1. (1)$3f'(x_0)$　(2)$-f'(x_0)$　(3)$-2f'(x_0)$
2. 6
3. (1)$-\frac{1}{x^2}$　(2)$\frac{1}{2\sqrt{x}}$　(3)$2x$
4. $f'_-(0)=-1$　$f'_+(0)=0$　不存在
5. 不存在
6. 12
7. (1)53.9 m/s　43.51 m/s　49 m/s　(2)49 m/s　(3)9.8 tm/s
8. $\frac{\sqrt{3}}{2}x+y-\frac{1}{2}\left(1+\frac{\sqrt{3}}{3}\pi\right)=0;\frac{2\sqrt{3}}{3}x-y+\frac{1}{2}-\frac{2\sqrt{3}}{9}\pi=0$
9. $4x-y-4=0;8x-y-16=0$
10. $(1,1)$或$(-1,-1)$

11. $\left(\frac{\sqrt{26}}{2},\frac{13\sqrt{26}}{4}\right)$

12. $a=2,b=-1$

13. (1)连续但不可导　(2)连续但不可导　(3)连续且可导

14. 略

15. 略

习题 2.2

1. (1) $\frac{1}{2\sqrt{x}}+3\frac{1}{x^4}-\frac{3}{x^2}$　(2) $15x^2-2^x\ln 2+3e^x$　(3) $2\sec^2 x+\sec x\tan x$

(4) $y'=3\cos x+\frac{1}{x}-\frac{1}{2\sqrt{x}}$　(5) $\cos 2x$　(6) $x(2\ln x+1)$

(7) $e^x(\sin x+x\sin x+x\cos x)$　(8) $\frac{1-\ln x}{x^2}$　(9) $\frac{e^x(x-2)}{x^3}$　(10) $\frac{1+\sin t+\cos t}{(1+\cos t)^2}$

2. (1) $\sqrt{2}$　(2) $\frac{\sqrt{2}}{4}\left(1+\frac{\pi}{2}\right)$　(3) $\frac{17}{15}$

3. (1) $8(2x+5)^3$　(2) $-6xe^{-3t^2}$　(3) $\frac{2x}{1+x^2}$　(4) $2x\sec^2 x^2$　(5) $\frac{e^t}{1+e^{2t}}$

(6) $-\frac{1}{2}e^{-\frac{x}{2}}(\cos 3x+6\sin 3x)$　(7) $-\frac{2}{x(1+\ln x)^2}$　(8) $\frac{1}{\sqrt{a^2+x^2}}$　(9) $\csc x$

(10) $\frac{2\arcsin\frac{x}{2}}{\sqrt{4-x^2}}$　(11) $\frac{1}{2\sqrt{x}(1+x)}e^{\arctan\sqrt{x}}$　(12) $\frac{1}{x\ln x\ln\ln x}$

(13) $-\frac{1}{(1+x)\sqrt{2x(1-x)}}$　(14) $\frac{1}{x^2}\sin\frac{2}{x}e^{-\sin^2\frac{1}{x}}$　(15) $\frac{2\sqrt{x}+1}{4\sqrt{x}\sqrt{x+\sqrt{x}}}$　(16) $\arcsin\frac{x}{2}$

4. (1) $2xf'(x^2)$　(2) $\frac{1}{2\sqrt{f(x)}}f'(x)$　(3) $-f'\left(\frac{1}{\ln x}\right)\frac{1}{x\ln^2 x}$　(4) $f'(f(e^x))f'(e^x)e^x$

5. $\frac{\pi}{4}$

6. -1

7. $\frac{5}{26}\sqrt{26}$

8. $\frac{16}{25\pi}\approx 0.204$ m/min。

9. $144\pi\ \text{m}^2/\text{s}$

习题 2.3

1. (1) $y'=\frac{y}{y-x}$,其中 $y=y(x)$ 是由方程 $y^2-2xy+9=0$ 所确定的隐函数

(2) $y'=\frac{ay-x^2}{y^2-ax}$,其中 $y=y(x)$ 是由方程 $x^3+y^3-3axy=0$ 所确定的隐函数

(3) $y'=\frac{e^{x+y}-y}{x-e^{x+y}}$,其中 $y=y(x)$ 是由方程 $xy=e^{x+y}$ 所确定的隐函数

(4) $y'=-\frac{e^y}{1+xe^y}$,其中 $y=y(x)$ 是由方程 $y=1-xe^y$ 所确定的隐函数

2. (1) $(1+x^2)^x\ln(1+x^2)+2(1+x^2)^{x-1}x^2$

(2) $\sin x^{\cos x}\left(\frac{\cos^2 x}{\sin x}-\sin x\ln\sin x\right)$

(3) $\frac{\sqrt{x+2}(3-x)^4}{(x+1)^5}\left[\frac{1}{2(x+2)}-\frac{4}{3-x}-\frac{5}{x+1}\right]$

(4) $\frac{1}{2}\sqrt{\frac{(x-1)(x-2)}{(x-3)(x-4)}}\left(\frac{1}{x-1}+\frac{1}{x-2}-\frac{1}{x-3}-\frac{1}{x-4}\right)$

3. (1) $\frac{3bt}{2a}$ (2) $\frac{\cos\theta-\theta\sin\theta}{1-\sin\theta-\theta\cos\theta}$

4. 切:$2\sqrt{2x}+y-2=0$ 法:$\sqrt{2}x-4y-1=0$

5. $V=\sqrt{V_0^2-2V_0\sin\alpha gt+g^2t^2}$ $\tan\theta(t)=\frac{V_0\sin\alpha-gt}{V_0\cos\alpha}$

习题 2.4

1. (1) $\frac{2}{(1+x)^3}$ (2) $48(2x+3)^2$ (3) $2\cos x-x\sin x$ (4) $4e^{2x}$.

2. (1) $-4e\cos 1$ (2) 7 200

3. $2f'(x^2)+4x^2f''(x^2)+\frac{f''(x)f(x)-[f'(x)]^2}{[f(x)]^2}$

4. $y^{(n)}=3^n\sin\left(3x+\frac{n}{2}\pi\right)$

5. (1) $-2\csc^2(x+y)\cot^2(x+y)$ (2) $\frac{2x^2y[3(y^2+1)^2+2x^4(1-y^2)]}{(y^2+1)^3}$

6. (1) $-\frac{b}{a^2\cos^3 t}$ (2) $\frac{2b}{a^2}e^{3t}$

7. $2e^3$

习题 2.5

1. 18,11;1.161,1.1;0.110 601,0.11,

2. 43.63 cm^2,104.72 cm^2

3. (1)0.874 76 (2)9.986 7 (3) −0.01

4. 略

5. (1) $\left(2x-\frac{1}{x^2}\right)dx$ (2) $(e^x-e^{-x})dx$ (3) $\frac{1}{x+2}dx$ (4) $(2x\sin x+x^2\cos x)dx$

(5) $\frac{dx}{2\sqrt{x-x^2}}$ (6) $e^x[\cos(1+2x)-2\sin(1+2x)]dx$ (7) $3^x x^2(\ln 3x+3)dx$

(8) $\frac{3x^2+2x^4}{(1+x^2)^{\frac{3}{2}}}dx$ (9) $\frac{2\ln(1+x)}{1+x}dx$ (10) $\frac{\arctan(1-\sqrt{x})}{\sqrt{x}(2-2\sqrt{x}+x)}dx$

6. (1) $3x+C$ (2) x^2+C (3) $\sin x+C$;(4) $\arctan x+C$ (5) $-e^{-x}+C$ (6) $2\sqrt{x}+C$

(7) $-3\ln(1-x)+C$ (8) $\frac{1}{5}\tan 5x+C$ (9) $\frac{1}{2}\ln^2 x+C$ (10) $-\sqrt{1-x^2}+C$

7. $\left[\frac{1}{x}f'(\ln x)e^{f(x)}+f(\ln x)e^{f(x)}f'(x)\right]dx$

习题 2.6

1 ~ 5 略

6. 取函数 $f(x)=x^5+x-1$,$f(x)$ 在 $[0,1]$ 上连续,$f(0)=-1<0$,$f(1)=1>0$ 由零点定理知至少存在点 $x_1\in(0,1)$ 使 $f(x_1)=0$,即方程 $x^5+x-1=0$ 在 $(0,1)$ 内至少有一个根。若方程 $x^5+x-1=0$ 还有一个正根 x_2,即 $f(x_2)=0$,则由 $f(x)=x^5+x-1$ 在 $[x_1,x_2]$(或 $[x_2,x_1]$)上连续,在 (x_1,x_2)(或 (x_2,x_1))内可导知 $f(x)$ 满足罗尔定理条件,故至少存在点 $\xi\in(x_1,x_2)$(或 (x_2,x_1)),使 $f'(\xi)=0$,但 $f'(\xi)=5\xi^4+1>0$,矛盾。因此方程 $x^5+x-1=0$ 只有一个正根

7. 略

习题 2.7

1. (1) $\cos a$ (2) $\frac{1}{20}$ (3) 0 (4) $\frac{a}{b}$ (5) 2 (6) $-\frac{1}{2}$ (7) 1 (8) $-\frac{1}{2}$ (9) $\frac{1}{2}$

(10) 1 (11) 1 (12) e^a

2. 不能

3. $a=-3,b=\frac{9}{2}$

习题 2.8

1. $f'(x)=-\frac{x^2}{1+x^2}\leqslant 0$,则 $f'(x)=0$ 仅在 $x=0$ 时成立. 因此 $y=\arctan x-x$ 在 $(-\infty,+\infty)$内单调递减

2. (1) $\left(-\infty,\frac{13}{4}\right)$单调递减,$\left(\frac{13}{4},+\infty\right)$单调递增

(2) $(-\infty,-2]$上单调递增,$[-2,0)$上单调递减,$(0,2]$上单调递减,$[2,+\infty)$上单调递增

(3) $(-\infty,-1)\cup(1,+\infty)$单调递减,$(-1,1)$单调递增

(4) $(-\sqrt{2},+\sqrt{2})$单调递减,$(-\infty,-\sqrt{2})\cup(\sqrt{2},+\infty)$单调递增

3. (1)极大值 $f\left(\frac{3}{4}\right)=\frac{5}{4}$ (2)极小值 $f(0)=0$

(3)极大值 $f\left(2k\pi+\frac{\pi}{4}\right)=\frac{\sqrt{2}}{2}e^{2k\pi+\frac{\pi}{4}}$,极小值 $f\left(2k\pi+\frac{\pi}{4}\right)=\frac{\sqrt{2}}{2}e^{2k\pi+\frac{5\pi}{4}}$ $(k=0,\pm1,\pm2,\cdots)$

(4) 极大值 $f(e)=e^{\frac{1}{e}}$

4. 略

习题 2.9

1. (1)最大值 $y(\pm2)=13$,最小值 $y(\pm1)=4$

(2)最大值 $y(3)=18-\ln 3$,最小值 $y\left(\frac{1}{3}\right)=\frac{2}{9}+\ln 3$

2. $x=-3$ 时最小值为 27

3. 8 cm

4. $r=\sqrt[3]{\frac{V}{2\pi}}$,$h=2\sqrt[3]{\frac{V}{2\pi}}$

5. $\alpha=\arctan\mu=\arctan 0.25\approx 14°2'$。

6. $\varphi=\frac{2\sqrt{6}}{3}\pi$。

7. 1 000,60 000

8. 1 800

习题 2.10

1. (1)凸 (2)凹

2. (1)拐点$(-2,-2e^{-2})$,在$(-\infty,-2]$内是凸的,在$[-2,+\infty)$内是凹的

(2)拐点$(-1,\ln 2)$,$(1,\ln 2)$,在$(-\infty,-1]$,$[1,+\infty)$内是凸的,在$[-1,1]$上是凹的.

3. 取函数$f(t)=e^t, t\in(-\infty,+\infty)$. $f'(t)=e^t, f''(t)=e^t>0, t\in(-\infty,+\infty)$. 因此$f(t)=e^t$在$(-\infty,+\infty)$内图形是凹的,故对任何$x,y\in(-\infty,+\infty)$,$x\neq y$恒有$\frac{1}{2}[f(x)+f(y)]>f(\frac{x+y}{2})$,即$\frac{1}{2}(e^x+e^y)>e^{\frac{x+y}{2}}(x\neq y)$.

4. $a=-\frac{3}{2}, b=\frac{9}{2}$

5. 略

习题 2.11

1. $K=2$

2. $x=-\frac{b}{2a}$

3. $(\frac{\sqrt{2}}{2},-\ln\frac{\sqrt{2}}{2})$处曲率半径有最小值$\frac{3\sqrt{3}}{2}$

4. $K=\left|\frac{2}{3a\sin 2t_0}\right|$

5. $\frac{2\sqrt{5}}{25}$

6. 略

7. 略

习题 2.12

1. 总成本函数为$C=C(x)=1\ 100+\frac{1}{12\ 000}x^2$

(1) $C(900)=1\ 100+\frac{810\ 000}{12\ 000}=1\ 755, \frac{C(900)}{900}=\frac{1\ 775}{900}\approx 1.97$

(2)$C(900)=1\ 775, C(1\ 000)\approx 1\ 933$,总成本的平均变化率为$\frac{C(1\ 000)-C(900)}{1\ 000-900}\approx 1.58$

(3) $C'=C'(x)=\frac{2x}{1\ 200}=\frac{x}{600}$,$C'(900)=1.5$, $C'(1\ 000)=\frac{1\ 000}{600}\approx 1.67$

2. 利润 $L(x)=R(x)-C(x)=5x-0.01\quad x^2-200$, $L'(x)=5-0.02x$

令$L'(x)=0$,得$x=250$,$L''(x)=-0.02<0$,因此,$x=250$时,$L(x)$取得最大值,极值唯一,此时$L(250)$即为最大值。所以每批生产250单位时,利润最大

3. (1)$a,\frac{ax}{ax+b}$ (2)abe^{bx}, bx (3)ax^{a-1}, a

4. 提高8%,提高16%

总习题二

1. (1) D　(2) C　(3) A　(4) A　(5) B　(6) B　(7) D　(8) C

2. (1) $6x-y-9=0$　(2) 0 或 $\frac{2}{3}$　(3) $\frac{1}{x^2}[f''(\ln x)-f'(\ln x)]$　(4) 充分非必要

3. (1) $y'=\frac{2}{2\sqrt{x}}-(-\frac{1}{x^2})+\sqrt{3}e^x=\frac{1}{\sqrt{x}}+\frac{1}{x^2}+\sqrt{3}e^x$

(2) $y'=\frac{1}{2}(2x)+2(-2)x^{-3}=x-\frac{4}{x^3}$

(3) $y'=-\frac{1}{2}x^{-\frac{3}{2}}-\frac{5}{2}x^{-\frac{3}{2}}=-\frac{1+5x^3}{2x\sqrt{x}}$

(4) $y'=x'\ln x+x(\ln x)'=\ln x+1$

(5) $y'=-\frac{1}{(2+3x^n)^2}(2+3x^n)'=-\frac{3nx^{n-1}}{(2+3x^n)^2}$

(6) $y'=\frac{-\frac{1}{x}(1+\ln x)-\frac{1}{x}(1-\ln x)}{(1+\ln x^2)}=\frac{2}{x(1+\ln x)^2}$

(7) $y'=\sin x+x\cos x-\sin x=x\cos x$

(8) $y'=5\frac{\cos x(1+\cos x)+\sin^2 x}{(1+\cos x)^2}=\frac{5}{1+\cos x}$

4. (1) $y'=\frac{2x}{1+x^2}\log_a e=\frac{2x}{(1+x^2)\ln a}$

(2) $y'=-\frac{2x}{a^2-x^2}$

(3) $y'=\frac{1}{2x}+\frac{1}{2x\sqrt{\ln x}}=\frac{1}{2x}(1+\frac{1}{\sqrt{\ln x}})$

(4) $y'=\cos x^n(xn)'=nx^{n-1}\cos x^n$

(5) $y'=n\sin^{n-1}x(\sin x)'=n\cos x\sin^{n-1}x$

(6) $y'=3\cos^2\frac{x}{2}(-\sin\frac{x}{2}).\frac{1}{2}=-\frac{3}{2}\cos^2\frac{x}{2}\sin\frac{x}{2}$

(7) $y'=2x\sin\frac{1}{x}+x^2\cos\frac{1}{x}(-\frac{1}{x^2})=2x\sin\frac{1}{x}-\cos\frac{1}{x}$

(8) $y'=\frac{1}{\ln x}.\frac{1}{x}=\frac{1}{x\ln x}$

(9) $y'=\frac{x\sin x(\cos x+x\sin x)-x\cos x(\sin x-x\cos x)}{(\cos x+x\sin x)^2}$

(10) $y'=2\sec\frac{x}{a}\sec\frac{x}{a}\tan\frac{x}{a}.\frac{1}{a}+2\csc\frac{x}{a}(-\csc\frac{x}{a}\cot\frac{x}{a}).\frac{1}{a}$

$(11)\dfrac{2\arccos\dfrac{x}{2}}{\sqrt{4-x^2}}$

$(12)2\sqrt{1-x^2}$

5. $(1)y'=f'(e^x)e^x e^{f(x)}+e^{f(x)}f'(x)f(e^x)$

$(2)y'=f'(\arcsin\dfrac{1}{x})(\arcsin\dfrac{1}{x})'$

$(3)y'=f'(\sin^2 x)2\sin x\cos x+f'(\cos^2 x)2\cos x(-\sin x)=\sin 2x[f'(\sin^2 x)-(\cos^2 x)]$

$(4)f(x)=\dfrac{1}{1+x}\quad f'(x)=-\dfrac{1}{(1+x)^2}$

6. $(1)y'=\dfrac{y-2x}{2y-x}\quad(2)y'=\dfrac{ay}{y-ax}\quad(3)y'=\dfrac{y}{y-1}\quad(4)y'=\dfrac{e^y}{1-xe^y}$

7. $(1)y'=(x-a_1)^{a_1}(x-a_2)^{a_2}\cdots(x-a_n)^{a_n}\times(\dfrac{a_1}{x-a_1}+\dfrac{a_2}{x-a_2}+\cdots+\dfrac{a_n}{x-a_n})=$

$\prod_{i=1}^{n}(x-a_i)^{a_i}\ \sum_{i=1}^{n}\dfrac{a_i}{x-a_i}$

$(2)y'=e^{\tan x\ln\sin x}(\tan x\cdot\ln\sin x)'=e^{\tan x\cdot\ln\sin x}(\tan x\dfrac{1}{\sin x}\cos x+\sec^2 x\cdot\ln\sin x)=$

$(\sin x)^{\tan x}(1+\sec^2 x\cdot\ln\sin x)$

8. $(1)\dfrac{dy}{dx}\Big|_{\theta=\frac{\pi}{3}}=\dfrac{-3\times\dfrac{\sqrt{3}}{2}}{-3\times\dfrac{1}{2}}=\sqrt{3}\quad(2)\dfrac{d^2y}{dx^2}=\dfrac{6t^2+2}{-6t^3}$

9. $(1)y''=\dfrac{2(1-x^2)}{(1+x^2)^2}\quad(2)y''=2x(3+2x^2)e^{x^2}$

10. $(1)dy=6xdx\quad(2)dy=\dfrac{1+x^2}{(1-x^2)^2}dx$

$(3)dy=2(e^x+e^{-x})(e^x-e^{-x})dx=2(e^{2x}-e^{-2x})dx\quad(4)dy=\dfrac{1}{2}\sec^2\dfrac{x}{2}dx$

11. $(1)\sqrt[5]{0.95}=0.99\quad(2)\cos 60°20'=0.495$

12. 设 $y=2\sqrt{x}-3+\dfrac{1}{x},y|_{x=1}=0$

$y'=\dfrac{1}{\sqrt{x}}-\dfrac{1}{x^2}=\dfrac{x\sqrt{x}-1}{x^2}$

$x>1,y'>0,y$

所以 $y>y|_{x=1}=0$

$0<x<1,y'<0,$

所以 $y>y|_{x=1}=0$

$x>0,y>0$

$2\sqrt{x}>3-\frac{1}{x}(x>0)$

13. $f(x)$在点 $x=0$ 处，连续但不可导；在点 $x=1$ 处，连续并且可导；在点 $x=2$ 处，不连续从而不可导

14. (1)设$f(x)$为可导偶函数，则$f(x)=f(-x)$，两边求导$f'(x)=-f'(x)$，所以$f'(x)$为奇函数

(2)设$f(x)$为可导奇函数，则$f(x)=-f(-x)$，两边求导$f'(x)=f'(-x)$，所以$f'(x)$为偶函数

15. 设 $y=2\sqrt{x}-3+\frac{1}{x},y|_{x=1}=0$

$y'=\frac{1}{\sqrt{x}}-\frac{1}{x^2}=\frac{x\sqrt{x}-1}{x^2}$

$x>1,y'>0,y$

所以 $y>y|_{x=1}=0$

$0<x<1,y'<0,$

所以 $y>y|_{x=1}=0$

$x>0,y>0$

$2\sqrt{x}>3-\frac{1}{x}(x>0)$

16. (1)$\lim\limits_{x\to0}\frac{e^x-e^{-x}}{x}=2$　(2)$\lim\limits_{x\to1}\frac{\ln x}{x-1}=1$　(3)$\lim\limits_{x\to1}\frac{x^3-3x^2+2}{x^3-x^2-x+1}=\infty$

(4)$\lim\limits_{x\to0}(\frac{1}{x}-\frac{1}{e^x-1})=\frac{1}{2}$　(5)$\lim\limits_{x\to0}(1+\sin x)^{\frac{1}{x}}=1$　(6)$\lim\limits_{x\to0^+}(\ln\frac{1}{x})^x=1$

17. (1)所以$(-\infty,-1)$内函数单调减少；$(-1,+\infty)$内函数单调增加。

(2)所以$(-\infty,-2)$内及$(0,+\infty)$内函数单调增加；$(-2,-1)\cup(-1,0)$内函数单调减少

(3)所以$(0,\frac{1}{2})$内函数单调减少，在$(\frac{1}{2},+\infty)$内函数单调增加

18. 函数定义域$(-\infty,+\infty)$，$y'=1-\frac{2x}{1+x^2}=\frac{(x-1)^2}{1+x^2}$，等号只在 $x=1$ 时成立，所以函数 $y=x-\ln(1+x^2)$在其定义域内单调增加

19. (1)函数在点 $x=0$ 处取得极小值 0；在点 $x=2$ 处取得极大值$\frac{4}{e^2}$

(2)在点 $x=-1$ 处函数不可导，但函数连续，而且导数经过点 $x=-1$ 时改变符号，所以 $x=-1$ 是极值点

20. (1)在点 $x=-1$ 处函数取得极大值 0；在点 $x=3$ 处取得极小值 -32

(2)在点 $x=-\frac{1}{2}\ln 2$ 处函数取得极小值 $2\sqrt{2}$

21. (1)$x=2$ 时函数取得最大值 $\ln 5$；$x=0$ 时函数取得最小值 0

(2)$x=0$ 时函数取得最小值0;$x=4$ 时函数取得最大值6

22.2 h后,两船距离最近

23.(1)$(-\infty,\frac{1}{3})$凹,$(\frac{1}{3},+\infty)$凸,拐点$(\frac{1}{3},\frac{2}{27})$

(2)$(-\infty,-\sqrt{3})$和$(0,\sqrt{3})$凸,$(-\sqrt{3},0)$和$(\sqrt{3},+\infty)$凹,拐点:$(-\sqrt{3},-\frac{\sqrt{3}}{2})$,$(0,0)$,$(\sqrt{3},\frac{\sqrt{3}}{2})$

24.略

25.$t=\frac{\pi}{2}$,$t=0$.

26.9 975,199.5,199

27.(1)$R(20)=120$,$\overline{R}(20)=6$,$R'(20)=2$

$R(30)=120$,$\overline{R}(30)=4$,$R'(30)=-2$

(2)25

习题3.1

1.(1)不正确 $\int 0\mathrm{d}x=C$

(2)不正确 $\alpha=-1$ 时等式不成立,仅当 $\alpha\neq-1$ 时成立

(3)不正确 $\int f(ax)\mathrm{d}x=\frac{1}{a}F(ax)+c$

(4)正确

2.(1)$f(x)=x+\mathrm{e}^x+c$

(2)$f(x)=\frac{2}{\sqrt{1-4x^2}}$

3.$f(x)=\begin{cases}\mathrm{e}^x, & x\geqslant 0\\ x+\frac{1}{2}x^2+1, & x<0\end{cases}$.

4.$y=\ln x+1$

5.(1)$\frac{1}{5}x^5-\frac{2}{3}x^3+x+C$ (2)$\frac{10^x}{\ln 10}-\cot x-x+C$ (3)$\frac{4}{7}x^{\frac{7}{4}}+C$ (4)$\frac{2}{7}x^{\frac{7}{2}}+C$

(5)$\frac{1}{3}x^3-x+\arctan x+C$ (6)$\frac{2}{5}x^{\frac{5}{2}}+2x^{\frac{1}{2}}+C$ (7)$\frac{1}{2}\mathrm{e}^{2x}-\mathrm{e}^x+x+C$

(8)$\frac{2}{5}x^2\sqrt{x}+\frac{1}{2}x^2-x-2\sqrt{x}+C$ (9)$\frac{3^x}{2^x\ln\frac{3}{2}}+\frac{5^x}{2^x\ln\frac{5}{2}}$

(10)$-\frac{1}{x}+\arctan x+C$ (11)$\mathrm{e}^x-\ln|x|+C$ (12)$\tan x-\sec x+C$

(13) $\sin x - \cos x + C$　(14) $-\cot x - \csc x + C$

习题 3.2

1. (1) $\frac{1}{2}\ln|2x-3| + C$　(2) $-\sqrt{1-x^2} + C$　(3) $\frac{2}{3}(2+\ln x)^{\frac{3}{2}} + C$　(4) $-2e^{-\frac{x}{2}} + C$

(5) $-\frac{2}{3}\sqrt{2-3x} + C$　(6) $\frac{1}{4}(\arctan x)^4 + C$　(7) $\frac{1}{4}\ln\left|\frac{1+2x}{1-2x}\right| + C$

(8) $-\frac{1}{6}(1+3x^2)^{-1} + C$　(9) $\ln|x^2-3x+8| + C$　(10) $\arcsin e^x + C$　(11) $\ln|\ln t| + C$

(12) $\tan x - \sec x + C$　(13) $\frac{1}{3}\ln\left|\frac{x-2}{x+1}\right| + C$　(14) $\frac{1}{4}\arctan\left(x+\frac{1}{2}\right) + C$

(15) $\arcsin\frac{x+1}{\sqrt{6}} + C$　(16) $-\frac{1}{x\ln x} + C$　(17) $(\arctan\sqrt{x})^2 + C$　(18) $\frac{1}{2}(\ln\tan x)^2 + C$

(19) $\frac{2}{\sqrt{\cos x}} + C$　(20) $-\frac{1}{12}\cos 6x - \frac{1}{8}\cos 4x + c$

2. (1) $x+2-2\sqrt{x+2}+\ln(1+\sqrt{x+2})^2 + C$

(2) $4\left[\frac{1}{2}\sqrt{x+1} - \sqrt[4]{x+1} + \ln(\sqrt[4]{x+1}+1)\right] + C$　(3) $-\frac{4}{3}\sqrt{1-x\sqrt{x}} + C$

(4) $\frac{1}{9}(2x+3)^2\sqrt[4]{2x+3} - \frac{3}{5}(2x+3)\sqrt[4]{2x+3} + C$

3. (1) $2\arcsin\frac{x}{2} - \frac{x}{2}\sqrt{4-x^2} + C$　(2) $\frac{1}{2}\ln\left|\frac{x}{\sqrt{x^2+4}+2}\right| + C$

(3) $\frac{1}{2}\left(\arcsin x + \ln\left|x+\sqrt{1-x^2}\right|\right) + C$　(4) $\sqrt{x^2-1} - \arccos\frac{1}{|x|} + C$

习题 3.3

1. (1) $\frac{x^3}{3}\ln^x - \frac{x^3}{9} + C$

(2) $\frac{\ln x}{1-x} - \ln x + \ln|1-x| + c$

(3) $x\ln(1+x^2) - 2(x-\arctan x) + c$

(4) $\frac{1}{4}\sin 2x - \frac{x\cos 2x}{2} + C$

(5) $\frac{1}{4}x^2 + \frac{x}{4}\sin 2x + \frac{1}{8}\cos 2x + C$

(6) $x\tan x + \ln|\cos x| + C$

(7) $x\arccos x - \sqrt{1-x^2} + C$

(8) $x\sin x + \cos x + C$

(9) $\frac{x}{2}[\cos(\ln x)+\sin(\ln x)]+C$

(10) $-\frac{1}{2}x^2+x\tan x+\ln|\cos x|+C$

(11) $x\arctan\sqrt{x}+\arctan\sqrt{x}-x+C$

(12) $\frac{1}{2}e^x-\frac{1}{5}e^x\sin 2x-\frac{1}{10}e^x\cos 2x+C$

2. $f(x)=\frac{xe^{\frac{x}{2}}}{2(1+x)^{\frac{3}{2}}}$

3. $x^2\cos x-4x\sin x-6\cos x+c$

习题 3.4

(1) $\ln|x^2-2x+4|+\frac{10}{\sqrt{3}}\arctan\frac{x-1}{\sqrt{3}}+C$

(2) $\frac{1}{6}\ln\left|\frac{(x-1)^5(x+2)^4}{(x+1)^9}\right|+C$

(3) $\frac{1}{x+1}+\frac{1}{2}\ln|x^2-1|+C$

(4) $-\frac{1}{4}\ln|1-x^2|+\frac{3}{4}\ln(1+x^2)+C$

(5) $\frac{1}{2}\ln|x-1|-\frac{1}{4}\ln(1+x^2)+\frac{1}{2}\arctan x+C$

(6) $\ln\frac{(x-1)^2}{\sqrt{x^2-x+1}}+\frac{5}{\sqrt{3}}\arctan\frac{2x-1}{\sqrt{3}}+C$

(7) $\frac{2}{\sqrt{3}}\arctan\frac{2\tan\frac{x}{2}+1}{\sqrt{3}}+C$

(8) $\ln\left|1+\tan\frac{x}{2}\right|+C$

(9) $\frac{1}{2}\ln|\tan x|+\frac{1}{2}\tan x+c$

(10) $\frac{3}{7}(2x-1)^{\frac{7}{6}}-\frac{3}{5}(2x-1)^{\frac{5}{6}}+(2x-1)^{\frac{1}{2}}-3(2x-1)^{\frac{1}{6}}+3\arctan(2x-1)^{\frac{1}{6}}+C$

习题 3.5

1. 略.

2. (1)3 (2)0.

3. (1) $\int_0^1 x^2 \mathrm{d}x$ 较大;(2) $\int_1^2 \frac{1}{x}\mathrm{d}x$ 较大.

4. (1) $[1,\mathrm{e}]$;(2) $[1,2]$;(3) $\left[\frac{\pi}{9},\frac{2\pi}{3}\right]$;(4) $\left[\frac{2}{\mathrm{e}},2\right]$.

5. 略.

6. $\int_a^b f(a)\mathrm{d}x < \int_a^b \left[f(a)+\frac{f(b)-f(a)}{b-a}(x-a)\right]\mathrm{d}x < \int_a^b f(x)\mathrm{d}x$

7. 78.5 km/h

习题 3.6

1. $y'(0)=0$;$y'\left(\frac{\pi}{4}\right)=\frac{\sqrt{2}}{2}$

2. (1) $\sin^2 x$　(2) $-2x\ln(1+x^2)$　(3) $2\ln^2(2x)-\ln^2 x$　(4) $-3x^2(1-\cos x)$

3. 证明从略.

4. $x=0$,极值为 $I(0)=0$.

5. (1) $\frac{1}{2}$　(2) $\frac{1}{2\mathrm{e}}$　(3) 2　(4) $\frac{1}{6}$　(5) $\frac{\pi^2}{4}$

6. (1) $\frac{\pi}{6}$　(2) $\frac{\pi}{3}$　(3) $\frac{2}{3}$　(4) -1　(5) $\frac{\pi}{4}-\frac{1}{2}$　(6) $\frac{\pi}{3a}$　(7) 4　(8) $1-\frac{\pi}{4}$　(9) $\frac{8}{3}$

7. 1.

8. (1) $f(x)=x-1$　(2) $f'(x)=6x^2-6$　$f(x)=2x^3-6x+c$

9. $f(x)=\frac{24x^2}{24-\pi^3}+\cos x$　$\int_0^{\frac{\pi}{2}} f(x)\mathrm{d}x=\frac{24}{24-\pi^3}$.

10. 50 m

习题 3.7

1. (1) $\frac{1}{10}$　(2) $1-\frac{1}{\sqrt{\mathrm{e}}}$　(3) $\frac{\pi}{2}$　(4) $\ln 2$　(5) $2-\frac{\pi}{2}$　(6) $\sqrt{3}-\frac{\pi}{3}$　(7) $\sqrt{2}-\frac{2}{3}\sqrt{3}$

(8) $\frac{\sqrt{3}}{2}+\frac{\pi}{3}$

2 ~ 4 证明从略.

5. (1) 1　(2) $\frac{1}{4}-\frac{3}{4}\mathrm{e}^{-2}$　(3) $\frac{1}{2}\left(\frac{\pi}{4}-\frac{1}{2}\right)$　(4) $\frac{\pi}{12}+\frac{\sqrt{3}}{2}-1$　(5) $\frac{1}{9}(1+2\mathrm{e}^3)$

(6) $\ln 2-2+\frac{\pi}{2}$　(7) $\ln 2-\frac{1}{2}$　(8) $(\sqrt{3}-1)\mathrm{e}^{\sqrt{3}}$

6. (1) 0　(2) $\frac{3}{2}\pi$

7. $F(x)=\begin{cases}\frac{2}{3}(1+x)^{\frac{3}{2}}, & -1\leqslant x\leqslant 0\\ \frac{8}{3}-2(\sqrt{x}+1)e^{-\sqrt{x}}, & x>0\end{cases}$

8. 7 027 亿桶

9. 0.594 J

习题 3.8

1. (1)发散 (2)1 (3)$\frac{\pi}{2}$ (4)发散 (5)$\frac{\pi}{2}$ (6)发散.

2. $k>1$ 时收敛,$k\leqslant 1$ 时发散.

习题 3.9

1. (1)18 (2)$2\pi+\frac{4}{3}$,$6\pi-\frac{4}{3}$ (3)$\frac{2}{3}$ (4)$e+\frac{1}{e}-2$

2. $a=\frac{1}{2}$

3. (1)πa^2 (2)$18\pi a^2$

4. (1)$V_x=\frac{128}{7}\pi$,$V_y=\frac{64}{5}\pi$ (2)$V_x=\frac{15}{2}\pi$,$V_y=\frac{124}{5}\pi$ (3)$V_x=\frac{1}{4}\pi^2$,$V_y=2\pi$

(4)$V_x=\frac{4}{21}\pi$,$V_y=\frac{4}{15}\pi$

5. $\frac{4\sqrt{3}}{3}R^3$

习题 3.10

1. 0.18 kJ.
2. 证明略.
3. 14 373 kN.
4. 1.65 N.
5. $F=k\frac{mM}{a(a+l)}$ M 为棒的质量

习题 3.11

1. (1)$Q(t)=125t+7t^2-0.3t^3$ (2)317.2

2. $C(x)=\frac{5}{2}x^2+30x+200$；$L(x)=-\frac{5}{2}x^2+370x-200$；$L_{\max}(74)=13\ 490$(元).

3. $L(P)=R(P)-C(P)=-2.5P^2+75P-512.5$

单价 $P=15$ 时，有最大利润 $L(15)=50$.

总习题三

1. (1) $f(x)=(2e^{-x^2})'=-4xe^{-x^2}$；

(2) $\left(\frac{2}{3}\ln\cos 2x\right)'=-\frac{4}{3}\tan 2x$，于是 $k=-\frac{4}{3}$；

(3) $\int f'(ax+b)\,dx=\frac{1}{a}\int f'(ax+b)\,d(ax+b)=\frac{1}{a}f(ax+b)+C=F'(ax+b)+C$

(4) 必要；充分；

(5) 因为 $\lim\limits_{x\to a}\frac{1}{x-a}\int_a^x f(t)\,dt$ 为 $\frac{0}{0}$ 型未定式，应用洛必达法则有

$$\lim_{x\to a}\frac{1}{x-a}\int_a^x f(t)\,d\,t=\lim_{x\to a}f(x)=f(a);$$

(6) $\int_a^b f'(2x)\,dx=\frac{1}{2}\int_a^b f'(2x)\,d(2x)=\frac{1}{2}\int_a^b df(2x)=\frac{1}{2}[f(2b)-f(2a)]$.

2. (1) A　因为 $(\sin x)'=f(x)$，即 $f(x)=\cos x$，于是

$\int xf'(x)\,dx=\int x\,df(x)=xf(x)-\int f(x)\,dx=x\cos x-\sin x+C$. 答案为 A.

(2) B　因为 $\int df(x)=f(x)+C$. 所以 $\left[\int df(x)\right]'=[f(x)+C]'=f'(x)$. 答案为 B.

(3) D　$\int_a^{\frac{b}{x}}xf(xt)\,dt$ 是 x 的函数而不是 t 的函数，答案为 D.

(4) B　因为 $y'=\left[\int_0^x(t-1)\,dt\right]'=x-1=0$，有 $x=1$，$y''(x)=1>0$，所以函数 y 有极小值，极小值为 $y(1)=-\frac{1}{2}$. 答案为 B.

(5) B　$\lim\limits_{x\to 0}\frac{\int_0^{\sin x}\sin t^2\,dt}{x^3+x^4}=\lim\limits_{x\to 0}\frac{\sin(\sin^2 x)\cos x}{3x^2+4x^3}=\lim\limits_{x\to 0}\frac{x^3\cos x}{3x^2+4x^3}=\lim\limits_{x\to 0}\frac{x\cos x}{3+4x}=0$. 答案为 B.

(6) B

3. (1) $\int\frac{1+e^x}{\sqrt{x+e^x}}dx=\int(x+e^x)^{-\frac{1}{2}}d(x+e^x)=2\sqrt{x+e^x}+C$

(2) $\int\frac{\sin\sqrt{x}}{\sqrt{x}}dx=2\int\sin\sqrt{x}\,d\sqrt{x}=-2\cos\sqrt{x}+C$

(3) 令 $x=3\sec t$，则 $dx=3\sec t\tan t\,dt$，于是

$$\int\frac{\sqrt{x^2-9}}{x}dx=\int\frac{3\tan t}{3\sec t}3\sec t\tan t\,dt=3\int\tan^2 t\,dt=3\int(\sec^2 t-1)\,dt$$

$$3(\tan t-t)+C=\sqrt{x^2-9}-3\arccos\frac{3}{|x|}+C$$

(4)令 $x=\sin t$,则 $\mathrm{d}x=\cos t\mathrm{d}t$,于是

$$\int\frac{\mathrm{d}x}{1+\sqrt{1-x^2}}=\int\frac{\cos t}{1+\cos t}\mathrm{d}t=\int\frac{\cos t+1-1}{1+\cos t}\mathrm{d}t=\int\mathrm{d}t-\int\frac{1}{1+\cos t}\mathrm{d}t$$

$$=t-\int\frac{1}{2\cos^2\frac{t}{2}-1+1}\mathrm{d}t=t-\frac{1}{2}\int\sec^2\frac{t}{2}\mathrm{d}t=t-\frac{1}{4}\int\sec^2\frac{t}{2}\mathrm{d}\frac{t}{2}$$

$$=t-\frac{1}{4}\tan\frac{t}{2}=\arcsin x-\frac{x}{1+\sqrt{1-x^2}}+C$$

(5) $\int(x^2-1)\sin 2x\mathrm{d}x=\left(-\frac{1}{2}\right)\int(x^2-1)\mathrm{d}\cos 2x$

$$=\left(-\frac{1}{2}\right)(x^2-1)\cos 2x+\frac{1}{2}\int\cos 2x\mathrm{d}(x^2-1)$$

$$=\left(-\frac{1}{2}\right)(x^2-1)\cos 2x+\int x\cos 2x\mathrm{d}x$$

$$=\left(-\frac{1}{2}\right)(x^2-1)\cos 2x+\frac{1}{2}\int x\mathrm{d}\sin 2x$$

$$=\left(-\frac{1}{2}\right)(x^2-1)\cos 2x+\frac{1}{2}x\sin 2x-\frac{1}{4}\int\sin 2x\mathrm{d}2x$$

$$=\left(-\frac{1}{2}\right)(x^2-1)\cos 2x+\frac{1}{2}x\sin 2x+\frac{1}{4}\cos 2x+C$$

$$=-\frac{1}{2}\left(x^2-\frac{3}{2}\right)\cos 2x+\frac{x}{2}\sin 2x+C$$

(6) $\int(\arcsin x)^2\mathrm{d}x=x(\arcsin x)^2-\int\frac{2x\arcsin x}{\sqrt{1-x^2}}\mathrm{d}x$

$$=x(\arcsin x)^2+2\int\arcsin x\mathrm{d}\sqrt{1-x^2}$$

$$=x(\arcsin x)^2+2\sqrt{1-x^2}\arcsin x-2\int\mathrm{d}x$$

$$=x(\arcsin x)^2+2\sqrt{1-x^2}\arcsin x-2x+C$$

4. 因为 $f'(\ln x)=\begin{cases}1, & 0<x\leqslant 1,\\ x\ln x, & 1<x<+\infty\end{cases}$,则 $f'(x)=\begin{cases}1, & x\in(-\infty,0],\\ x\mathrm{e}^x, & x\in(0,+\infty)\end{cases}$ 取不定积分有

$f(x)=\begin{cases}x+C_1, & x\in(-\infty,0]\\ x\mathrm{e}^x-\mathrm{e}^x+C_2, & x\in(0,+\infty)\end{cases}$,又由于 $f(0)=0$,知 $C_1=0$, $\lim\limits_{x\to0^+}x\mathrm{e}^x-\mathrm{e}^x+C_2=f(0)=0$,得 $C_2=1$,故

$$f(x)=\begin{cases}x, & x\in(-\infty,0]\\ x\mathrm{e}^x-\mathrm{e}^x+1, & x\in(0,+\infty)\end{cases}.$$

5. 由于 $\frac{\sin x}{x}$ 是 $f(x)$ 的一个原函数,则 $\left(\frac{\sin x}{x}\right)'=f(x)$,即

$$f(x)=\frac{x\cos x-\sin x}{x^2}$$

$$\int xf'(x)\,dx=\int x\,df(x)=xf(x)-\int f(x)\,dx=x\frac{x\cos x-\sin x}{x^2}-\frac{\sin x}{x}+C$$

$$=\cos x-\frac{2\sin x}{x}+C$$

6. (1) $\int_0^{\pi}\sqrt{1+\cos 2x}\,dx=\sqrt{2}\int_0^{\pi}|\cos x|\,dx=\sqrt{2}\int_0^{\frac{\pi}{2}}\cos x\,dx-\sqrt{2}\int_{\frac{\pi}{2}}^{\pi}\cos x\,dx$

$$=\sqrt{2}\sin x\Big|_0^{\frac{\pi}{2}}-\sqrt{2}\sin x\Big|_{\frac{\pi}{2}}^{\pi}=2\sqrt{2}$$

(2) 令 $\sqrt{1+x}=t$，则 $x=t^2-1$，$dx=2t\,dt$，当 $x=0$ 时 $t=1$；$x=3$ 时 $t=2$. 于是

$$\int_0^3\frac{x^2}{\sqrt{1+x}}dx=\int_1^2\frac{(t^2-1)^2}{t}2t\,dt=2\int_1^2(t^4-2t^2+1)\,dt=2\left(\frac{t^5}{5}-\frac{2}{3}t^3+t\right)\Big|_1^2=\frac{76}{15}$$

(3) $\int_0^{2\pi}\frac{x(1+\cos 2x)}{2}dx=\frac{1}{2}\int_0^{2\pi}x\,dx+\frac{1}{2}\int_0^{2\pi}x\cos 2x\,dx$

$$=\frac{1}{4}x^2\Big|_0^{2\pi}+\frac{1}{4}\int_0^{2\pi}x\,d\sin 2x$$

$$=\pi^2+\frac{1}{4}x\sin 2x\Big|_0^{2\pi}-\frac{1}{8}\int_0^{2\pi}\sin 2x\,d2x$$

$$=\pi^2+\cos 2x\Big|_0^{2\pi}=\pi^2.$$

(4) $\int_1^e\sin(\ln x)\,dx=x\sin(\ln x)\Big|_1^e-\int_1^e x\cos(\ln x)\frac{1}{x}dx$

$$=x\sin(\ln x)\Big|_1^e-\int_1^e\cos(\ln x)\,dx$$

$$=x\sin(\ln x)\Big|_1^e-x\cos(\ln x)\Big|_1^e-\int_1^e\sin(\ln x)\,dx$$

移项得

$$\int_1^e\sin(\ln x)\,dx=\frac{1}{2}(e\sin 1-e\cos 1+1).$$

7. 令 $\int_0^1 f(x)\,dx=a$，有 $f(x)=\frac{1}{1+x^2}+ae^x$，在等式 $f(x)=\frac{1}{1+x^2}+ae^x$ 两端同时取区间 [0,1] 上的定积分有

$$a=\int_0^1\frac{1}{1+x^2}dx+a\int_0^1 e^x\,dx$$

即 $a=\frac{\pi}{4}+ae-a$，解得 $a=\frac{\pi}{4(2-e)}$.

8. 令 $x=a+b-t$，则当 $x=a$ 时，$t=b$；当 $x=b$ 时，$t=a$，$dx=-t\,dt$，于是

$$\int_a^b f(a+b-x)\,dx=-\int_b^a f(t)\,dt=\int_a^b f(x)\,dx$$

9. $S=\int_1^2\left(x-\frac{1}{x}\right)dx=\left(\frac{1}{2}x^2-\ln|x|\right)\Big|_1^2=\frac{3}{2}-\ln 2$

10. $S=\frac{1}{2}\int_0^{2\pi}a^2\theta^2 d\theta=\frac{a^2}{2}\left(\frac{\theta^3}{3}\right)\Big|_0^{2\pi}=\frac{4}{3}a^2\pi^3$

11. 方程组$\begin{cases}x^2+y^2=2\\y=x^2\end{cases}$得交点为$(-1,1),(1,1)$,

$$V_x=\pi\int_{-1}^{1}(2-x^2-x^4)dx=\pi\left(2x-\frac{x^3}{3}-\frac{x^5}{5}\right)\Big|_{-1}^{1}=\frac{44}{15}\pi$$

12. 由题意知:蜗牛爬行距离就是曲线$y=\frac{2}{3}x^{\frac{3}{2}}$从$x=a$到$x=b$的弧长.

所以
$$\begin{aligned}S&=\int_a^b\sqrt{1+y'^2}dx\\&=\int_a^b\sqrt{1+x}dx\\&=\left[\frac{2}{3}(1+x)^{\frac{3}{2}}\right]\Big|_a^b\\&=\frac{2}{3}[(1+b)^{\frac{3}{2}}-(1+a)^{\frac{3}{2}}]\end{aligned}$$

13. 如图所示

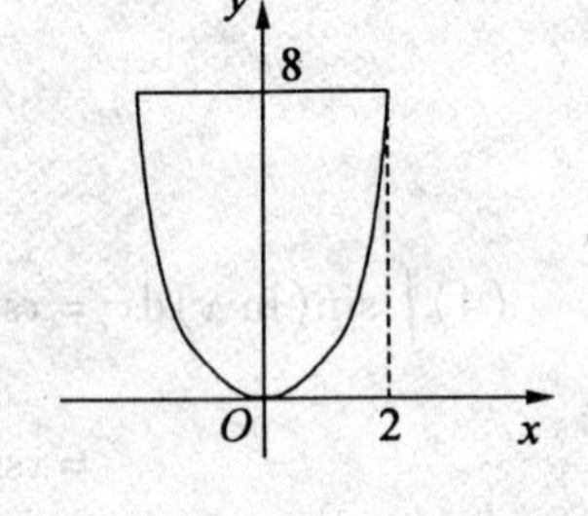

$$dw=\mu g\pi x^2dy\cdot(10-y)$$

所以
$$\begin{aligned}w&=\int_0^8\mu g\pi(\sqrt[3]{y})^2(10-y)dy\\&=\mu g\pi\int_0^8(10y^{\frac{2}{3}}-y^{\frac{5}{3}})dy\\&=\mu g\pi\times 96(\text{kg}\cdot\text{cm})\\&\approx 301.44\,\mu g(\text{kg}\cdot\text{cm})\end{aligned}$$

14. 桶的一个端面是圆片,所以现在要计算的是当水平面通过圆心时,铅直放置的一个半圆片的一侧所受到的水压力.

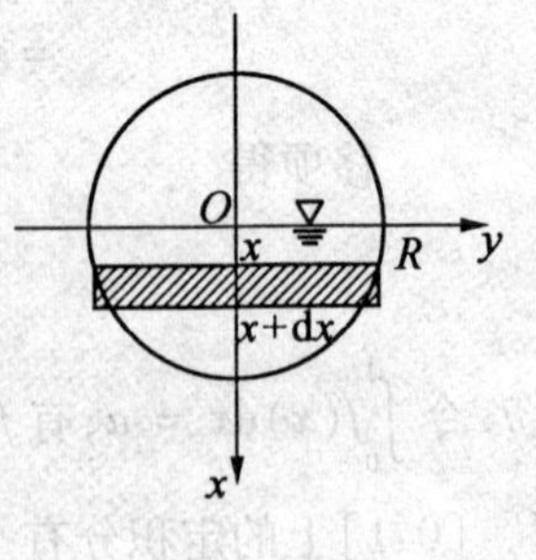

如图所示,在这个圆片上取过圆心且铅直向下的直线为x轴,过圆心的水平线为y轴,所讨论的半圆方程为$x^2+y^2=R^2$,取x为积分变量,则积分区间为$[0,R]$,在该区间上任取一小区间$[x,x+dx]$的窄条上的各点处的压强近似于ρgx,这窄条的面积近似于$2\sqrt{R^2-x^2}dx$.因此,这窄条一侧所受水压力的近似值,即压力元素为$dP=2\rho gx\sqrt{R^2-x^2}dx$.于是所求的压力为

$$P=\int_0^R 2\rho gx\sqrt{R^2-x^2}dx=-\rho g\int_0^R(R^2-x^2)^{\frac{1}{2}}d(R^2-x^2)=$$
$$-\rho g\left[\frac{2}{3}(R^2-x^2)^{\frac{3}{2}}\right]\Big|_0^R=\frac{2}{3}\rho gR^3$$

15. 利润函数$L(x)=R(x)-C(x)$.获得最大利润的必要条件是$L'(x)=0$,即$C'(x)=$

$R'(x)$,故 $100-4x-x^2=2x^2-40x+160$,解得 $x_1=2, x_2=10$. 而获得最大利润的充分条件是 $L''(x)<0$,因此当产量 $x=10$ 时可获得最大利润. 最大利润为

$$L=\int_0^{10}R'(x)\,\mathrm{d}x-\int_0^{10}C'(x)\,\mathrm{d}x-50=\int_0^{10}(-3x^2+36x-60)\,\mathrm{d}x-50=150.$$

习题 4.1

1. (1)二阶　(2)一阶　(3)二阶　(4)一阶

2 ~4 略.

习题 4.2

1. (1)$y=\mathrm{e}^{Cx}$　(2)$\arcsin y=\arcsin x+C$　(3)$\tan x\tan y=C$　(4)$(\mathrm{e}^x+1)(\mathrm{e}^y-1)=C$

(5)$(1+x^2)(1+2y)=C$　(6)$x^2+y^2=25$　(7)$y=\sin x$　(8)$\mathrm{e}^y=\dfrac{1}{2}(\mathrm{e}^{2x}+1)$

2. (1)$\ln|x|=\mathrm{e}^{\frac{y}{x}}+C$　(2)$\ln\dfrac{y}{x}=Cx+1$　(3)$y+\sqrt{y^2-x^2}=Cx^2$　(4)$\sin\dfrac{y}{x}=Cx$

(5)$y^2=2x^2(2+\ln|x|)$　(6)$x^2=\mathrm{e}^{\frac{y^2}{x^2}}$

3. (1)$y=\dfrac{1}{2}(x+1)^4+C(x+1)^2$　(2)$y=(x+C)\mathrm{e}^{-\sin x}$　(3)$y=\dfrac{1}{3}x^2+2x-5+\dfrac{C}{x}$

(4)$x=C\mathrm{e}^y-y-1$　(5)$x=1+C\mathrm{e}^{-\frac{1}{2}y^2}$　(6)$y=\dfrac{\pi-1-\cos x}{x}$　(7)$y=\dfrac{2}{3}(4-\mathrm{e}^{-3x})$

(8)$y=\dfrac{1}{x}\left(\dfrac{1}{2}\ln^2x+2\right)$.　(9)$y=\dfrac{x^3}{2}(1-\mathrm{e}^{\frac{1}{x^2}-1})$　(10)$x=y^2+C$

习题 4.3

1. (1)$y=\dfrac{1}{6}x^3-\sin x+C_1x+C_2$　(2)$y=x\arcsin x+\sqrt{1-x^2}+C_1x+C_2$

(3)$y=(x-3)\mathrm{e}^x+C_1x^2+C_2x+C_3$　(4)$y=C_1x^2+C_2$　(5)$y=-\ln|\cos(x+C_1)|+C_2$

(6)$y=\dfrac{1}{3}x^3+C_1x^2+C_2$　(7)$y=C_2-\ln(1-C_1\mathrm{e}^x)$　(8)$(1-y)(C_1x+C_2)=1$

2. (1)$y=\cos x-\sin x+2x+1$　(2)$y=-2x$　(3)$y=-\ln|x-1|$　(4)$y=\left(\dfrac{1}{2}x+1\right)^4$

习题 4.4

1. (1)线性无关　(2)线性无关　(3)线性先关　(4)线性无关　(5)线性相关

(6)线性无关

2. (1) $y=C_1e^x+C_2e^{-2x}$ (2) $y=C_1+C_2e^{-5x}$ (3) $y=C_1\cos x+C_2\sin x$
(4) $y=(C_1+C_2x)e^{-2x}$ (5) $y=4e^x+2e^{3x}$ (6) $y=(2+x)e^{-\frac{x}{2}}$ (7) $y=2\cos 5x+\sin 5x$
(8) $y=e^{2x}\sin 3x$

3. (1) $y=C_1e^{\frac{x}{2}}+C_2e^{-x}+e^x$ (2) $y=(C_1\cos x+C_2\sin x)e^{-x}+\frac{1}{2}x$

(3) $y=(C_1+C_2x)e^{-2x}+4x^2e^{-2x}$ (4) $y=(C_1\cos 2x+C_2\sin 2x)e^x-\frac{1}{4}xe^x\cos 2x$

(5) $y=C_1e^{-2x}+C_2e^x-\frac{2}{5}(\cos 2x+3\sin 2x)$ (6) $y=C_1\cos x+C_2\sin x+\frac{e^x}{2}+\frac{1}{2}x\sin x$

(7) $y=-5e^x+\frac{7}{2}e^{2x}+\frac{5}{2}$ (8) $y=e^x-e^{-x}+e^x(x^2-x)$ (9) $y=-\cos x-\sin x-\sin 2x$

(10) $y=\frac{1}{2}(e^{9x}+e^x)-\frac{1}{7}e^{2x}$.

习题 4.5

1. 设降落伞下落速度为 $v(t)$,重力大小为 mg,阻力大小为 kv(k 为比例系数),则降落伞下落速度与时间的函数关系为 $v=\frac{mg}{k}(1-e^{-\frac{k}{m}t})$

2. $t=-0.030\,5h^{\frac{5}{2}}+9.64$,水流完所需的时间约为 10 s

3. $v=\frac{k_1}{k_2}t-\frac{k_1m}{k_2^2}(1-e^{-\frac{k_2}{m}t})$

4. $y=\frac{x^3}{6}+\frac{x}{2}+1$

总习题四

1. (1) 三阶 (2) $y''+y'-6y=0$ (3) $(x-4)y^4=Cx$ (4) $y^*=ax^2+bx$
(5) $y=C_1\cos x+C_2\sin x$

2. (1) C (2) A (3) B (4) D (5) B

3. (1) $\sin y\cos x=C$ (2) $x\ln\ln y=C$ (3) $y^{-1}=c-\sin x$ (4) $\sin\frac{y}{x}=Cx$

(5) $y^2=2x^2(\ln x+2)$ (6) $y=\frac{1}{x}(\sin x-x\cos x+C)$ (7) $y=ce^{-x^2}+2$

(8) $y=\left[\frac{2}{3}(x+1)^{\frac{3}{2}}+\frac{1}{3}\right](x+1)^2$ (9) $y=x^3+3x+1$ (10) $y=\tan\left(x+\frac{\pi}{4}\right)$

(11) $y=(C_1+x)\cos 3x+(C_2+2x^2-x)\sin x3x$

(12) $y=C_1e^{6x}+C_2e^x+\frac{1}{74}(7\cos x+5\sin x)$ (13) $y=e^x(1+C_1\cos x+C_2\sin x)$

(14) $y=C_1+C_2e^{-x}+\frac{2}{3}x^3-2x^2+5x$ (15) $y=(C_1+C_2x)e^x+\frac{2}{3}x^3e^x$

附　　录

附录Ⅰ　几种常用的曲线

(1)三次抛物线

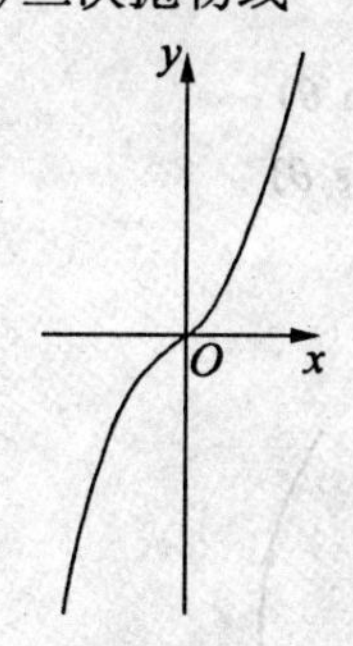

$y=ax^3$

(2)半立方抛物线

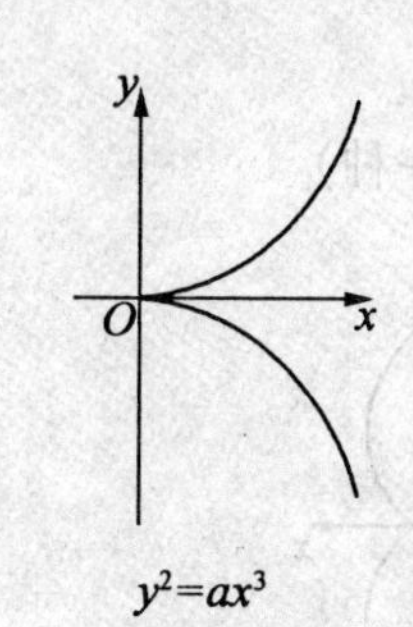

$y^2=ax^3$

(3)概率曲线

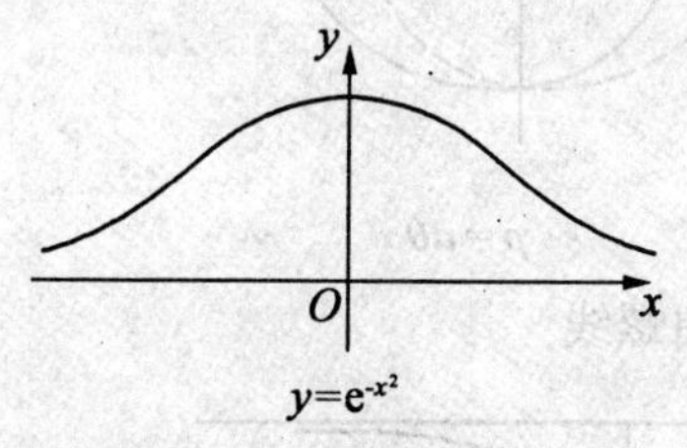

$y=e^{-x^2}$

(4)箕舌线

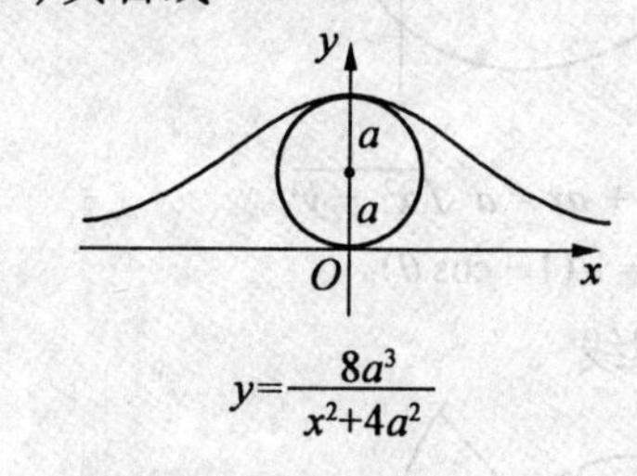

$y=\frac{8a^3}{x^2+4a^2}$

(5)蔓叶线

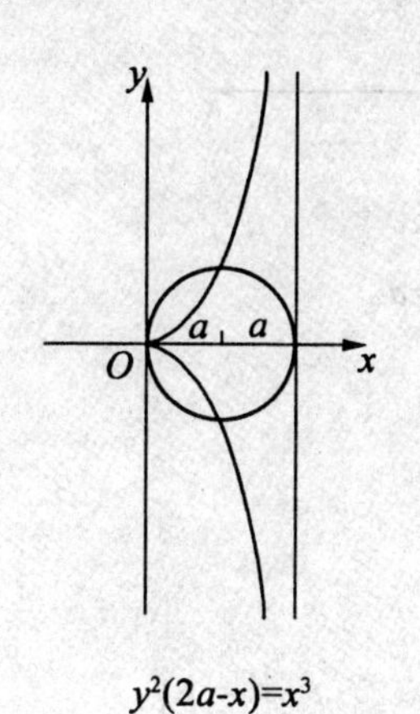

$y^2(2a-x)=x^3$

(6)笛卡儿叶形线

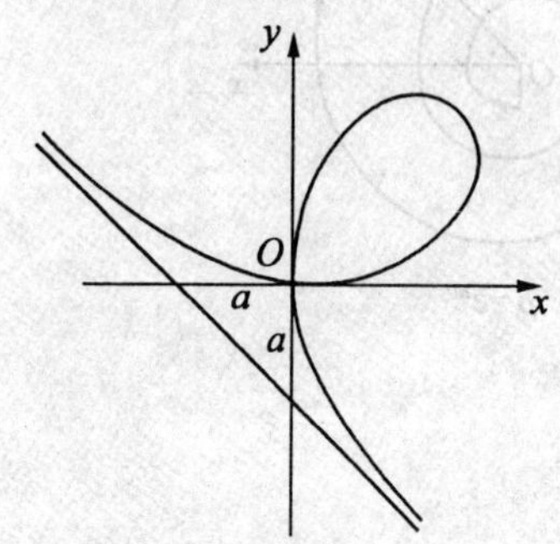

$x^3+y^3-3axy=0$

$x=\frac{3at}{1+t^3}$,$y=-\frac{3at^2}{1+t^3}$

(7)星形线(内摆线的一种)

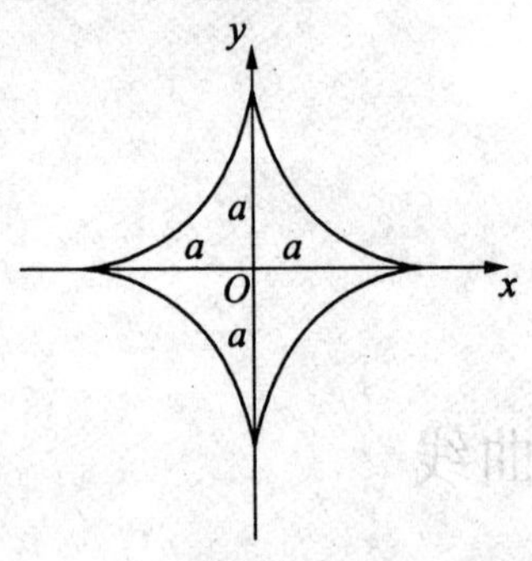

$$x^{\frac{2}{3}}+y^{\frac{2}{3}}=a^{\frac{2}{3}}$$

$$\begin{cases}x=a\cos^3\theta\\ y=a\sin^3\theta\end{cases}$$

(8)摆线

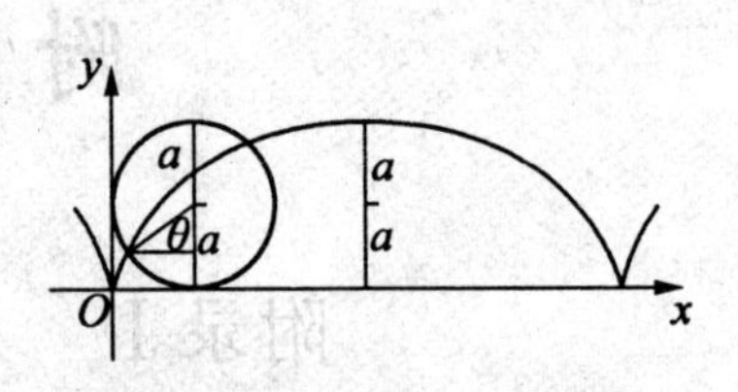

$$\begin{cases}x=a(\theta-\sin\theta)\\ y=a(1-\cos\theta)\end{cases}$$

(9)心形线(外摆线的一种)

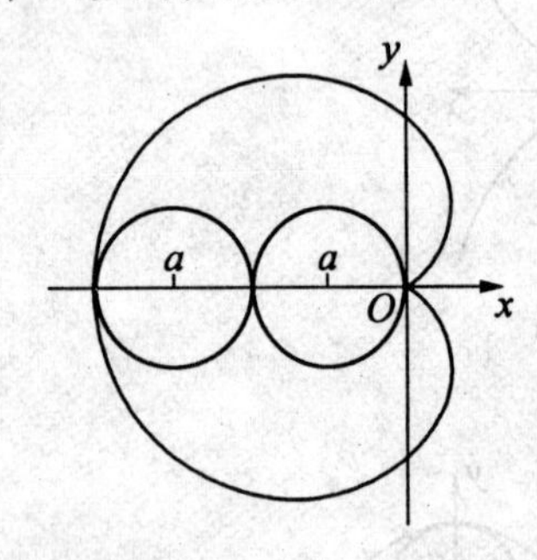

$$x^2+y^2+ax=a\sqrt{x^2+y^2}$$

$$\rho=a(1-\cos\theta)$$

(10)阿基米得螺线

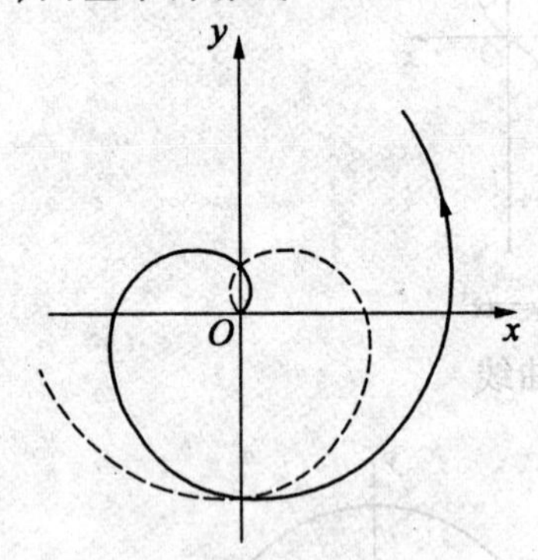

$$\rho=a\theta$$

(11)对数螺线

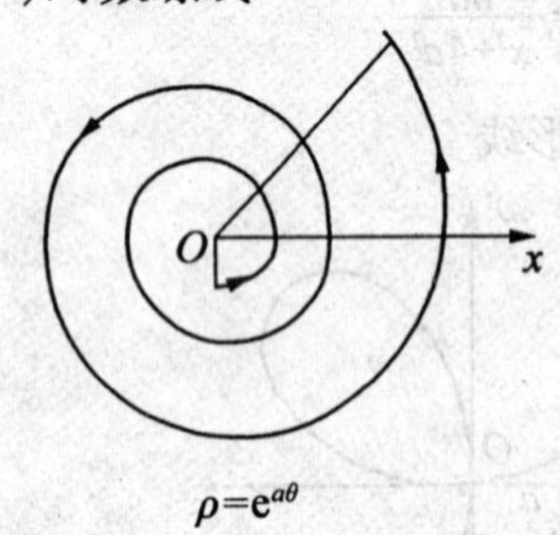

$$\rho=e^{a\theta}$$

(12)双曲螺线

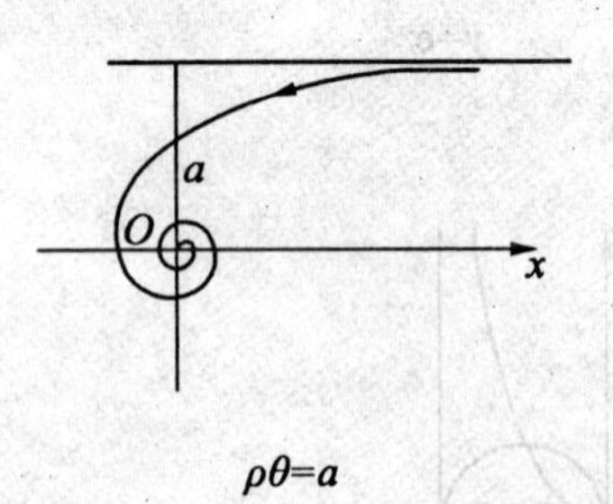

$$\rho\theta=a$$

(13) 伯努利双纽线

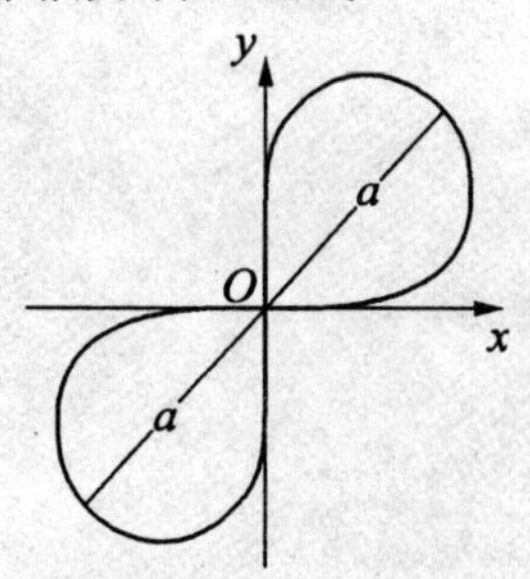

$$(x^2+y^2)^2=2a^2\ xy$$

$$\rho^2=a^2\sin 2\theta$$

(14) 伯努利双纽线

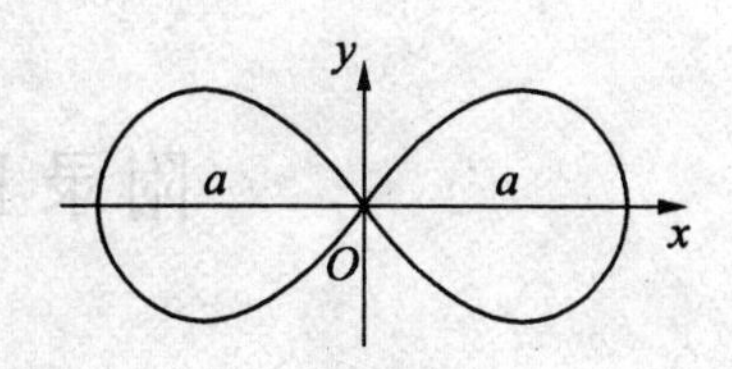

$$(x^2+y^2)^2=a^2(x^2-y^2)$$

$$\rho^2=a^2\cos 2\theta$$

(15) 三叶玫瑰线

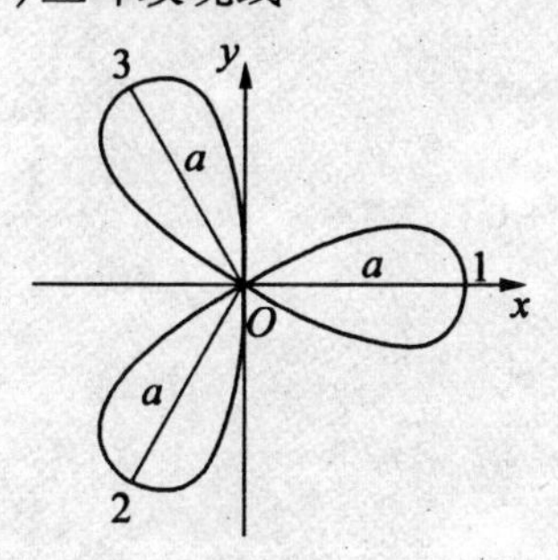

$$\rho=a\cos 3\theta$$

(16) 三叶玫瑰线

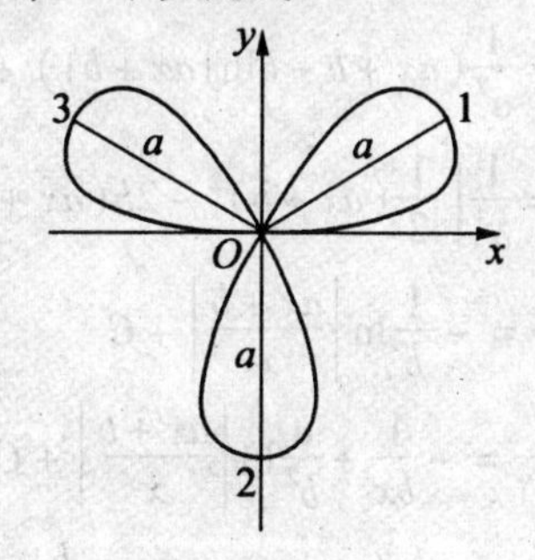

$$\rho=a\sin 3\theta$$

(17) 四叶玫瑰线

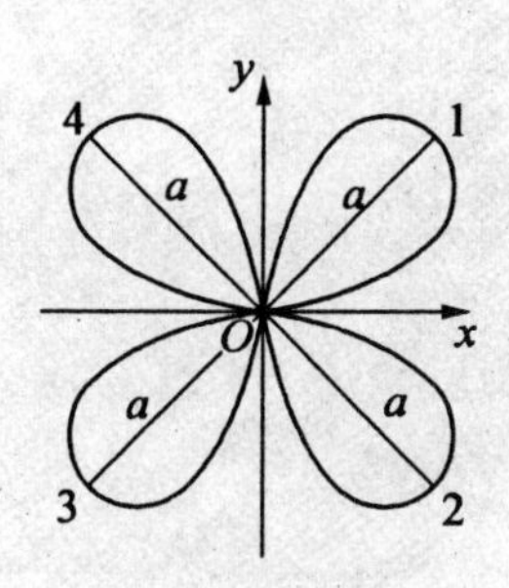

$$\rho=a\sin 2\theta$$

(18) 四叶玫瑰线

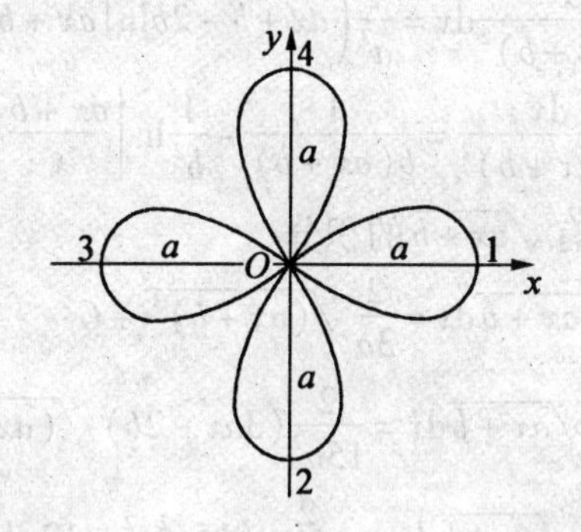

$$\rho=a\cos 2\theta$$

附录Ⅱ　积分表

(一)含有 $ax+b$ 的积分

1. $\int \frac{dx}{ax+b} = \frac{1}{a}\ln|ax+b| + C$

2. $\int (ax+b)^{\mu} dx = \frac{1}{a(\mu+1)}(ax+b)^{\mu+1} + C(\mu \neq -1)$

3. $\int \frac{x}{ax+b} dx = \frac{1}{a^2}(ax+b-b\ln|ax+b|) + C$

4. $\int \frac{x^2}{ax+b} dx = \frac{1}{a^3}\left[\frac{1}{2}(ax+b)^2 - 2b(ax+b) + b^2\ln|ax+b|\right] + C$

5. $\int \frac{dx}{x(ax+b)} = -\frac{1}{b}\ln\left|\frac{ax+b}{x}\right| + C$

6. $\int \frac{dx}{x^2(ax+b)} = -\frac{1}{bx} + \frac{a}{b^2}\ln\left|\frac{ax+b}{x}\right| + C$

7. $\int \frac{x}{(ax+b)^2} dx = \frac{1}{a^2}\left(\ln|ax+b| + \frac{b}{ax+b}\right) + C$

8. $\int \frac{x^2}{(ax+b)^2} dx = \frac{1}{a^3}\left(ax+b-2b\ln|ax+b| - \frac{b^2}{ax+b}\right) + C$

9. $\int \frac{dx}{x(ax+b)^2} = \frac{1}{b(ax+b)} - \frac{1}{b^2}\ln\left|\frac{ax+b}{x}\right| + C$

(二)含有 $\sqrt{ax+b}$ 的积分

10. $\int \sqrt{ax+b}\, dx = \frac{2}{3a}\sqrt{(ax+b)^3} + C$

11. $\int x\sqrt{ax+b}\, dx = \frac{2}{15a^2}(3ax-2b)\sqrt{(ax+b)^3} + C$

12. $\int x^2\sqrt{ax+b}\, dx = \frac{2}{105a^3}(15a^2x^2 - 12abx + 8b^2)\sqrt{(ax+b)^3} + C$

13. $\int \frac{x}{\sqrt{ax+b}} dx = \frac{2}{3a^2}(ax-2b)\sqrt{ax+b} + C$

14. $\int \frac{x^2}{\sqrt{ax+b}} dx = \frac{2}{15a^3}(3a^2x^2 - 4abx + 8b^2)\sqrt{ax+b} + C$

15. $$\int \frac{dx}{x\sqrt{ax+b}} = \begin{cases} \frac{1}{\sqrt{b}}\ln\left|\frac{\sqrt{ax+b}-\sqrt{b}}{\sqrt{ax+b}+\sqrt{b}}\right| + C(b>0) \\ \frac{2}{\sqrt{-b}}\arctan\sqrt{\frac{ax+b}{-b}} + C(b<0) \end{cases}$$

16. $\int \frac{dx}{x^2\sqrt{ax+b}} = -\frac{\sqrt{ax+b}}{bx} - \frac{a}{2b}\int \frac{dx}{x\sqrt{ax+b}}$

17. $\int \frac{\sqrt{ax+b}}{x}dx = 2\sqrt{ax+b} + b\int \frac{dx}{x\sqrt{ax+b}}$

18. $\int \frac{\sqrt{ax+b}}{x^2}dx = -\frac{\sqrt{ax+b}}{x} + \frac{a}{2}\int \frac{dx}{x\sqrt{ax+b}}$

(三)含有 $x^2 \pm a^2$ 的积分

19. $\int \frac{dx}{x^2+a^2} = \frac{1}{a}\arctan\frac{x}{a} + C$

20. $\int \frac{dx}{(x^2+a^2)^n} = \frac{x}{2(n-1)a^2(x^2+a^2)^{n-1}} + \frac{2n-3}{2(n-1)a^2}\int \frac{dx}{(x^2+a^2)^{n-1}}$

21. $\int \frac{dx}{x^2-a^2} = \frac{1}{2a}\ln\left|\frac{x-a}{x+a}\right| + C$

(四)含有 $ax^2+b(a>0)$ 的积分

22. $\int \frac{dx}{ax^2+b} = \begin{cases} \frac{1}{\sqrt{ab}}\arctan\sqrt{\frac{a}{b}}x + C(b>0) \\ \frac{1}{2\sqrt{-ab}}\ln\left|\frac{\sqrt{a}x-\sqrt{-b}}{\sqrt{a}x+\sqrt{-b}}\right| + C(b<0) \end{cases}$

23. $\int \frac{x}{ax^2+b}dx = \frac{1}{2a}\ln|ax^2+b| + C$

24. $\int \frac{x^2}{ax^2+b}dx = \frac{x}{a} - \frac{b}{a}\int \frac{dx}{ax^2+b}$

25. $\int \frac{dx}{x(ax^2+b)} = \frac{1}{2b}\ln\frac{x^2}{|ax^2+b|} + C$

26. $\int \frac{dx}{x^2(ax^2+b)} = -\frac{1}{bx} - \frac{a}{b}\int \frac{dx}{ax^2+b}$

27. $\int \frac{dx}{x^3(ax^2+b)} = \frac{a}{2b^2}\ln\frac{|ax^2+b|}{x^2} - \frac{1}{2bx^2} + C$

28. $\int \frac{dx}{(ax^2+b)^2} = \frac{x}{2b(ax^2+b)} + \frac{1}{2b}\int \frac{dx}{ax^2+b}$

(五)含有 $ax^2+bx+c(a>0)$ 的积分

29. $\int \frac{dx}{ax^2+bx+c} = \begin{cases} \frac{2}{\sqrt{4ac-b^2}}\arctan\frac{2ax+b}{\sqrt{4ac-b^2}} + C(b^2<4ac) \\ \frac{1}{\sqrt{b^2-4ac}}\ln\left|\frac{2ax+b-\sqrt{b^2-4ac}}{2ax+b+\sqrt{b^2-4ac}}\right| + C(b^2>4ac) \end{cases}$

30. $\int \frac{x}{ax^2+bx+c}dx = \frac{1}{2a}\ln|ax^2+bx+c| - \frac{b}{2a}\int \frac{dx}{ax^2+bx+c}$

(六)含有 $\sqrt{x^2+a^2}(a>0)$ 的积分

31. $\int \frac{dx}{\sqrt{x^2+a^2}} = \text{arsh}\,\frac{x}{a} + C_1 = \ln(x+\sqrt{x^2+a^2}) + C$

32. $\int \frac{dx}{\sqrt{(x^2+a^2)^3}} = \frac{x}{a^2\sqrt{x^2+a^2}} + C$

33. $\int \frac{x}{\sqrt{x^2+a^2}}dx = \sqrt{x^2+a^2} + C$

34. $\int \frac{x}{\sqrt{(x^2+a^2)^3}}dx = -\frac{1}{\sqrt{x^2+a^2}} + C$

35. $\int \frac{x^2}{\sqrt{x^2+a^2}}dx = \frac{x}{2}\sqrt{x^2+a^2} - \frac{a^2}{2}\ln(x+\sqrt{x^2+a^2}) + C$

36. $\int \frac{x^2}{\sqrt{(x^2+a^2)^3}}dx = -\frac{x}{\sqrt{x^2+a^2}} + \ln(x+\sqrt{x^2+a^2}) + C$

37. $\int \frac{dx}{x\sqrt{x^2+a^2}} = \frac{1}{a}\ln\frac{\sqrt{x^2+a^2}-a}{|x|} + C$

38. $\int \frac{dx}{x^2\sqrt{x^2+a^2}} = -\frac{\sqrt{x^2+a^2}}{a^2x} + C$

39. $\int \sqrt{x^2+a^2}\,dx = \frac{x}{2}\sqrt{x^2+a^2} + \frac{a^2}{2}\ln(x+\sqrt{x^2+a^2}) + C$

40. $\int \sqrt{(x^2+a^2)^3}\,dx = \frac{x}{8}(2x^2+5a^2)\sqrt{x^2+a^2} + \frac{3}{8}a^4\ln(x+\sqrt{x^2+a^2}) + C$

41. $\int x\sqrt{x^2+a^2}\,dx = \frac{1}{3}\sqrt{(x^2+a^2)^3} + C$

42. $\int x^2\sqrt{x^2+a^2}\,dx = \frac{x}{8}(2x^2+a^2)\sqrt{x^2+a^2} - \frac{a^4}{8}\ln(x+\sqrt{x^2+a^2}) + C$

43. $\int \frac{\sqrt{x^2+a^2}}{x}dx = \sqrt{x^2+a^2} + a\ln\frac{\sqrt{x^2+a^2}-a}{|x|} + C$

44. $\int \frac{\sqrt{x^2+a^2}}{x^2}dx = -\frac{\sqrt{x^2+a^2}}{x} + \ln(x+\sqrt{x^2+a^2}) + C$

（七）含有 $\sqrt{x^2-a^2}\,(a>0)$ 的积分

45. $\int \frac{dx}{\sqrt{x^2-a^2}} = \frac{x}{|x|}\text{arch}\,\frac{|x|}{a} + C_1 = \ln|x+\sqrt{x^2-a^2}| + C$

46. $\int \frac{dx}{\sqrt{(x^2-a^2)^3}} = -\frac{x}{a^2\sqrt{x^2-a^2}} + C$

47. $\int \frac{x}{\sqrt{x^2-a^2}}dx = \sqrt{x^2-a^2} + C$

48. $\int \frac{x}{\sqrt{(x^2-a^2)^3}}dx = -\frac{1}{\sqrt{x^2-a^2}} + C$

49. $\int \frac{x^2}{\sqrt{x^2-a^2}}dx = \frac{x}{2}\sqrt{x^2-a^2} + \frac{a^2}{2}\ln|x+\sqrt{x^2-a^2}| + C$

50. $\int \frac{x^2}{\sqrt{(x^2-a^2)^3}}dx = -\frac{x}{\sqrt{x^2-a^2}} + \ln|x+\sqrt{x^2-a^2}| + C$

51. $\int \frac{dx}{x\sqrt{x^2-a^2}} = \frac{1}{a}\arccos\frac{a}{|x|} + C$

52. $\int \frac{dx}{x^2\sqrt{x^2-a^2}} = \frac{\sqrt{x^2-a^2}}{a^2 x} + C$

53. $\int \sqrt{x^2-a^2}\,dx = \frac{x}{2}\sqrt{x^2-a^2} - \frac{a^2}{2}\ln|x+\sqrt{x^2-a^2}| + C$

54. $\int \sqrt{(x^2-a^2)^3}\,dx = \frac{x}{8}(2x^2-5a^2)\sqrt{x^2-a^2} + \frac{3}{8}a^4\ln|x+\sqrt{x^2-a^2}| + C$

55. $\int x\sqrt{x^2-a^2}\,dx = \frac{1}{3}\sqrt{(x^2-a^2)^3} + C$

56. $\int x^2\sqrt{x^2-a^2}\,dx = \frac{x}{8}(2x^2-a^2)\sqrt{x^2-a^2} - \frac{a^4}{8}\ln|x+\sqrt{x^2-a^2}| + C$

57. $\int \frac{\sqrt{x^2-a^2}}{x}dx = \sqrt{x^2-a^2} - \arccos\frac{a}{|x|} + C$

58. $\int \frac{\sqrt{x^2-a^2}}{x^2}dx = -\frac{\sqrt{x^2-a^2}}{x} + \ln|x+\sqrt{x^2-a^2}| + C$

(八)含有$\sqrt{a^2-x^2}\,(a>0)$的积分

59. $\int \frac{dx}{\sqrt{a^2-x^2}} = \arcsin\frac{x}{a} + C$

60. $\int \frac{dx}{\sqrt{(a^2-x^2)^3}} = \frac{x}{a^2\sqrt{a^2-x^2}} + C$

61. $\int \frac{x}{\sqrt{a^2-x^2}}dx = -\sqrt{a^2-x^2} + C$

62. $\int \frac{x}{\sqrt{(a^2-x^2)^3}}dx = \frac{1}{\sqrt{a^2-x^2}} + C$

63. $\int \frac{x^2}{\sqrt{a^2-x^2}}dx = -\frac{x}{2}\sqrt{a^2-x^2} + \frac{a^2}{2}\arcsin\frac{x}{a} + C$

64. $\int \frac{x^2}{\sqrt{(a^2-x^2)^3}}dx = \frac{x}{\sqrt{a^2-x^2}} - \arcsin\frac{x}{a} + C$

65. $\int \frac{dx}{x\sqrt{a^2-x^2}} = \frac{1}{a}\ln\frac{a-\sqrt{a^2-x^2}}{|x|} + C$

66. $\int \frac{dx}{x^2\sqrt{a^2-x^2}} = -\frac{\sqrt{a^2-x^2}}{a^2 x} + C$

67. $\int \sqrt{a^2-x^2}\,dx = \frac{x}{2}\sqrt{a^2-x^2} + \frac{a^2}{2}\arcsin\frac{x}{a} + C$

68. $\int \sqrt{(a^2-x^2)^3}\,dx = \frac{x}{8}(5a^2-2x^2)\sqrt{a^2-x^2} + \frac{3}{8}a^4\arcsin\frac{x}{a} + C$

69. $\int x\sqrt{a^2-x^2}\,dx = -\frac{1}{3}\sqrt{(a^2-x^2)^3} + C$

70. $\int x^2\sqrt{a^2-x^2}\,dx = \frac{x}{8}(2x^2-a^2)\sqrt{a^2-x^2} + \frac{a^4}{8}\arcsin\frac{x}{a} + C$

71. $\int \frac{\sqrt{a^2-x^2}}{x}dx = \sqrt{a^2-x^2} + a\ln\frac{a-\sqrt{a^2-x^2}}{|x|} + C$

72. $\int \frac{\sqrt{a^2-x^2}}{x^2}dx = -\frac{\sqrt{a^2-x^2}}{x} - \arcsin\frac{x}{a} + C$

(九)含有$\sqrt{\pm ax^2+bx+c}\,(a>0)$的积分

73. $\int \frac{dx}{\sqrt{ax^2+bx+c}} = \frac{1}{\sqrt{a}}\ln|2ax+b+2\sqrt{a}\sqrt{ax^2+bx+c}| + C$

74. $\int \sqrt{ax^2+bx+c}\,dx = \frac{2ax+b}{4a}\sqrt{ax^2+bx+c} + \frac{4ac-b^2}{8\sqrt{a^3}}\ln|2ax+b+2\sqrt{a}\sqrt{ax^2+bx+c}| + C$

75. $\int \frac{x}{\sqrt{ax^2+bx+c}}dx = \frac{1}{a}\sqrt{ax^2+bx+c} - \frac{b}{2\sqrt{a^3}}\ln|2ax+b+2\sqrt{a}\sqrt{ax^2+bx+c}| + C$

76. $\int \frac{dx}{\sqrt{c+bx-ax^2}} = -\frac{1}{\sqrt{a}}\arcsin\frac{2ax-b}{\sqrt{b^2+4ac}} + C$

77. $\int \sqrt{c+bx-ax^2}\,dx = \frac{2ax-b}{4a}\sqrt{c+bx-ax^2} + \frac{b^2+4ac}{8\sqrt{a^3}}\arcsin\frac{2ax-b}{\sqrt{b^2+4ac}} + C$

78. $\int \frac{x}{\sqrt{c+bx-ax^2}}dx = -\frac{1}{a}\sqrt{c+bx-ax^2} + \frac{b}{2\sqrt{a^3}}\arcsin\frac{2ax-b}{\sqrt{b^2+4ac}} + C$

(十)含有$\sqrt{\pm\frac{x-a}{x-b}}$或$\sqrt{(x-a)(b-x)}$的积分

79. $\int \sqrt{\frac{x-a}{x-b}}dx = (x-b)\sqrt{\frac{x-a}{x-b}} + (b-a)\ln(\sqrt{|x-a|} + \sqrt{|x-b|}) + C$

80. $\int \sqrt{\frac{x-a}{b-x}}dx = (x-b)\frac{x-a}{b-x} + (b-a)\arcsin\sqrt{\frac{x-a}{b-x}} + C$

81. $\int \frac{dx}{\sqrt{(x-a)(b-x)}} = 2\arcsin\sqrt{\frac{x-a}{b-a}} + C\,(a<b)$

82. $\int \sqrt{(x-a)(b-x)}\,dx = \frac{2x-a-b}{4}\sqrt{(x-a)(b-x)} + \frac{(b-a)^2}{4}\arcsin\sqrt{\frac{x-a}{b-a}} + C\,(a<b)$

(十一)含有三角函数积分

83. $\int \sin x\,dx = -\cos x + C$

84. $\int \cos x\mathrm{d}x = \sin x + C$

85. $\int \tan x\mathrm{d}x = -\ln|\cos x| + C$

86. $\int \cot x\mathrm{d}x = \ln|\sin x| + C$

87. $\int \sec x\mathrm{d}x = \ln\left|\tan\left(\frac{\pi}{4} + \frac{x}{2}\right)\right| + C = \ln|\sec x + \tan x| + C$

88. $\int \csc x\mathrm{d}x = \ln\left|\tan\frac{x}{2}\right| + C = \ln|\csc x - \cot x| + C$

89. $\int \sec^2 x\mathrm{d}x = \tan x + C$

90. $\int \csc^2 x\mathrm{d}x = -\cot x + C$

91. $\int \sec x\tan x\mathrm{d}x = \sec x + C$

92. $\int \csc x\cot x\mathrm{d}x = -\csc x + C$

93. $\int \sin^2 x\mathrm{d}x = \frac{x}{2} - \frac{1}{4}\sin 2x + C$

94. $\int \cos^2 x\mathrm{d}x = \frac{x}{2} + \frac{1}{4}\sin 2x + C$

95. $\int \sin^n x\mathrm{d}x = -\frac{1}{n}\sin^{n-1}x\cos x + \frac{n-1}{n}\int \sin^{n-2}x\mathrm{d}x$

96. $\int \cos^n x\mathrm{d}x = \frac{1}{n}\cos^{n-1}x\sin x + \frac{n-1}{n}\int \cos^{n-2}x\mathrm{d}x$

97. $\int \frac{\mathrm{d}x}{\sin^n x} = -\frac{1}{n-1}\frac{\cos x}{\sin^{n-1}x} + \frac{n-2}{n-1}\int \frac{\mathrm{d}x}{\sin^{n-2}x}$

98. $\int \frac{\mathrm{d}x}{\cos^n x} = \frac{1}{n-1}\frac{\sin x}{\cos^{n-1}x} + \frac{n-2}{n-1}\int \frac{\mathrm{d}x}{\cos^{n-2}x}$

99. $\int \cos^m x\sin^n x\mathrm{d}x = \frac{1}{m+n}\cos^{m-1}x\sin^{n+1}x + \frac{m-1}{m+n}\int \cos^{m-2}x\sin^n x\mathrm{d}x =$

$$-\frac{1}{m+n}\cos^{m+1}x\sin^{n-1}x + \frac{n-1}{m+n}\int \cos^m x\sin^{n-2}x\mathrm{d}x$$

100. $\int \sin ax\cos bx\mathrm{d}x = -\frac{1}{2(a+b)}\cos(a+b)x - \frac{1}{2(a-b)}\cos(a-b)x + C$

101. $\int \sin ax\sin bx\mathrm{d}x = -\frac{1}{2(a+b)}\sin(a+b)x + \frac{1}{2(a-b)}\sin(a-b)x + C$

102. $\int \cos ax\cos bx\mathrm{d}x = \frac{1}{2(a+b)}\sin(a+b)x + \frac{1}{2(a-b)}\sin(a-b)x + C$

103. $\int \frac{\mathrm{d}x}{a+b\sin x} = \frac{2}{\sqrt{a^2-b^2}}\arctan\frac{a\tan\frac{x}{a}+b}{\sqrt{a^2-b^2}} + C(a^2 > b^2)$

104. $\int \frac{dx}{a+b\sin x}=\frac{1}{\sqrt{b^2-a^2}}\ln\left|\frac{a\tan\frac{x}{2}+b-\sqrt{b^2-a^2}}{a\tan\frac{x}{2}+b+\sqrt{b^2-a^2}}\right|+C(a^2<b^2)$

105. $\int \frac{dx}{a+b\cos x}=\frac{2}{a+b}\sqrt{\frac{a+b}{a-b}}\arctan\left(\sqrt{\frac{a-b}{a+b}}\tan\frac{x}{2}\right)+C(a^2>b^2)$

106. $\int \frac{dx}{a+b\cos x}=\frac{1}{a+b}\sqrt{\frac{a+b}{b-a}}\ln\left|\frac{\tan\frac{x}{2}+\sqrt{\frac{a+b}{b-a}}}{\tan\frac{x}{2}-\sqrt{\frac{a+b}{b-a}}}\right|+C(a^2<b^2)$

107. $\int \frac{dx}{a^2\cos^2 x+b^2\sin^2 x}=\frac{1}{ab}\arctan\left(\frac{b}{a}\tan x\right)+C$

108. $\int \frac{dx}{a^2\cos^2 x-b^2\sin^2 x}=\frac{1}{2ab}\ln\left|\frac{b\tan x+a}{b\tan x-a}\right|+C$

109. $\int x\sin ax\,dx=\frac{1}{a^2}\sin ax-\frac{1}{a}x\cos ax+C$

110. $\int x^2\sin ax\,dx=-\frac{1}{a}x^2\cos ax+\frac{2}{a^2}x\sin ax+\frac{2}{a^3}\cos ax+C$

111. $\int x\cos ax\,dx=\frac{1}{a^2}\cos ax+\frac{1}{a}x\sin ax+C$

112. $\int x^2\cos ax\,dx=\frac{1}{a}x^2\sin ax+\frac{2}{a^2}x\cos ax-\frac{2}{a^3}\sin ax+C$

(十二)含有反三角函数的积分(其中 $a>0$)

113. $\int \arcsin\frac{x}{a}dx=x\arcsin\frac{x}{a}+\sqrt{a^2-x^2}+C$

114. $\int x\arcsin\frac{x}{a}dx=\left(\frac{x^2}{2}-\frac{a^2}{4}\right)\arcsin\frac{x}{a}+\frac{x}{4}\sqrt{a^2-x^2}+C$

115. $\int x^2\arcsin\frac{x}{a}dx=\frac{x^3}{3}\arcsin\frac{x}{a}+\frac{1}{9}(x^2+2a^2)\sqrt{a^2-x^2}+C$

116. $\int \arccos\frac{x}{a}dx=x\arccos\frac{x}{a}-\sqrt{a^2-x^2}+C$

117. $\int x\arccos\frac{x}{a}dx=\left(\frac{x^2}{2}-\frac{a^2}{4}\right)\arccos\frac{x}{a}-\frac{x}{4}\sqrt{a^2-x^2}+C$

118. $\int x^2\arccos\frac{x}{a}dx=\frac{x^3}{3}\arccos\frac{x}{a}-\frac{1}{9}(x^2+2a^2)\sqrt{a^2-x^2}+C$

119. $\int \arctan\frac{x}{a}dx=x\arctan\frac{x}{a}-\frac{a}{2}\ln(a^2+x^2)+C$

120. $\int x\arctan\frac{x}{a}dx=\frac{1}{2}(a^2+x^2)\arctan\frac{x}{a}-\frac{a}{2}x+C$

121. $\int x^3\arctan\frac{x}{a}dx=\frac{x^3}{3}\arctan\frac{x}{a}-\frac{a}{6}x^2+\frac{a^3}{6}\ln(a^2+x^2)+C$

(十三)含有指数函数的积分

122. $\int a^x \mathrm{d}x = \frac{1}{\ln a}a^x + C$

123. $\int \mathrm{e}^{ax} \mathrm{d}x = \frac{1}{a}\mathrm{e}^{ax} + C$

124. $\int x\mathrm{e}^{ax} \mathrm{d}x = \frac{1}{a^2}(ax-1)\mathrm{e}^{ax} + C$

125. $\int x^n\mathrm{e}^{ax} \mathrm{d}x = \frac{1}{a}x^n\mathrm{e}^{ax} - \frac{n}{a}\int x^{n-1}\mathrm{e}^{ax}\mathrm{d}x$

126. $\int xa^x \mathrm{d}x = \frac{x}{\ln a}a^x - \frac{1}{(\ln a)^2}a^x + C$

127. $\int x^n a^x \mathrm{d}x = \frac{1}{\ln a}x^n a^x - \frac{n}{\ln a}\int x^{n-1}a^x\mathrm{d}x$

128. $\int \mathrm{e}^{ax}\sin bx\mathrm{d}x = \frac{1}{a^2+b^2}\mathrm{e}^{ax}(a\sin bx - b\cos bx) + C$

129. $\int \mathrm{e}^{ax}\cos bx\mathrm{d}x = \frac{1}{a^2+b^2}\mathrm{e}^{ax}(b\sin bx + a\cos bx) + C$

130. $\int \mathrm{e}^{ax}\sin^n bx\mathrm{d}x = \frac{1}{a^2+b^2n^2}\mathrm{e}^{ax}\sin^{n-1}bx(a\sin bx - nb\cos bx) + \frac{n(n-1)b^2}{a^2+b^2n^2}\int \mathrm{e}^{ax}\sin^{n-2}bx\mathrm{d}x$

131. $\int \mathrm{e}^{ax}\cos^n bx\mathrm{d}x = \frac{1}{a^2+b^2n^2}\mathrm{e}^{ax}\cos^{n-1}bx(a\cos bx + nb\sin bx) + \frac{n(n-1)b^2}{a^2+b^2n^2}\int \mathrm{e}^{ax}\cos^{n-2}bx\mathrm{d}x$

(十四)含有对数函数的积分

132. $\int \ln x\mathrm{d}x = x\ln x - x + C$

133. $\int \frac{\mathrm{d}x}{x\ln x} = \ln|\ln x| + C$

134. $\int x^n\ln x\mathrm{d}x = \frac{1}{n+1}x^{n+1}\left(\ln x - \frac{1}{n+1}\right) + C$

135. $\int (\ln x)^n\mathrm{d}x = x(\ln x)^n - n\int (\ln x)^{n-1}\mathrm{d}x$

136. $\int x^m(\ln x)^n\mathrm{d}x = \frac{1}{m+1}x^{m+1}(\ln x)^n - \frac{n}{m+1}\int x^m(\ln x)^{n-1}\mathrm{d}x$

(十五)含有双曲函数的积分

137. $\int \mathrm{sh}\, x\mathrm{d}x = \mathrm{ch}\, x + C$

138. $\int \mathrm{ch}\, x\mathrm{d}x = \mathrm{sh}\, x + C$

139. $\int \mathrm{th}\, x\mathrm{d}x = \ln\mathrm{ch}\, x + C$

140. $\int \mathrm{sh}^2 x\mathrm{d}x = -\frac{x}{2} + \frac{1}{4}\mathrm{sh}\, 2x + C$

141. $\int \mathrm{ch}^2 x\mathrm{d}x = \frac{x}{2} + \frac{1}{4}\mathrm{sh}\, 2x + C$

(十六)定积分

142. $\int_{-\pi}^{\pi}\cos nx\mathrm{d}x=\int_{-\pi}^{\pi}\sin nx\mathrm{d}x=0$

143. $\int_{-\pi}^{\pi}\cos mx\sin nx\mathrm{d}x=0$

144. $\int_{-\pi}^{\pi}\cos mx\cos nx\mathrm{d}x=\begin{cases}0, & m\neq n\\ \pi, & m=n\end{cases}$

145. $\int_{-\pi}^{\pi}\sin mx\sin nx\mathrm{d}x=\begin{cases}0, & m\neq n\\ \pi, & m=n\end{cases}$

146. $\int_{0}^{\pi}\sin mx\sin nx\mathrm{d}x=\int_{0}^{\pi}\cos mx\cos nx\mathrm{d}x=\begin{cases}0, & m\neq n\\ \dfrac{\pi}{2}, & m=n\end{cases}$

147. $I_n=\int_0^{\frac{\pi}{2}}\sin^n x\mathrm{d}x=\int_0^{\frac{\pi}{2}}\cos^n x\mathrm{d}x$

$I_n=\dfrac{n-1}{n}I_{n-2}$

$\begin{cases}I_n=\dfrac{n-1}{n}\cdot\dfrac{n-3}{n-2}\cdot\cdots\cdot\dfrac{3}{4}\cdot\dfrac{1}{2}\cdot\dfrac{\pi}{2}, n\text{ 为正偶数}, I_0=\dfrac{\pi}{2}\\ I_n=\dfrac{n-1}{n}\cdot\dfrac{n-3}{n-2}\cdot\cdots\cdot\dfrac{4}{5}\cdot\dfrac{2}{3},\quad n\text{ 为大于 1 的正奇数}, I_1=1\end{cases}$

参考文献

[1] 同济大学数学系.高等数学[M].北京:高等教育出版社,2007.
[2] 赵树嫄.微积分[M].北京:中国人民大学出版社,2007.
[3] 孔繁亮.高等数学[M].哈尔滨:哈尔滨工业大学出版社,2010.
[4] 同济大学应用数学系.高等数学(本科少学时类型)[M].北京:高等教育出版社,2010.
[5] 李忠,周建莹.高等数学[M].2版.北京:北京大学出版社,2004.
[6] 张文国,牟卫华,陈庆辉.高等数学[M].北京:中国铁道出版社,2004.
[7] 陈秀,张霞.高等数学[M].北京:高等教育出版社,2013.